Hochschultext

Hans Kurzweil

Endliche Gruppen

Eine Einführung in die Theorie der endlichen Gruppen

Springer-Verlag
Berlin Heidelberg New York 1977

Hans Kurzweil

Mathematisches Institut der Universität Erlangen
8520 Erlangen

AMS Subject Classification (1970): 20-01, 20A05, 20B05, 20D05, 20D10, 20D15, 20D20, 20D40, 20D45

ISBN-13: 978-3-540-08454-9 e-ISBN-13: 978-3-642-95313-2
DOI: 10.1007/978-3-642-95313-2

Library of Congress Cataloging in Publication Data. Kurzweil, Hans, 1942-. Endliche Gruppen. (Hochschultext). Bibliography: p. Includes index. 1. Finite groups. I. Title. QA171.K987. 512'.22. 77-11623

Gesamtherstellung: fotokop wilhelm weihert KG, Darmstadt
2144/3140-543210

Vorwort

Das vorliegende Buch möchte den Leser mit den Grundlagen und Methoden der Theorie der endlichen Gruppen vertraut machen und ihn bis an aktuelle Ergebnisse heranführen. Es entstand aus einer 1-semestrigen Vorlesung, setzt nur elementare Kenntnisse der linearen Algebra voraus und entwickelt die wichtigsten Resultate auf möglichst direktem Weg. Die Theorie der p-Gruppen behandeln wir z. B. nur so weit, wie es für das Studium von p-Untergruppen beliebiger Gruppen unbedingt erforderlich ist; ähnlich verfahren wir mit den nilpotenten Gruppen. Die auflösbaren Gruppen stellen wir zusammen mit den π-auflösbaren Gruppen vor und betonen auch hier solche Aspekte, welche für die Behandlung auflösbarer Untergruppen nicht auflösbarer Gruppen wertvoll sind.

Das zentrale und bis jetzt ungelöste Problem in der Theorie endlicher Gruppen ist die Bestimmung aller einfachen Gruppen. In den letzten 20 Jahren wurden dazu eine Vielfalt tiefer Sätze bewiesen, so daß eine Lösung des Problems heute nicht mehr unmöglich erscheint. Da die Beweise oft sehr lang und kompliziert sind, entziehen sie sich weitgehend einer Darstellung in einem Lehrbuch und erst recht in diesem einführenden Text. Es haben sich jedoch eine Reihe elementarer Schlußweisen und Begriffe herausgebildet, deren Kenntnis eine Grundvoraussetzung für die Beschäftigung mit diesem Gebiet ist. Solche darzustellen, sowie auf typische Fragestellungen anzuwenden, ist ein Hauptanliegen unseres Buches. Dabei orientieren wir uns vor allem an dem Begriff des "Operierens" in seinen verschiedenen Formen. In Kap. III behandeln wir die Operation einer Gruppe auf einer Menge und leiten damit den Satz von SYLOW sowie verwandte Resultate ab. In Kap. VII untersuchen wir die Operation einer Gruppe auf einer Gruppe; hier stellen wir zum Beispiel die HALL-HIGMAN-REDUKTION vor und beweisen mit ihrer Hilfe wichtige Spezialfälle des berühmten Theorems B von HALL-HIGMAN (Kap. VII, § 6). Kap. VIII enthält den neuen, von BENDER stammenden Beweis eines klassischen Satzes von BURNSIDE, der besagt, daß Gruppen der Ordnung $p^a q^b$ (p,q Primzahlen) auflösbar sind. In diesem Beweis ist ein minimales Gegenbeispiel eine einfache Gruppe, auf die in exemplarischer Weise die vorher entwickelten Sätze und Begriffe angewandt werden. Da deren Tragfähigkeit dabei voll zum Ausdruck kommt, möchten wir dieses Kapitel dem Leser besonders empfehlen. Wir beweisen weiter in Kap. IX, § 2 einen Satz von THOMPSON über normale p-Komplemente und zeigen mit seiner Hilfe im letzten Kapitel, daß eine Gruppe nilpotent ist, wenn sie einen fixpunktfreien Automorphismus von Primzahlordnung besitzt. Hierzu benötigen wir auch Resultate aus der linearen Darstellungstheorie, die wir bei dieser Gelegenheit mit ihren allerwichtigsten Begriffen vorstellen.

An vielen Stellen finden sich Hinweise auf weitere Sätze und Entwicklungen. Neben Originalarbeiten zitieren wir dabei vor allem HUPPERTS Buch "Endliche Gruppen" (mit [H] abgekürzt), sowie GORENSTEINS Buch "Finite Groups" (mit [G] abgekürzt).

Eine Liste aller bis heute bekannten sporadischen einfachen Gruppen haben wir am Ende des Buches angefügt.

Der Text ist reichlich mit Übungen versehen, die sich in den meisten Fällen leicht aus dem jeweils behandelten Stoff ableiten lassen. Solche Übungen, die ein tieferes Eindenken erfordern, haben wir durch Unterstreichen der Übungsnummer gekennzeichnet.

Den Herren DEMPWOLFF, HUPPERT, KEGEL und STELLMACHER danke ich für wertvolle Ratschläge und ihr hilfreiches Interesse am Entstehen dieses Buches, den Herren MEIXNER und SCHNEIDER für ein aufmerksames und kritisches Lesen der Beweise und des fertigen Textes. Für die Fertigstellung des Manuskriptes bedanke ich mich bei Frau ANDERKA und Frau ROSSBACH.

Erlangen, April 1977 Hans Kurzweil

Hinweise

Ab Kapitel III ist eine Gruppe immer eine endliche Gruppe.

Die Aussagen sind mit arabischen Ziffern versehen; so ist etwa 7.21 die 21igste Aussage von Kapitel VII.

Gruppen bezeichnen wir mit großen Buchstaben A,B,..., ihre Elemente mit kleinen a,b,... .

Abbildungen schreiben wir meistens exponentiell: $x \to x^{\varphi}$; gelegentlich schreiben wir auch $\varphi(x)$.

Übungen, deren Nummern unterstrichen sind, erfordern ein tieferes Eindenken (vergleiche Vorwort).

Wir zitieren im Text zwei Gruppentheoriebücher, nämlich:

[G] GORENSTEIN: Finite Groups, Harper and Row, New York, 1968.

[H] HUPPERT: Endliche Gruppen I, Springer-Verlag, Berlin-Heidelberg, 1967.

Inhaltsverzeichnis

Kapitel I. Einführung

Wir führen hier die wichtigsten Grundbegriffe der Gruppentheorie ein. Anders als später setzen wir hier im allgemeinen nicht voraus, daß eine Gruppe endlich ist.

§ 1 Gruppen und Untergruppen

Eine Menge G heißt eine *Gruppe*, falls je zwei Elementen $x, y \in G$ ein Produkt $xy \in G$ zugeordnet ist, so daß folgende drei Gesetze*) gelten:

ASSOZIATIVGESETZ: *Für alle* $x, y, z \in G$ *gilt*

$$(xy)z = x(yz).$$

EINSELEMENT: *Es gibt ein Element* $e \in G$ *mit*

$$ex = xe = x$$

für alle $x \in G$.

INVERSES ELEMENT: *Zu jedem* $x \in G$ *gibt es ein Element* $x^{-1} \in G$ *mit*

$$xx^{-1} = e = x^{-1}x.$$

Eine Gruppe G heißt *abelsch*, falls zusätzlich noch $xy = yx$ für alle $x,y \in G$ gilt. In diesem Fall schreibt man das Produkt in G auch gerne als Summe, also $x + y$ statt xy. Das Einselement einer multiplikativ geschriebenen Gruppe werden wir immer mit dem Symbol 1 bezeichnen (bei additiver Schreibweise mit 0).

---

*) Die Gruppenaxiome können leicht abgeschwächt werden; siehe [H], S.2.

Aus dem Assoziativgesetz folgt leicht das *verallgemeinerte Assoziativgesetz*: Jede sinnvolle Klammerung eines Ausdrucks $x_1x_2 \dots x_n$ von Elementen $x_i \in G$ ergibt dasselbe Element, wir bezeichnen es mit $x_1x_2 \dots x_n$.*)

Aus der Existenz des Einselements und des inversen Elements folgt, daß für $a,b \in G$ die Gleichungen

$$ya = b \text{ und } ax = b$$

eindeutige Lösungen

$$y = ba^{-1} \text{ und } x = a^{-1}b$$

in G besitzen.

Definieren wir $x^a := a^{-1}xa$ für $x,a \in G$, so gilt:

1.1 *Die Abbildungen* $x \to ax$, $x \to xa$, $x \to x^{-1}$ *und* $x \to x^a$ *sind bijektive Abbildungen der Gruppe* G *auf sich.*

BEWEIS: Die Abbildungen $x \to ax$ und $x \to xa$ sind nach dem eben Gesagten bijektiv. Wegen

$$(x^{-1})^{-1} = x \text{ und } (x^a)^{a^{-1}} = x$$

gilt dies auch für $x \to x^{-1}$ und $x \to x^a$. □

Eine Gruppe G heißt *endlich*, falls G nur endlich viele Elemente enthält. Deren Anzahl ist die *Ordnung* $|G|$ von G. Eine endliche Gruppe $G = \{x_1,\dots,x_n\}$ läßt sich durch eine *Gruppentafel* $T = (t_{ij})$ beschreiben; dabei ist $t_{ij} := x_ix_j \in G$, also T eine $n \times n$-Matrix über G. Zum Beispiel ist

T =

	x_1	x_2
x_1	x_1	x_2
x_2	x_2	x_1

die Gruppentafel einer Gruppe der Ordnung 2 und

*) Z.B. ist $x_1((x_2x_3)x_4)$, nicht aber $(x_1(x_2)x_3(x_4)$ eine sinnvolle Klammerung von $x_1x_2x_3x_4$.

$$T = \begin{array}{c|cccccc} & x_1 & x_2 & x_3 & x_4 & x_5 & x_6 \\ \hline x_1 & x_1 & x_2 & x_3 & x_4 & x_5 & x_6 \\ x_2 & x_2 & x_3 & x_1 & x_6 & x_4 & x_5 \\ x_3 & x_3 & x_1 & x_2 & x_5 & x_6 & x_4 \\ x_4 & x_4 & x_5 & x_6 & x_1 & x_2 & x_3 \\ x_5 & x_5 & x_6 & x_4 & x_3 & x_1 & x_2 \\ x_6 & x_6 & x_4 & x_5 & x_2 & x_3 & x_1 \end{array}$$

die Gruppentafel einer nicht-abelschen Gruppe der Ordnung 6. Wir empfehlen dem Leser, an diesem konkreten Beispiel die Begriffe zu testen, die wir im folgenden einführen werden.

Eine nicht leere Untermenge U einer Gruppe G heißt eine *Untergruppe* von G (wir schreiben $U \leq G$), falls U bezüglich dem in G erklärten Produkt wieder eine Gruppe ist. Dies ist sicherlich der Fall, wenn mit $x, y \in G$ auch xy und x^{-1} in U liegen. Für endliche Gruppen gilt sogar:

1.2 *Eine nicht leere endliche Untermenge* U *einer Gruppe* G *ist schon dann eine Untergruppe von* G, *wenn mit* x, y *in* U *auch* xy *in* U *liegt.*

BEWEIS: Für $a \in U$ ist die Abbildung

$$\varphi_a : x \to xa$$

von U in sich injektiv (vergleiche 1.1), also wegen $|U| < \infty$ auch surjektiv. Demnach existiert ein $x \in U$ mit $\varphi_a(x) = a$, also $xa = a$; es folgt $x = 1 \in U$. Nun findet man ein $x \in U$ mit $\varphi_a(x) = 1$, also $xa = 1$; es folgt $x = a^{-1} \in U$. □

In jeder Gruppe G sind $U = \{1\}$ und $U = G$ Untergruppen. Statt $U = \{1\}$ schreiben wir einfach $U = 1$. Offenbar ist der Durchschnitt von beliebig vielen Untergruppen von G wieder eine Untergruppe.
Für zwei Untermengen A, B der Gruppe G sei

$$AB := \{ab \mid a \in A, b \in B\}$$

das *Komplexprodukt* von A mit B. Die so auf der Menge der nicht leeren Teilmengen von G definierte Multiplikation ist, wie die Multiplikation in G, assoziativ.

Für $X \subseteq G$ sei $X^{-1} = \{x^{-1} \mid x \in X\}$. Dann gilt

$$(AB)^{-1} = B^{-1}A^{-1}.$$

Besteht A nur aus einem Element a, so schreiben wir aB statt AB.

Eine nicht leere Teilmenge U von G ist offenbar genau dann eine Untergruppe von G, wenn $UU = U$ und $U^{-1} = U$ gilt.

1.3 *Sind* A *und* B *Untergruppen der Gruppe* G, *so ist* AB *genau dann eine Untergruppe von* G, *wenn* AB = BA *gilt.*

BEWEIS: Aus $AB \leq G$ folgt

$$AB = (AB)^{-1} = B^{-1}A^{-1} = BA.$$

Gilt dagegen AB = BA, so erhält man

$$(AB)(AB) = A(BA)B = A(AB)B = (AA)(BB) = AB$$

und

$$(AB)^{-1} = B^{-1}A^{-1} = BA = AB,$$

also $AB \leq G$. □

1.4 *Für zwei Untergruppen* A, B *der endlichen Gruppe* G *gilt*

$$|AB| = \frac{|A|\cdot|B|}{|A \cap B|}.$$

BEWEIS: Für $a_1,a_2 \in A$ und $b_1,b_2 \in B$ gilt $a_1b_1 = a_2b_2$ genau dann, wenn $a_2^{-1}a_1 = b_2b_1^{-1}$ (=: $d \in A \cap B$), also ein $d \in A \cap B$ existiert mit $a_1 = a_2d$ und $b_2 = db_1$. □

Ist G = AB das Produkt zweier Untergruppen A, B mit $A \cap B = 1$, so heißt A ein *Komplement* von B in G.

Sei U eine Untergruppe von G und $x \in G$. Dann ist

$$Ux = \{ux \mid u \in U\} \text{ bzw. } xU = \{xu \mid u \in U\}$$

eine *Rechtsnebenklasse* bzw. *Linksnebenklasse* von U in G. Weil $u \to ux$ ($u \to xu$) eine Bijektion von U auf Ux (xU) ist, besitzt jede Rechtsnebenklasse (Links-) genauso viele Elemente wie U. Wegen $x = 1x \in Ux$ überdecken die Rechtsnebenklassen (Links-) ganz G. Für $y = ux \in Ux$ folgt mit 1.1

$$Uy = \{wy \mid w \in U\} = \{wux \mid w \in U\} = Ux.$$

Also sind zwei Rechtsnebenklassen (Links-) von U in G gleich oder haben leeren Durchschnitt. Eine Untermenge V von G heißt *Rechtsvertretersystem (Links-)* von U in G, falls V aus jeder Rechtsnebenklasse (Links-) von U in G genau ein Element enthält. Für ein solches V ist

$$G = \bigcup_{x \in V} Ux$$

eine Partition von G.

Weil $Ux \to (Ux)^{-1} = x^{-1}U$ eine bijektive Abbildung der Rechtsnebenklassen auf die Linksnebenklassen ist, enthält G gleichviele Rechts- wie Linksnebenklassen von U; ihre Anzahl heißt der *Index* von U in G und wird mit $|G:U|$ bezeichnet.

Aus dem Vorigen folgt unmittelbar:

1.5 SATZ VON LAGRANGE:
Für eine Untergruppe U *der endlichen Gruppe* G *gilt:*

$$|G| = |U| \cdot |G:U|.$$

Insbesondere sind $|U|$ *und* $|G:U|$ *Teiler von* $|G|$.

Eine Folgerung von 1.5 ist:

1.6 *Für zwei Untergruppen* U_1, U_2 *der endlichen Gruppe* G *mit* $U_1 \subseteq U_2$ *gilt*

$$|G:U_1| = |G:U_2| \cdot |U_2:U_1|.$$

BEWEIS: Nach 1.5 gilt

$$|U_1| \cdot |G:U_1| = |G| = |U_2| \cdot |G:U_2| = |U_1| \cdot |U_2:U_1| \cdot |G:U_2|. \quad \square$$

Man kann ohne Schwierigkeit 1.6 auch für unendliches G beweisen, falls $|G:U_1| < \infty$.

ÜBUNGEN

Es seien A, B und C Untergruppen der endlichen Gruppe G.

1. Aus $B \subseteq A$ folgt $|A:B| \geq |C \cap A : C \cap B|$.

2. $|G: A \cap B| \leq |G:A| \cdot |G:B|$.

3. Sei $B \subseteq A$. Ist $x_1,\ldots,x_n$ ein Linksvertretersystem von A in G, und $y_1,\ldots,y_m$ ein Linksvertretersystem von B in A, so ist $\{x_i y_j\}_{\substack{i = 1,\ldots,n \\ j = 1,\ldots,m}}$ ein Linksvertretersystem von B in G.

4. $A \cup B$ ist nur dann eine Untergruppe von G, wenn $A \subseteq B$ oder $B \subseteq A$ gilt.

5. Sei die Ordnung von G eine Primzahl. Dann sind 1 und G die einzigen Untergruppen von G.

<u>6</u>. Ist die Ordnung von G gerade, so enthält G ein Element y mit $yy = 1 \neq y$.

7. Gilt $yy = 1$ für alle $y \in G$, so ist G abelsch.

<u>8</u>. Ist $|G| = 4$, so ist G abelsch und besitzt eine Untergruppe der Ordnung 2 (verwende Aufg. 6 und 7).

§ 2 Homomorphismen und Normalteiler

Ein *Homomorphismus* φ einer Gruppe G ist eine Abbildung $x \to x^\varphi$ von G in eine Gruppe H, so daß für alle $x,y \in G$ gilt:

$$(xy)^\varphi = x^\varphi y^\varphi.$$

Der Homomorphismus φ heißt *Epimorphismus*, falls φ surjektiv und *Isomorphismus*, falls φ bijektiv ist. Im letzteren Fall schreiben wir $G \cong H$. Ein Isomorphismus von G auf G heißt *Automorphismus*. Ein *Endomorphismus* ist schließlich ein Homomorphismus von G in G.

Sei φ ein Homomorphismus von G in H. Folgende Bemerkungen ergeben sich unmittelbar:

a) $1^\varphi = 1 \quad (\in H)$

b) $(x^{-1})^\varphi = (x^\varphi)^{-1} \quad (x \in G)$

c) *Ist* U *Untergruppe von* G, *so ist* U^φ *Untergruppe von* H; *insbesondere ist* G^φ *Untergruppe von* H.

d) *Ist* $\bar{U}$ *Untergruppe von* H, *so ist* $U := \{x \in G \mid x^\varphi \in \bar{U}\}$ *Untergruppe von* G.

Demnach ist

$$\mathit{Kern}\ \varphi := \{x \in G \mid x^\varphi = 1\}$$

eine Untergruppe von G. Für $y \in \mathit{Kern}\ \varphi$, $x \in G$ gilt

$$(x^{-1}yx)^\varphi = (x^\varphi)^{-1}\, y^\varphi x^\varphi = (x^\varphi)^{-1} x^\varphi = 1,$$

und daher für $N := \mathit{Kern}\ \varphi$

$$x^{-1}\, Nx = N \qquad \text{für alle } x \in G.$$

Eine Untergruppe N von G mit dieser Eigenschaft oder mit der dazu äquivalenten Eigenschaft

$$Nx = xN \qquad \text{für alle } x \in G$$

heißt *Normalteiler* von G oder *normal* in G; wir schreiben $N \trianglelefteq G$.

Sei N ein Normalteiler von G. Dann gilt auch UN = NU für jede Untermenge U von G; mit U ist also auch UN eine Untergruppe von G (1.3). Für $x,y \in G$ gilt

$$(Nx)(Ny) = N(xN)y = N(Nx)y = Nxy.$$

Somit ist das Produkt zweier Nebenklassen des Normalteilers N wieder eine Nebenklasse von N. Die Menge G/N der Nebenklassen Nx, $x \in G$, von N in G bildet bezüglich der Komplexmultiplikation sogar eine Gruppe: Das Assoziativgesetz für G/N folgt aus dem für G, das Einselement von G/N ist N = N1, und das zu Nx inverse Element ist Nx^{-1}. Die Gruppe G/N heißt die *Faktorgruppe* von G nach N. Die Abbildung

$$\varphi : x \to Nx$$

ist offenbar ein Epimorphismus von G auf G/N mit *Kern* φ = N, man spricht von dem *kanonischen* Epimorphismus auf G/N. Weil umgekehrt, wie oben erwähnt, der Kern eines Homomorphismus ein Normalteiler ist, sind die Normalteiler von G genau die Kerne der Homomorphismen von G. Es gilt der wichtige

1.7 HOMOMORPHIE-SATZ: *Sei* φ *ein Epimorphismus der Gruppe* G *auf die Gruppe* H *und* N := *Kern* φ. *Dann ist*

$$Nx \to x^{\varphi}$$

ein Isomorphismus von G/N *auf* H.

BEWEIS: Für $x, y \in G$ gilt

$$x^{\varphi} = y^{\varphi} \Leftrightarrow x^{\varphi}(y^{\varphi})^{-1} = 1 \Leftrightarrow (xy^{-1})^{\varphi} = 1 \Leftrightarrow xy^{-1} \in N \Leftrightarrow Nx = Ny.$$

Somit ist die Abbildung $\alpha\colon Nx \to x^{\varphi}$ wohldefiniert und bijektiv. Weil φ ein Homomorphismus ist, gilt schließlich auch

$$(NxNy)^{\alpha} = (Nxy)^{\alpha} = (xy)^{\varphi} = x^{\varphi}y^{\varphi} = (Nx)^{\alpha}(Ny)^{\alpha}. \quad \square$$

Für $N \subseteq A \subseteq G$ sei

$$A/N := \{Na \mid a \in A\} \quad (\subseteq G/N).$$

Zwei direkte Folgerungen aus 1.7 sind die *Isomorphiesätze:*

1.8 *Sei* U *eine Untergruppe und* N *ein Normalteiler der Gruppe* G. *Dann ist die Abbildung*

$$\varphi : u \to Nu$$

von U *auf* NU/N *ein Epimorphismus mit Kern* φ = U $\cap$ N. *Also gilt*
$U/(U \cap N) \cong NU/N$.

1.9 *Seien* N *und* M *zwei Normalteiler der Gruppe* G *mit* N $\subseteq$ M. *Dann ist die Abbildung*
$\varphi : Nx \to Mx$
von G/N *auf* G/M *ein Epimorphismus mit Kern* φ = M/N. *Also gilt*
$(G/N)/(M/N) \cong G/M$.

Es ist wichtig, ein klares Bild über die Untergruppen einer Faktorgruppe G/N zu haben. Weil die Abbildung $x \to Nx$ ein Epimorphismus von G auf G/N ist, folgt aus den entsprechenden Aussagen über Homomorphismen (oder auch direkt), daß die Untergruppen von G/N von der Form U/N sind, wobei U eine Untergruppe von G ist, die N enthält. Dabei ist U/N normal in G/N genau dann, wenn U normal in G ist. Für eine beliebige Untergruppe U von G ist $\bar{U} := UN/N$ das Bild von U in G/N, also UN ein Urbild von $\bar{U}$ in G.

1.10 *Sei* N *ein Normalteiler und* U *eine Untergruppe der Gruppe* G *mit* N $\subseteq$ U. *Dann gilt*
$|G/N : U/N| = |G:U|$.

BEWEIS: Wegen N $\subseteq$ U gilt für x, y $\in$ G

$$Ux = Uy \Leftrightarrow xy^{-1} \in U \Leftrightarrow Nxy^{-1} \subseteq U \Leftrightarrow (Nx)(Ny)^{-1} \in U/N. \quad \square$$

Folgende Bemerkung ist oft nützlich:

1.11 *Sind* N *und* M *Normalteiler der Gruppe* G *mit* N $\cap$ M = 1, *so gilt*
$xy = yx$ *für alle* $x \in N$ *und* $y \in M$.

BEWEIS: Da mit x bzw. y auch $y^{-1}xy$ bzw. $x^{-1}y^{-1}x$ in N bzw. M liegt, folgt

$$x^{-1}y^{-1}xy = x^{-1}(y^{-1}xy) = (x^{-1}y^{-1}x)y \in M \cap N = 1,$$

also xy = yx. $\square$

Eine Gruppe G heißt *einfach*, falls die trivialen Untergruppen 1 und G die einzigen Normalteiler von G sind. Ist zum Beispiel Y unter den echten Normalteilern der Gruppe X maximal, also ein *maximaler* Normalteiler von X, so ist X/Y einfach. Eine gute Übung für die Anwendung von 1.8 ist:

1.12 *Sei* X *eine Untergruppe der Gruppe* G, Y *ein maximaler Normalteiler von* X *und* N *ein Normalteiler von* G. *Dann gilt* XN = YN *genau dann, wenn* $X \cap N \neq Y \cap N$ *ist. Im Falle* $X \cap N \neq Y \cap N$ *ist* X/Y *isomorph zu* $(X \cap N)/(Y \cap N)$ *und im Falle* $X \cap N = Y \cap N$ *zu* XN/YN.

BEWEIS: Aus $Y \leq (N \cap X)Y \trianglelefteq X$ und der Einfachheit von X/Y folgt entweder $(N \cap X)Y = Y$, d.h. $N \cap X = N \cap Y$ oder $(N \cap X)Y = X$, d.h. NX =NY. Im Falle $N \cap X = N \cap Y$ gilt $YN \cap X = Y$ und 1.8 ergibt

$$XN/YN = (X(YN))/YN \cong X/(YN \cap X) = X/Y.$$

Im Falle $(N \cap X)Y = X$ folgt aus 1.8

$$X/Y = (N \cap X)Y \,/\, Y \cong N \cap X \,/\, (Y \cap (N \cap X)) = N \cap X \,/\, N \cap Y. \qquad \square$$

Eine endliche Reihe von Untergruppen

$$1 =: A_k \subsetneqq A_{k-1} \subsetneqq \cdots \subsetneqq A_i \subsetneqq A_{i-1} \subsetneqq \cdots \subsetneqq A_o := G$$

der Gruppe G heißt eine *Kompositionsreihe* der *Länge* k, falls A_i ein maximaler Normalteiler von A_{i-1} ist $(i = 1,\dots,k)$; im Falle G = 1 sei k = 0. Die einfachen Gruppen A_{i-1}/A_i heißen die *Faktoren* der Kompositionsreihe. In unendlichen Gruppen existieren nicht immer Kompositionsreihen, während eine endliche Gruppe G stets solche besitzt: Man wähle etwa nacheinander A_1, A_2, ... als einen maximalen Normalteiler von $A_o := G$, A_1 ... . Die wichtigste Aussage über Kompositionsreihen ist der Satz von JORDAN-HÖLDER, der besagt, daß zwei Kompositionsreihen einer Gruppe G im "wesentlichen" gleich sind. Dies verdeutlicht die zentrale Stellung der einfachen Gruppen, insbesondere in der Theorie endlicher Gruppen. Weil die Aussage des JORDAN-HÖLDERschen Satzes jedoch bei endlichen Gruppen in den meisten vorkommenden Fällen von vornherein klar ist und wir ihn deshalb später nicht benötigen, verweisen wir seinen Beweis in einen Anhang zu diesem Abschnitt.

ANHANG: DER SATZ VON JORDAN-HÖLDER

Zwei Kompositionsreihen

$$1 = A_k \subsetneqq \cdots \subsetneqq A_o = G$$

$$1 = B_n \subsetneqq \cdots \subsetneqq B_o = G$$

der Länge k und n einer Gruppe G heißen *isomorph*, falls k = n und es eine Permutation (i',...,k') von (1,...,k) gibt mit

$$A_{i-1}/A_i \cong B_{i'-1}/B_{(i-1)'} \quad (i = 1,\dots,k).$$

SATZ VON JORDAN-HÖLDER: *Zwei Kompositionsreihen einer Gruppe sind isomorph.*

BEWEIS: Seien $\{A_i\}$ und $\{B_j\}$ zwei Kompositionsreihen wie oben und $N := A_1 \cap B_1$. Aus $A_1 \trianglelefteq G$, $B_1 \trianglelefteq G$ folgt $N \trianglelefteq G$.

Sei zunächst $N = 1$: Im Falle $A_1 = B_1$ ist $A_1 = B_1 = 1$ und die Aussage trivial. Im Falle $A_1 \neq B_1$ gilt $A_1 \subsetneqq A_1B_1 \leq G$, wegen $A_1B_1 \trianglelefteq G$ sogar $A_1B_1 = G$. Aus 1.8 folgt

$$G/A_1 = A_1B_1 \,/\, A_1 \cong B_1 \,/\, A_1 \cap B_1 \cong B_1,$$

und genauso $G/B_1 \cong A_1$. Es ist also $n = k = 2$ und die Faktoren sind, wie behauptet, zueinander isomorph.

Sei nun $N \neq 1$. Aus 1.12 folgt, daß

$$1 = A_k \cap N \subseteq A_{k-1} \cap N \subseteq \dots \subseteq A_o \cap N = N$$

$$1 = A_kN \,/\, N \subseteq A_{k-1}N \,/\, N \subseteq \dots \subseteq A_oN \,/\, N = G/N$$

Kompositionsreihen (mit eventuellen Wiederholungen) von N und G/N sind, daß die Summe ihrer Längen gleich k ist, und daß ihre Faktoren zu denen der ursprünglichen Reihe isomorph sind. Dasselbe gilt auch für die zwei Kompositionsreihen

$$1 = B_n \cap N \subseteq B_{n-1} \cap N \subseteq \dots \subseteq B_o \cap N = N$$

$$1 = B_nN \,/\, N \subseteq B_{n-1}N \,/\, N \subseteq \dots \subseteq B_oN \,/\, N = G/N.$$

Wegen $A_1 \cap N = N = B_1 \cap N \neq 1$ haben die Reihen $\{A_i \cap N\}$ bzw. $\{B_j \cap N\}$, also auch $\{A_iN/N\}$ bzw. $\{B_jN/N\}$ höchstens die Länge (k-1) bzw. (n-1). Die behauptete Isomorphie der beiden Reihen $\{A_i\}$ und $\{B_j\}$ ergibt sich somit durch Induktion nach (n+k). □

ÜBUNGEN

Es sei G eine Gruppe.

1. Eine Untergruppe vom Index 2 in G ist normal in G.

2. Es gibt genau zwei nicht-isomorphe Gruppen der Ordnung 4; bestimme ihre Gruppentafeln (verwende Aufg. 8, S. 6).

3. Sei N ein Normalteiler von G mit $|G:N| = 4$. Dann besitzt G einen Normalteiler M von G mit $|G:M| = 2$ (verwende Aufg. 2).

4. Sei N ein minimaler Normalteiler von G und M eine maximale Untergruppe von G mit $N \not\subseteq M$. Dann gilt $G = MN$ und, falls N abelsch, $N \cap M = 1$.

5. Sei G einfach, $|G| \neq 2$ und φ ein Homomorphismus von G in die Gruppe H. Besitzt H einen Normalteiler A vom Index 2, so liegt G^{φ} in A.

6. Sei N ein Normalteiler von G und G/N endlich von ungerader Ordnung. Ein Element $y \in G$ mit $yy = 1 \neq y$ liegt in N.

§ 3 AUTOMORPHISMEN

Die Menge *Aut* G aller Automorphismen einer Gruppe G ist bezüglich der Multiplikation

$$\alpha\beta : x \to (x^{\alpha})^{\beta} \qquad (x \in G)$$

eine Gruppe, wobei das Einselement die identische Abbildung von G, und α^{-1} die zu α inverse Abbildung ist.

Eine Untergruppe U von G heißt *charakteristisch* in G, falls $U^{\alpha} = U$ für alle $\alpha \in$ *Aut* G gilt; wir schreiben U *char* G. Offenbar sind die trivialen Untergruppen 1 und G charakteristisch. Zum Beispiel ist auch das Zentrum

$$Z(G) := \{x \in G \mid xy = yx \quad \forall y \in G\}$$

eine charakteristische Untergruppe von G; denn für $x \in Z(G)$, $y \in G$, $\alpha \in Aut\ G$, gilt $x^\alpha y^\alpha = (xy)^\alpha = (yx)^\alpha = y^\alpha x^\alpha$, und wegen $G = \{y^\alpha \mid y \in G\}$ schließlich $x^\alpha \in Z(G)$.

Für $a \in G$ ist

$$\varphi_a : \begin{array}{l} G \to G \\ x \to x^a \; (= a^{-1}xa) \end{array}$$

nach 1.1 bijektiv, also wegen

$$(xy)^a = a^{-1}x\, aa^{-1}\, ya = (a^{-1}xa)(a^{-1}ya) = x^a y^a$$

ein Automorphismus von G. Die Abbildung $\varphi : a \to \varphi_a$ ist wegen

$$x^{ab} = b^{-1}a^{-1}xa\, b = (x^a)^b$$

ein Homomorphismus von G in *Aut* G, daher ist $Inn\ G := \{\varphi_a \mid a \in G\}$, die Menge der *inneren Automorphismen* von G, eine Untergruppe (sogar ein Normalteiler) von *Aut* G. Da offenbar $Kern\ \varphi = Z(G)$ gilt, folgt aus 1.7

$$G/Z(G) \cong Inn\ G.$$

Eine Untergruppe N von G ist nach Definition genau dann ein Normalteiler von G, wenn $N = x^{-1}Nx$ für alle $x \in G$ gilt. Danach sind die Normalteiler diejenigen Untergruppen von G, die durch die inneren Automorphismen von G auf sich abgebildet werden. Insbesondere sind charakteristische Untergruppen von G Normalteiler von G.

Wir stellen nun noch einige triviale, aber nützliche Bemerkungen über Untergruppen, Normalteiler und charakteristische Untergruppen zusammen.

1.13 *Für Untergruppen* A,B *der Gruppe* G *gelten:*

a) $A \trianglelefteq G,\ B \trianglelefteq G \Rightarrow A \cap B \trianglelefteq G,\ AB \trianglelefteq G$

$A\ char\ G,\ B\ char\ G \Rightarrow A \cap B\ char\ G,\ AB\ char\ G.$

b) $A\ char\ B \trianglelefteq G \Rightarrow A \trianglelefteq G$

$A\ char\ B\ char\ G \Rightarrow A\ char\ G.$

c) *Sei* $A \trianglelefteq G$ *und* $A \leq B \leq G$. *Dann gilt*

$$B/A \trianglelefteq G/A \iff B \trianglelefteq G,$$

und im Falle A *char* G:

$$B/A \text{ char } G/A \iff B \text{ char } G.$$

BEWEIS: a) ist trivial.

b) Jeder Automorphismus α von G mit $B^\alpha = B$ ist auch Automorphismus von B, es folgt $A^\alpha = A$ und damit die zweite Behauptung in b). Der Normalteiler B ist unter allen inneren Automorphismen von G invariant, somit auch A, d.h. A ist normal in G.

c) Für $\alpha \in \mathit{Aut}\, G$ mit $A^\alpha = A$ ist $Ax \to Ax^\alpha$ ein Automorphismus von G/A. Es folgt

$$(B/A)^\alpha = B/A \iff Ab^\alpha \in B \quad \forall b \in B \iff b^\alpha \in B \quad \forall b \in B \iff B^\alpha = B.$$

Die Behauptung erhält man nun, je nachdem, ob α die inneren Automorphismen durchläuft (normal) oder ganz *Aut* G (charakteristisch). □

ÜBUNGEN

Sei G eine Gruppe.

1. Eine Untergruppe U von Z(G) ist Normalteiler von G.

2. Gilt *Aut* G = 1, so ist G abelsch.

3. *Inn* G ist Normalteiler von *Aut* G.

4. Sei N charakteristisch in G. Dann bilden die Automorphismen α von G mit $\alpha|_N = 1$ einen Normalteiler von *Aut* G.

5. Die Automorphismen α von G mit $U^\alpha = U$ für jede Untergruppe U von G, bilden einen Normalteiler von *Aut* G.

6. G ist abelsch genau dann, wenn $x \to x^{-1}$ $(x \in G)$ ein Automorphismus von G ist.

7. G sei endlich und $\alpha \in Aut\, G$ mit $x^{\alpha} \neq x = x^{\alpha\alpha}$ für alle $x \in G$. Dann ist G abelsch und von ungerader Ordnung.
Anleitung: 1) Zu jedem $x \in G$ existiert ein $y \in G$ mit $x = y^{-1}y^{\alpha}$, 2) $x^{\alpha} = x^{-1}$ für alle $x \in G$, 3) Aufgabe 6.

8. Sei $\alpha \in Aut\, G$ und $|\{x \in G \mid x^{\alpha} = x\}| \gneq \frac{|G|}{2}$. Dann ist $\alpha = 1$.

§ 4 Direkte und semi-direkte Produkte

Eine Gruppe G heißt das *direkte Produkt* der Gruppen $N_1, N_2, \ldots, N_k$, (wir schreiben $G = N_1 \times N_2 \times \ldots \times N_k$), falls 1) - 3) gelten:

1) N_i *ist Normalteiler von* G $(i = 1,\ldots,k)$

2) $G = \prod_{i=1}^{k} N_i$ (Komplexprodukt)

3) $N_j \cap \prod_{i \neq j} N_i = 1 \quad (j = 1,\ldots,k)$.

Aus 1) und 3) folgt mit Hilfe von 1.11 für alle $x_i \in N_i$ und $x_j \in N_j$, falls $i \neq j$

(i) $x_i x_j = x_j x_i$.

Nach 2) existieren zu x, $y \in G$ Elemente x_i, $y_i \in N_i$ $(i = 1,\ldots,k)$ mit $x = x_1 x_2 \ldots x_k$ und $y = y_1 y_2 \ldots y_k$. Durch wiederholte Anwendung von (i) folgt

(ii) $xy = (x_1 y_1)(x_2 y_2)\ldots(x_k y_k)$.

Also ist die Multiplikation in G durch die in den N_i's bestimmt. Aus $x = y$ folgt mit (ii)

$$1 = xy^{-1} = (x_1 y_1^{-1})(x_2 y_2^{-1})\ldots(x_k y_k^{-1})$$

also mit (i)

$$x_j y_j^{-1} = (\prod_{i \neq j} x_i y_i^{-1})^{-1} = \prod_{i \neq j} (x_i y_i^{-1})^{-1} \in N_j \cap \prod_{i \neq j} N_i,$$

mit 3) $x_j y_j^{-1} = 1$ und damit $x_j = y_j \quad (j = 1,\ldots,k)$.

Demnach kann jedes Element $x \in G$ in genau einer Weise als Produkt

$$x = x_1x_2\ldots x_k, \quad x_i \in N_i,$$

geschrieben werden.

Seien nun $N_1,\ldots,N_k$ beliebig vorgegebene Gruppen. Wir zeigen, daß wir sie isomorph so in eine Gruppe G einbetten können, daß G das direkte Produkt ihrer isomorphen Bilder ist: Sei

$$G = \{(x_1,\ldots,x_k) \mid x_i \in N_i, \quad i = 1,\ldots,k\}.$$

Offenbar ist G bezüglich der Multiplikation

$$(x_1,x_2,\ldots,x_k)(y_1,y_2,\ldots,y_k) := (x_1y_1, x_2y_2,\ldots,x_ky_k)$$

eine Gruppe, in der

$$\hat{N}_i := \{(1,\ldots,1,x_i, 1,\ldots,1) \mid x_i \in N_i\}$$

ein zu N_i isomorpher Normalteiler ist; ferner ist G das direkte Produkt von $\hat{N}_1$, $\hat{N}_2,\ldots,\hat{N}_k$. Indem wir N_i mit $\hat{N}_i$ identifizieren, bezeichnen wir G auch hier als das (externe) direkte Produkt der Gruppen N_1, $N_2,\ldots,N_k$.

Nützlich ist folgende Bemerkung:

1.14 *Seien* M_1, $M_2,\ldots,M_k$ *Normalteiler einer Gruppe* G, *und*

$$D := \bigcap_{i=1}^{k} M_i.$$

Dann ist G/D *isomorph zu einer Untergruppe des direkten Produkts der Gruppen* G/M_1, $G/M_2,\ldots,G/M_k$.

BEWEIS: Die Abbildung

$$\varphi : x \to (M_1x, M_2x,\ldots,M_kx)$$

ist ein Homomorphismus von G in $G/M_1 \times G/M_2 \times \ldots \times G/M_k$ mit *Kern* $\varphi = D$. Die Behauptung folgt aus 1.7. □

Eine Folgerung aus 1.14 ist:

1.15 *Sei K eine Klasse von Gruppen mit folgenden drei Eigenschaften:*

1) Mit $H \in K$ *gehören auch alle zu* H *isomorphen Gruppen zu* K.

2) Mit $H \in K$ *gehören auch alle Untergruppen von* H *zu* K.

3) Sind die Gruppen $H_1, H_2, \ldots, H_k$ *aus* K, *so ist auch* $H_1 \times H_2 \times \ldots \times H_k$ *aus* K.

Seien $M_1, \ldots, M_k$ *alle Normalteiler einer endlichen Gruppe* G *mit* $G/M_i \in K \quad (i = 1, \ldots, k)$. *Dann ist*

$$D := \bigcap_{i=1}^{k} M_i$$

der kleinste Normalteiler von G, *dessen Faktorgruppe in* K *liegt. Zudem ist* D *charakteristisch in* G.

BEWEIS: Aus den Voraussetzungen über die Klasse K folgt mit 1.14, daß G/D in K liegt. Also ist $D = \bigcap_i M_i$ der *kleinste* Normalteiler von G, dessen Faktorgruppe in K liegt. Für $\alpha \in Aut\ G$ und $M \in \{M_1, \ldots, M_k\}$ ist

$$Mx \rightarrow M^\alpha x^\alpha$$

ein Isomorphismus von G/M auf G/M^α. Wegen 1) liegt auch M^α in $\{M_1, \ldots, M_k\}$. Also ist D charakteristisch. □

Es sei noch bemerkt, daß 1.15 auch für unendliche Gruppen formuliert werden kann, wenn für das direkte Produkt unendlich viele Faktoren zugelassen werden.

Wir behandeln nun das *semidirekte Produkt*: Seien X und Y Gruppen und φ ein Homomorphismus von X in *Aut* Y. Bezeichnen wir den Automorphismus x^φ, $x \in X$, von Y mit

$$y \rightarrow y^x \quad (= y^{x^\varphi}),$$

so schreibt sich $(x_1x_2)^\varphi = x_1^\varphi x_2^\varphi$ als

$$\text{(i)} \qquad y^{x_1x_2} = (y^{x_1})^{x_2}, \quad y \in Y,\ x_i \in X.$$

Die Menge $G := \{(x,y) \mid x \in X,\ y \in X\}$ wird durch die Multiplikation

$$(x_1,y_1)(x_2,y_2) := (x_1x_2, y_1^{x_2}y_2)$$

zu einer Gruppe: Das Einselement von G ist (1,1), das zu (x,y) inverse Element ist $(x^{-1},(y^x)^{-1})$ und schließlich folgt mit (i) das Assoziativgesetz:

$$\{(x_1,y_1)(x_2,y_2)\}(x_3,y_3) = (x_1x_2,y_1^{x_2}y_2)(x_3,y_3)$$

$$= (x_1x_2x_3,(y_1^{x_2}y_2)^{x_3}y_3) \overset{(i)}{=} (x_1x_2x_3,y_1^{x_2x_3}y_2^{x_3}y_3)$$

$$= (x_1,y_1)(x_2x_3,y_2^{x_3}y_3) = (x_1,y_1)\{(x_2,y_2)(x_3,y_3)\}.$$

Die Gruppe G heißt das *semidirekte Produkt* von X mit Y bezüglich φ; wir schreiben $G = X_\varphi oY$.

Ist φ der triviale Homomorphismus von X in *Aut* Y, gilt also $y^x = y$ für alle $x \in X$ und $y \in Y$, so ist $X_\varphi oY$ offenbar das direkte Produkt von X mit Y.

Es sind $\hat{X} := \{(x,1) \mid x \in X\}$ und $\hat{Y} := \{(1,y) \mid y \in Y\}$ zu X und Y isomorphe Untergruppen von $G = X_\varphi oY$. Für diese gilt $G = \hat{X}\hat{Y}$, $\hat{X} \cap \hat{Y} = 1$, $\hat{Y} \trianglelefteq G$ und

$$(1,y)^{(x,1)} = (x,1)^{-1}\,(1,y)(x,1) = (1,y^x).$$

Identifizieren wir also (x,1) mit $x \in X$ und (1,y) mit $y \in Y$, sowie $\hat{X}$ mit X und $\hat{Y}$ mit Y, so ist Y ein normales Komplement von X in G = XY und die Operation $y \to y^x$ wird zu $y \to x^{-1}yx$ in G.

Ist umgekehrt eine Gruppe G das Produkt eines Normalteilers Y mit einem Komplement X von Y, so kann G als semidirektes Produkt von X mit Y bezüglich $y \to x^{-1}yx$ aufgefaßt werden.

ÜBUNGEN

Seien A und B Gruppen.

1. Jeder Normalteiler von A ist Normalteiler von $A \times B$.

2. Aus $U \leq A \times B$ folgt i. A. nicht $U = (A \cap U) \times (B \cap U)$.

3. $Z(A \times B) = Z(A) \times Z(B)$.

4. Sind A und B einfache, nicht-abelsche Gruppen, so sind 1,A,B und A × B alle Normalteiler von A × B.

5. Sind A und B endlich und $(|A|,|B|) = 1$, so sind A und B charakteristische Untergruppen von A × B.

6. *Aut* (A × B) enthält eine zu *Aut* A × *Aut* B isomorphe Untergruppe.

7. Sind A und B endlich und $(|A|,|B|) = 1$, so gilt *Aut* (A × B) ≅ *Aut* A × *Aut* B.

8. In der endlichen Gruppe G existiert ein kleinster Normalteiler N mit der Eigenschaft: Für alle $y \in G/N$ gilt $y = y^{-1}$.

9. Zeige, daß die nicht-abelsche Gruppe der Ordnung 6 von S. 3 ein semidirektes Produkt einer Gruppe Y der Ordnung 3 mit einer Gruppe X der Ordnung 2 ist.

§ 5 Erzeugnis

Sei X eine nicht-leere Untermenge einer Gruppe G. Der Durchschnitt aller Untergruppen von G, die X enthalten, ist die kleinste Untergruppe von G, die X enthält; sie heißt das *Erzeugnis* $\langle X\rangle$ von X. Im Fall $X = \bigcup_{i=1}^{n} X_i$ bzw. $X = \{x\}$ schreiben wir $\langle X\rangle$ als $\langle X_1,\ldots,X_n\rangle$ bzw. $\langle x\rangle$. Eine Beschreibung von $\langle X\rangle$ liefert:

1.16 $\langle X\rangle = \{x_1x_2 \ldots x_n \mid n \in \mathbb{N},\ x_i \in X \cup X^{-1}\}$.

BEWEIS: Wegen $X \subseteq \langle X\rangle \leq G$ liegt

$$M := \{x_1 \ldots x_n \mid n \in \mathbb{N},\ x_i \in X \cup X^{-1}\}$$

sicherlich in $\langle X\rangle$. Umgekehrt folgt aus $x_1 \ldots x_n \in M$, $y_1 \ldots y_m \in M$ auch $(x_1 \ldots x_n)(y_1 \ldots y_m) = x_1 \ldots x_n y_1 \ldots y_m \in M$ und $(x_1 \ldots x_n)^{-1} = x_n^{-1} \ldots x_1^{-1} \in M$. Somit ist M eine Untergruppe von G, die X enthält. Es folgt $M = \langle X\rangle$. □

1.17 *Liegt mit* x *auch* x^y *bzw.* x^α *in* X *für alle* $y \in G$ *bzw. alle* $\alpha \in Aut\ G$, *so ist* $\langle X\rangle$ *normal bzw. charakteristisch in* G.

BEWEIS: Dies folgt mit 1.16 sofort aus

$$(x_1 \ldots x_n)^y = x_1^y \ldots x_n^y \text{ bzw. } (x_1 \ldots x_n)^\alpha = x_1^\alpha \ldots x_n^\alpha$$

(Bezeichnung wie in 1.16). □

Für ein Element x aus der Gruppe G definieren wir die *Potenzen* von x:

$$x^0 := 1,\ x^1 := x,\ x^2 := xx, \ldots,\ x^{n+1} := x^n x$$

und

$$x^{-n} := (x^n)^{-1} \quad \text{für } n \in \mathbb{N}.$$

Dann gilt

$$x^{-n} = \underbrace{x^{-1}x^{-1}\ldots x^{-1}}_{n}$$

und durch Induktion nach n bestätigt man leicht die *Potenzgesetze*

$$x^{i+j} = x^i x^j$$

$$(x^i)^j = x^{i \cdot j}$$

für alle Zahlen $i,j \in \mathbb{Z}$.

In einem wichtigen Spezialfall hat man einen guten Überblick über das Erzeugnis <X>:

1.18 *Sei* $X = \{x_1,\ldots,x_n\}$ *eine Untermenge der Gruppe* G *mit* $x_i x_j = x_j x_i$ $(i,j = 1,\ldots,n)$. *Dann ist*

$$\langle X\rangle = \{x_1^{i_1} \ldots x_n^{i_n} \mid i_j \in \mathbb{Z}\}$$

eine abelsche Gruppe.

BEWEIS: Dies folgt sofort aus 1.16 und den Potenzgesetzen. □

Eine Gruppe heißt *zyklisch*, wenn sie von einem Element erzeugt wird. Nach 1.18 besteht eine zyklische Gruppe $X = \langle x\rangle$ aus allen (nicht notwendig verschiedenen) Potenzen x^i, $i \in \mathbb{Z}$. Zum Beispiel erzeugt jedes Element x einer Gruppe G eine zyklische Untergruppe <x> von G. Ist diese endlich der Ordnung n, so heißt n die *Ordnung* von x; wir schreiben $n = o(x)$. Wegen 1.5 ist $o(x)$ ein Teiler der Ordnung von G.

Wir werden in Kap. II alle zyklischen Gruppen bestimmen. Hier sei nur eine manchmal nützliche Bemerkung angefügt:

1.19 *Eine Gruppe* G *ist abelsch, falls* $G/Z(G)$ *zyklisch ist.*

BEWEIS: Sei $G/Z(G) = \langle Z(G)x\rangle$. Dann ist $G = \langle Z(G), x\rangle$ wegen $xa = ax$ für alle $a \in Z(G)$ abelsch (vergleiche 1.18). □

ÜBUNGEN

Sei G eine Gruppe.

1. Aus $A,B \leq G$ und $AB = AB$ folgt $\langle A,B\rangle = AB$.

2. Sei G einfach, $1 \neq y \in G$ und $K = \{y^x \mid x \in G\}$. Dann gilt $G = \langle K\rangle$.

3. Sei $U \leq G$ und $U^G := \bigcup_{x\in G} x^{-1}Ux$. Dann gilt

$$\bigcap_{U\leq N\trianglelefteq G} N = \langle U^G\rangle.$$

4. Besitzt die endliche Gruppe genau eine maximale Untergruppe, so ist sie zyklisch.

5. Sei $GL_2(\mathbb{C})$ die Gruppe aller invertierbaren 2×2-Matrizen über dem komplexen Zahlkörper $\mathbb{C}$, und sei

$$G := \left\langle \begin{pmatrix} 1 & 0 \\ 0 & -i \end{pmatrix}, \begin{pmatrix} 0 & 1 \\ -1 & 0 \end{pmatrix} \right\rangle \leq GL_2(\mathbb{C})$$

die *Quaternionengruppe*. Zeige: a) $|Q| = 8$, b) $|Z(Q)| = 2$. c) $Q \setminus Z(Q)$ enthält nur Elemente der Ordnung 4, d) Q enthält genau ein Element der Ordnung 2, e) Jede Untergruppe von Q ist Normalteiler, f) Q besitzt einen Automorphismus der Ordnung 3.

§ 6 KOMMUTATOREN

Für zwei Elemente x, y einer Gruppe G definieren wir

$$[x,y] := x^{-1}y^{-1}xy$$

und nennen wegen

$$xy = yx\,[x,y]$$

das Element $[x,y]$ den *Kommutator* von x mit y. Wir stellen die Kommutatorregeln zusammen, die wir benötigen:

1.20 *Für* x, y, z *aus der Gruppe* G *gilt:*

a) $[xy,z] = [x,z]^y\,[y,z]$

$[x,yz] = [x,z]\,[x,y]^z$

b) *Für* $a := [x,y]$ *gelte* $ax = xa$ *und* $ya = ay$. *Dann gilt für* $i,j \in \mathbb{N}$

$$[x^i,y^j] = a^{i\cdot j}.$$

BEWEIS: a) Man rechnet nach:

$$[x,z]^y\,[y,z] = y^{-1}x^{-1}z^{-1}xz\,y\,y^{-1}\,z^{-1}yz = y^{-1}x^{-1}z^{-1}xy\,z = [xy,z].$$

Die andere Gleichung folgt genauso.

b) Aus $x^{-1}y^{-1}xy = a$ folgt $y^{-1}xy = xa$, also wegen $xa = ax$

$$y^{-1}x^iy = (y^{-1}xy)^i = (xa)^i = x^ia^i$$

$$y^{-2}x^iy^2 = y^{-1}(x^ia^i)y = (y^{-1}x^iy)a^i = x^ia^{2i}.$$

So fortfahrend erhält man durch Induktion nach j

$$y^{-j}x^iy^j = y^{-1}(x^ia^{(j-1)i})y = (y^{-1}x^iy)\;a^{(j-1)i} = x^ia^ia^{(j-1)i} = x^ia^{ij},$$

also $[x^i,y^j] = a^{i\cdot j}$. □

Für zwei Untermengen X, Y von G sei

$$[X,Y] := \langle [x,y] \mid x \in X,\ y \in Y \rangle.$$

Offenbar gilt $[Y,X] = 1$ genau dann, wenn $xy = yx$ für alle $x \in X$ und alle $y \in Y$ gilt (vergleiche Beweis von 1.11).

Die Untergruppe $[G,G]$ heißt die *Kommutatorgruppe* von G; sie wird mit G' bezeichnet. Die Gruppe G ist genau dann abelsch, wenn $G' = 1$ gilt.

1.21 *Die Kommutatorgruppe* G' *der Gruppe* G *ist der kleinste Normalteiler von* G, *dessen Faktorgruppe abelsch ist. Sie ist charakteristisch in* G.

BEWEIS: Sei N ein Normalteiler von G. Für $x,y \in G$ gilt

$$(xN)(yN) = (yN)(xN) \iff xyN = yxN \iff x^{-1}y^{-1}xy \in N.$$

Also ist G/N genau dann abelsch, wenn $G' = \langle [x,y] \mid x,y \in G \rangle$ in N liegt. Wegen $[x,y]^\alpha = [x^\alpha,y^\alpha]$ folgt aus 1.17, daß G' charakteristisch, also insbesondere normal in G ist. Damit ist G' auch ein Normalteiler N mit $G' \subseteq N$, also G/G' abelsch. □

Zu 1.21 bemerken wir, daß die Existenz eines kleinsten Normalteilers von G mit abelscher Faktorgruppe auch aus 1.15 folgt, wobei K die Klasse aller abelschen Gruppen ist.

Für $x,y,z \in G$ definieren wir

$$[x,y,z] := [[x,y],z]$$

und für $X,Y,Z \subseteq G$

$$[X,Y,Z] := [[X,Y],Z].$$

1.24 DREI-UNTERGRUPPEN-LEMMA: *Seien* X,Y,Z *Untergruppen von* G. *Dann folgt aus* $[X,Y,Z] = 1 = [Y,Z,X]$ *auch* $[Z,X,Y] = 1$.

BEWEIS: Für $x,y,z \in G$ beweisen wir folgende Identität

$$(*) \qquad [x,y^{-1},z]^y \, [y,z^{-1},x]^z \, [z,x^{-1},y]^x = 1.$$

Wegen $X^{-1} = X$, $Y^{-1} = Y$, $Z = Z^{-1}$ folgt aus ihr die Behauptung. Zum Beweis von (*) verifiziert man

$$[x,y^{-1},z]^y = y^{-1}((yx^{-1}y^{-1}x)z^{-1}\ (x^{-1}yxy^{-1})\ z)y$$
$$= x^{-1}y^{-1}xz^{-1}x^{-1}yxy^{-1}zy = a^{-1}b,$$

wobei $a := xzx^{-1}yx$ und $b := yxy^{-1}zy$ gesetzt ist. Sei $c := zyz^{-1}xz$. Durch zyklisches Vertauschen der x,y,z folgen

$$[y,z^{-1},x]^z = b^{-1}c, \quad [z,x^{-1},y]^x = c^{-1}a.$$

Nun folgt (*) aus

$$(a^{-1}b)\ (b^{-1}c)\ (c^{-1}a) = 1. \qquad \square$$

ÜBUNGEN

Seien A,B Untergruppen der Gruppe G.

1. Aus $A,B \trianglelefteq G$ folgt $[A,B] \leq A \cap B$.

2. Aus $G = A \times B$ folgt $G' = A' \times B'$.

3. $[A,B] \trianglelefteq \langle A,B\rangle$.

4. Für einen Normalteiler N von G gilt $(G/N)' = G'N/N$.

5. Sei φ ein Homomorphismus von G in eine abelsche Gruppe. Dann gilt $G' \leq$ *Kern* φ.

6. Sei $\alpha \in$ *Aut* G und es gelte $x^{-1}x^{\alpha} \in Z(G)$ für alle $x \in G$. Dann ist $x^{\alpha} = x$ für alle $x \in G'$.

<u>7</u>. Sei $G = AB$ und $A' = 1 = B'$. Dann ist G' abelsch.

Kapitel II. Zyklische und abelsche Gruppen

Wir bestimmen hier alle zyklischen und alle endlichen abelschen Gruppen. Außerdem berechnen wir die Automorphismengruppen von zyklischen Gruppen.

§ 1 Zyklische Gruppen

Weil jedes Element einer Gruppe eine zyklische Untergruppe erzeugt, ist eine genaue Kenntnis der zyklischen Gruppen fundamental.

Die additive Gruppe der ganzen Zahlen $\mathbb{Z}$ ist eine zyklische Gruppe mit dem erzeugenden Element $z := 1 \in \mathbb{Z}$. Wir schreiben sie multiplikativ und nennen sie $Z_o = \langle z \rangle$. Ihre Elemente sind

$$1 = z^0,\ z,\ z^{-1},\ z^2,\ z^{-2},\ \ldots..$$

mit der Verknüpfung

$$z^i z^j = z^{i+j}.$$

2.1 *Die Untergruppen von* $Z_o = \langle z \rangle$ *sind von der Form* $\langle z^n \rangle$, $n = 0,1,2,\ldots$. *Dabei gilt* $\langle z^n \rangle \subseteq \langle z^m \rangle$ *genau dann, wenn* m *ein Teiler von* n *ist.*

BEWEIS: Sei U eine Untergruppe von Z_o und

$$n := \mathit{min}\,\{i \in \mathbb{Z} \mid 0 \leq i,\ x^i \in U\}.$$

Zu jeder Zahl $k \in \mathbb{N}$ gibt es bekanntlich Zahlen $q,r \geq 0$ mit

$$k = qn + r \text{ und } r < n.$$

Sei $z^k \in U$. Mit $z^n \in U$ folgt

$$z^r = z^{k-qn} = z^k((z^n)^q)^{-1} \in U,$$

also $r = 0$ wegen der Minimalität von n. Somit ist jedes Element $z^k \in U$ Potenz von z^n; es folgt $U = \langle z^n \rangle$. Die zweite Behauptung folgt aus

$$\langle z^n \rangle \subseteq \langle z^m \rangle \Leftrightarrow (z^n)^i = z^m \text{ für ein } i \in \mathbb{Z} \Leftrightarrow i \cdot n = m. \qquad \square$$

Sei $n \in \mathbb{N}$. Die Faktorgruppe

$$Z_n := Z_o \; / \; \langle z^n \rangle,$$

(also die additive Gruppe des Rings $\mathbb{Z}/n\mathbb{Z}$) ist eine zyklische Gruppe der Ordnung n mit erzeugendem Element $y := z\langle z^n \rangle$. Die Elemente von $Z_n = \langle y \rangle$ sind

$$1 = y^o, y^1, y^2, \ldots, y^{n-1}$$

mit der Verknüpfung

$$y^i y^j = y^k, \text{ wobei } 0 \leq k \leq n-1 \text{ und } k \equiv i+j \pmod n.$$

Wir erinnern daran, daß jedes Element einer zyklischen Gruppe $X = \langle x \rangle$ eine Potenz x^i von x ist (1.18). Folgender Satz bestimmt alle zyklischen Gruppen:

2.2 SATZ: *Jede zyklische Gruppe* $\langle x \rangle$ *ist vermöge*

$$x^i \to z^i \langle z^n \rangle$$

zu einer Gruppe Z_n *isomorph. Dabei ist* n *die Ordnung von* $\langle x \rangle$, *falls* $\langle x \rangle$ *eine endliche Gruppe ist, und* $n = 0$ *andernfalls.*

BEWEIS: Aus den Potenzgesetzen folgt, daß

$$\varphi : z^i \to x^i$$

ein Epimorphismus von Z_o auf $\langle x \rangle$ ist. Nach 2.1 gibt es ein $n \in \{0,1,2,\ldots\}$ mit $\mathit{Kern}\ \varphi = \langle z^n \rangle$. Somit folgt die Behauptung aus 1.7. □

Die nächsten Aussagen folgen aus 2.2 und der Struktur von Z_n.

2.3 *Untergruppen von zyklischen Gruppen sind wieder zyklisch.*

BEWEIS: Nach 2.1 gilt dies für Z_o, also auch für die epimorphen Bilder Z_n, wegen 2.2 für jede zyklische Gruppe. □

2.4 *Für eine endliche zyklische Gruppe* $\langle x \rangle$ *der Ordnung* n *gilt:*

a) n *ist die kleinste natürliche Zahl mit* $x^n = 1$.

b) $1 = x^o, x_1, \ldots, x^{n-1}$ *sind alle Elemente von* $\langle x \rangle$.

c) $x^i x^j = x^k$ *wobei* $0 \leq k \leq n-1$ *und* $i+j \equiv k \pmod n$, $(i,j \in \mathbb{Z})$.

d) $x^i = x^j$ *gilt genau dann, wenn* n *ein Teiler von* $i-j$ *ist* $(i,j \in \mathbb{Z})$.

e) Die Untergruppen von $\langle x \rangle$ *haben die Form* $\langle x^m \rangle$, *wobei* m *ein Teiler von* n *ist. Also ist* $\langle x^m \rangle$ *die einzige Untergruppe der Ordnung* $\frac{n}{m}$ *von* $\langle x \rangle$.

BEWEIS: a) - d) folgen wegen 2.2 direkt aus den entsprechenden Aussagen für Z_n. Weil die Untergruppen von $Z_n = Z_o / \langle z^n \rangle$ die homomorphen Bilder derjenigen Untergruppen von Z_o sind, die zwischen $\langle z^n \rangle$ und Z_o liegen, folgt e) aus 2.1. □

Die Ordnung o(x) eines Elements x einer Gruppe G definierten wir als die Ordnung der Untergruppe $\langle x \rangle$ von G (falls $|\langle x \rangle| < \infty$). Wegen 2.4.a ist o(x) auch die kleinste natürliche Zahl n mit $x^n = 1$.

Wir ziehen ein paar einfache Folgerungen aus 2.4.

2.5 *Jede Untergruppe einer zyklischen Gruppe ist charakteristisch.*

BEWEIS: Für eine endliche zyklische Gruppe folgt dies aus 2.4.e, weil ein Automorphismus Untergruppen auf Untergruppen derselben Ordnung abbildet. Ist die zyklische Gruppe unendlich, also isomorph zu Z_o (2.2), so folgt dies aus $\mathit{Aut}\ Z_o = \langle \alpha \rangle$, wobei $z^\alpha = z^{-1}$ (siehe 2.16). □

2.6 *Eine Gruppe* $G \neq 1$, *in der* 1 *und* G *die einzigen Untergruppen sind, ist zyklisch und ihre Ordnung ist eine Primzahl. Insbesondere ist eine Gruppe von Primzahlordnung zyklisch.*

BEWEIS: Aus $1 \neq x \in G$ folgt $1 \neq \langle x \rangle \leq G$, also $G = \langle x \rangle$. Da $\langle z^2 \rangle$ eine echte Untergruppe $\neq 1$ von $Z_o = \langle z \rangle$ ist, muß G eine endliche zyklische Gruppe sein. Aus 2.4.e folgt, daß $|G|$ eine Primzahl ist. Weil umgekehrt eine Gruppe von Primzahlordnung nur die Untergruppen 1 und G besitzt (1.5), gilt auch die zweite Behauptung. □

Die zyklischen Gruppen von Primzahlordnung sind Beispiele für einfache Gruppen. Weil in einer abelschen Gruppe jede Untergruppe ein Normalteiler ist, folgt aus 2.6, daß alle anderen einfachen Gruppen nicht abelsch sind.

2.7 *Sei die zyklische Gruppe* $\langle x \rangle$ *von Primzahlpotenzordnung* $p^n > 1$. *Dann sind*

$$1 \lneqq \langle x^{p^{n-1}} \rangle \lneqq \langle x^{p^{n-2}} \rangle \lneqq \cdots \lneqq \langle x^p \rangle \lneqq \langle x \rangle$$

sämtliche Untergruppen von $\langle x \rangle$. *Insbesondere enthält* $\langle x \rangle$ *genau eine minimale und genau eine maximale Untergruppe.*

BEWEIS: Dies folgt aus 2.4.e. □

Wir bemerken, daß man ohne Schwierigkeit auch eine Umkehrung von 2.7 beweisen kann: Besitzt die endliche Gruppe genau eine maximale Untergruppe, so ist sie zyklisch von Primzahlpotenzordnung. Eine Gruppe mit genau einer minimalen Untergruppe ist dagegen nicht immer zyklisch (vergleiche 2.13 und Kap. IV, § 2).

ÜBUNGEN

Sei x ein Element der endlichen Gruppe G.

1. $o(x) = o(x^{-1})$

2. $x^{|G|} = 1$

3. Ist $n := o(x)$, so gilt $o(x^k) = \frac{n}{(n,k)}$ für $k \in \mathbb{N}$

4. Aus $U \leq N \trianglelefteq G$ und N zyklisch, folgt $U \trianglelefteq G$.

5. Seien p,q zwei Primzahlen, und G eine zyklische Gruppe der Ordnung $p \cdot q$. Genau dann besitzt G mehr als drei Untergruppen, wenn $p \neq q$ gilt.

6. Genau dann besitzt eine abelsche Gruppe eine Kompositionsreihe, wenn sie endlich ist.

7. Sei A eine endliche abelsche Gruppe, es seien $p_1, \ldots, p_r$ die verschiedenen Primteiler von $|A|$ und $|A| = p_1^{e_1} \ldots p_r^{e_r}$. Dann ist die Länge einer Kompositionsreihe von A gleich $\sum_{i=1}^{r} e_i$.

8. Jede maximale Untergruppe der Gruppe G sei einfach und normal in G. Dann ist G eine endlich, abelsche Gruppe und die Ordnung von G ist eine Primzahl p oder p^2. (Benütze 1.11)

§ 2 ENDLICHE ABELSCHE GRUPPEN

Wir untersuchen hier endliche abelsche Gruppen und zeigen, daß eine solche immer ein direktes Produkt von zyklischen Gruppen ist. Die dabei angewandten Methoden geben einen ersten Eindruck davon, wie endliche Gruppen untersucht werden.

In einer abelschen Gruppe A gilt $(ab)^n = a^n b^n$ für jedes $n \in \mathbb{N}$. Also ist

$$A_n := \{a \in A \mid a^n = 1\}$$

eine (charakteristische) Untergruppe von A.

2.8 *Gilt* $A = A_n$ *für die endliche abelsche Gruppe* A, *so ist die Ordnung von* A *eine Zahl, deren Primteiler Teiler von* n *sind.*

BEWEIS: Die Ordnung einer zyklischen Untergruppe $1 \neq \langle a\rangle$ von A ist nach 2.4.d ein Teiler von n. Auch für $\bar{A} := A / \langle a\rangle$ gilt $\bar{A}_n = \bar{A}$. Deswegen können wir durch Induktion nach $|A|$ annehmen, daß die Behauptung bereits für die kleinere Gruppe $\bar{A}$ gilt. Dann gilt sie wegen $|A| = |\bar{A}| \cdot |\langle a\rangle|$ auch für A. □

2.9 *Die Ordnung einer endlichen abelschen Gruppe* A *sei* $n \cdot m$, *wobei* $(n,m) = 1$. *Dann gilt* $A = A_n \times A_m$ *mit* $|A_n| = n$ *und* $|A_m| = m$.

BEWEIS: Weil die Ordnung jedes Elements von A Teiler von $|A|$ ist, folgt aus 2.4.d für alle $a \in A$

$$a^{nm} = 1,$$

also $a^n \in A_m$ und $a^m \in A_n$. Wegen $(n,m) = 1$ existieren Zahlen $z_i \in \mathbb{Z}$ mit $1 = nz_1 + mz_2$. Es folgt

$$a = a^{nz_1+mz_2} = (a^n)^{z_1} (a^m)^{z_2},$$

also $A = A_nA_m$. Die Ordnung eines gemeinsamen Elements von A_n und A_m ist nach 2.4.d Teiler von n und m, also gleich 1; es folgt $A_n \cap A_m = 1$, somit $A = A_n \times A_m$. Nach 2.8 ist $|A_n|$ bzw. $|A_m|$ teilerfremd zu m bzw. n. Aus

$$|A| = |A_n| \cdot |A_m| = n \cdot m$$

folgt nun $|A_n| = n$ und $|A_m| = m$. □

2.10 SATZ: *Sei* A *eine endliche, abelsche Gruppe der Ordnung* $p_1^{e_1} \cdot p_2^{e_2} \cdots p_r^{e_r}$, *wobei* $p_1, p_2, \ldots, p_r$ *verschiedene Primzahlen sind und* $e_1, \ldots, e_r \in \mathbb{N}$. *Dann ist* A *das direkte Produkt der Untergruppen* $A_{p_1^{e_1}}, \ldots, A_{p_r^{e_r}}$, *und es gilt* $|A_{p_i^{e_i}}| = p_i^{e_i}$ *für* $i = 1, \ldots, r$.

BEWEIS: Mit $n = p_1^{e_1}$ und $m = \prod_{j=2}^{r} p_j^{e_j}$ folgt aus 2.9

$$A = A_{p_1^{e_1}} \times A_m, \quad |A_{p_1^{e_1}}| = p_1^{e_1}, \quad |A_m| = m.$$

Wir können induktiv annehmen, daß A_m bereits das direkte Produkt der Gruppen $A_{p_j^{e_j}}$ $(j \neq 1)$ ist. Es folgt die Behauptung. □

Die Gruppen $A_{p_i^{e_i}}$ $(i = 1,\ldots,r)$ in 2.10 heißen p_i-*Sylowgruppen* von A (siehe Kap. III, § 3). Die endliche abelsche Gruppe A ist also das direkte Produkt ihrer p_i-Sylowgruppen.

Die nächsten beiden Aussagen sind Folgerungen aus 2.10.

2.11 *Sei* A *wie in* 2.10. *Dann ist* A *genau dann zyklisch, wenn ihre* p_i-*Sylowgruppen* $A_{p_i^{e_i}}$ *zyklisch sind* $(i = 1,\ldots,r)$.

BEWEIS: Seien die Sylowgruppen $A_{p_i^{e_i}} = \langle a_i \rangle$ zyklisch $(i = 1,\ldots,r)$; dann ist die Ordnung von $a := a_1a_2\ldots a_r$ ein Teiler von $p_1^{e_1}\ldots p_r^{e_r} = |A|$, wegen $(p_i^{e_i}, p_j^{e_j}) = 1$ $(i \neq j)$ sogar gleich $|A|$. Es folgt $A = \langle a \rangle$. Die andere Richtung ergibt sich aus 2.3. □

2.12 *Eine endliche, abelsche Gruppe* A, *deren Ordnung durch die Primzahl* p *teilbar ist, besitzt eine Untergruppe der Ordnung* p.

BEWEIS: Aus 2.10 folgt, daß A eine Untergruppe A_{p^e} der Ordnung $p^e \neq 1$ besitzt. Die Ordnung einer zyklischen Untergruppe $\langle a \rangle \neq 1$ von A_{p^e} ist ein Teiler von p^e. Nach 2.4.e besitzt sie, also auch A, eine Untergruppe der Ordnung p. □

Eine endliche Gruppe, deren Ordnung eine Potenz der Primzahl p ist, heißt eine p-*Gruppe*. Wegen 2.10 reduziert sich die Untersuchung endlicher abelscher Gruppen auf die abelscher p-Gruppen. Folgender Satz ist zentral:

2.13 SATZ: *Eine abelsche* p-*Gruppe* $\neq 1$ *ist genau dann zyklisch, wenn sie nur eine Untergruppe der Ordnung* p *besitzt.*

BEWEIS: Nach 2.7 besitzt eine zyklische p-Gruppe $\neq 1$ genau eine Untergruppe der Ordnung p. Sei umgekehrt $A \neq 1$ eine abelsche p-Gruppe mit nur einer Untergruppe U der Ordnung p (2.12). Dann ist $U = \{a \in A \mid a^p = 1\}$ der Kern des Epimorphismus $a \to a^p$ von A auf die Untergruppe $A^p := \{a^p \mid a \in A\}$ von A. Aus 1.7 folgt

$$|A/A^p| = p.$$

Im Falle $A^p = 1$ ist A zyklisch (2.6). Im Falle $A^p \neq 1$ ist U auch die einzige Untergruppe der Ordnung p von A^p. Durch Induktion nach $|A|$ können wir deshalb annehmen, daß $A^p = \langle b \rangle$ bereits zyklisch ist. Es existiert ein $a \in A$ mit $a^p = b$. Somit folgt

$$|\langle a\rangle| = |\langle b\rangle|\cdot p = |A^p|\cdot p = |A|,$$

also $A = \langle a\rangle$. □

2.14 *Sei* A *eine abelsche* p-*Gruppe und* $a \in A$ *ein Element maximaler Ordnung von* A. *Dann existiert eine Untergruppe* B *von* A *mit* $A = \langle a\rangle \times B$.

BEWEIS: Im Falle $A = \langle a\rangle$ ist $B = 1$ die gesuchte Untergruppe. Im Falle $A \neq \langle a\rangle$ ist A nicht zyklisch. Wegen 2.7 und 2.13 existiert dann eine Untergruppe U der Ordnung p von A mit

$$U \cap \langle a\rangle = 1.$$

Sei $\bar{a} := aU \in \bar{A} := A/U$. Wegen $\langle\bar{a}\rangle \cong \langle a\rangle U/U$ (1.8) ist auch $\bar{a}$ ein Element maximaler Ordnung von $\bar{A}$. Durch Induktion nach $|A|$ können wir somit annehmen, daß in $\bar{A}$ ein Komplement $\bar{B}$ von $\langle\bar{a}\rangle$ bereits existiert. Sei $U \leq B \leq A$ mit $B/U = \bar{B}$. Es folgt $A = \langle a\rangle B$ und $B \cap \langle a\rangle \leq U$, also $B \cap \langle a\rangle = 1$ und somit $A = \langle a\rangle \times B$. □

Die Struktur abelscher p-Gruppen wird geklärt in:

2.15 SATZ: *Eine abelsche* p-*Gruppe* A *ist ein direktes Produkt von zyklischen Gruppen. Sind*

$$A = \langle a_1\rangle \times \dots \times \langle a_n\rangle = \langle b_1\rangle \times \dots \times \langle b_m\rangle$$

zwei solche Zerlegungen, so ist $n = m$ *und die* b_i's *können so umnumeriert werden, daß* $o(b_i) = o(a_i)$ *für* $i = 1,\dots,n$ *gilt.*

BEWEIS: Die Existenz einer solchen Zerlegung folgt durch wiederholte Anwendung von 2.14, man wähle etwa a_1 als Element maximaler Ordnung in A, a_2 von maximaler Ordnung in B und so fort.

Um die behauptete "Eindeutigkeit" der Zerlegung von A zu beweisen, seien die a_i's so numeriert, daß

$$o(a_1) = p_1^{e_1} > p,\dots,o(a_k) = p_k^{e_k} > p,\ o(a_{k+1}) = \dots = o(a_n) = p.$$

Dann gilt für $A^p = \{a^p \mid a \in A\}$

$$A^p = \langle a_1^p\rangle \times \dots \times \langle a_n^p\rangle = \langle a_1^p\rangle \times \dots \times \langle a_k^p\rangle,$$

also $|A^p| = p_1^{e_1-1} \cdot p_2^{e_2-1} \cdots p_k^{e_k-1}$, und somit

$$|A/A^p| = p^n.$$

Danach ist die Anzahl n der Faktoren allein durch A bestimmt. Durch Induktion nach $|A|$ können wir annehmen, daß die Eindeutigkeit der Zerlegung bereits für A^p nachgewiesen ist. Somit sind die Zahlen k und $e_1-1,\ldots,e_k-1$ durch A^p, also auch durch A festgelegt (eventuell ist $k = 0$). Zusammen mit der Kenntnis von n lassen sich aus ihnen in eindeutiger Weise die entsprechenden Zahlen für A gewinnen. □

Die minimale Anzahl von Erzeugenden einer abelschen Gruppe A heißt der *Rang* r(A) von A; es ist r(A) = 1 genau dann, wenn A zyklisch ist, und für eine abelsche p-Gruppe ist r(A) gleich der Invariante n in 2.15.

Die Sätze 2.10 und 2.15 gestatten einen vollständigen Überblick über alle endlichen abelschen Gruppen: Eine solche Gruppe A ist ein direktes Produkt von zyklischen Gruppen, deren Ordnungen Primzahlpotenzen sind, und ihr Isomorphietyp ist durch die Anzahl der dabei auftretenden Faktoren und deren Ordnungen festgelegt. Zum Beispiel gibt es bis auf Isomorphie genau 9 abelsche Gruppen der Ordnung $1000 = 2^3 \cdot 5^3$, nämlich

$$Z_2 \times Z_2 \times Z_2 \times Z_5 \times Z_5 \times Z_5$$

$$Z_2 \times Z_2 \times Z_2 \times Z_5 \times Z_{5^2}$$

$$Z_2 \times Z_2 \times Z_2 \times Z_{5^3}$$

$$Z_2 \times Z_{2^2} \times Z_5 \times Z_5 \times Z_5$$

$$Z_2 \times Z_{2^2} \times Z_5 \times Z_{5^2}$$

$$Z_2 \times Z_{2^2} \times Z_{5^3}$$

$$Z_{2^3} \times Z_5 \times Z_5 \times Z_5$$

$$Z_{2^3} \times Z_5 \times Z_{5^2}$$

$$Z_{2^3} \times Z_{5^3}$$

Dabei ist nur die letzte zyklisch (2.11).

Wir bemerken, daß auch die Struktur *endlich erzeugter* abelscher Gruppen genau bekannt ist: Eine solche ist das direkte Produkt einer endlichen, abelschen Gruppe mit einem direkten Produkt von zu Z_0 isomorphen Gruppen (siehe [H] I. 13.12, S. 80).

ÜBUNGEN

Sei A eine endliche abelsche Gruppe.

1. Sei $e \in \mathbb{N}$ die kleinste Zahl mit $a^e = 1$ für alle $a \in A$ (Exponent von A). In A gibt es ein Element a mit $o(a) = e$.

2. Sei $|A| = n$. Dann ist A genau dann zyklisch, wenn $|A| = e$ gilt (e wie in Aufg. 1.).

3. Eine endliche Untergruppe der multiplikativen Gruppe eines Körpers K ist zyklisch. Hinweis: Ein Polynom vom Grade n aus K[x] hat höchstens n Nullstellen in K; benütze Aufg. 2.

4. Sei p eine Primzahl, $C = Z_{p^3} \times Z_{p^3}$, $B = Z_p \times Z_p \times Z_p$ und $G = C \times B$. Sei $a \in A$ und $U \leq A$ mit $o(a) = p^2$ und $A = U\langle a\rangle$. Dann gilt $U \cap \langle a\rangle \neq 1$.

5. Eine abelsche Gruppe der Ordnung 546 ist zyklisch.

§ 3 AUTOMORPHISMEN ZYKLISCHER GRUPPEN

Die für die folgenden Kapitel wichtigen Aussagen dieses Abschnittes sind 2.17 und 2.18. Die explizite Bestimmung der Automorphismen in 2.19 wird später nicht benötigt.

2.16 *Die Automorphismen einer zyklischen Gruppe* $G = \langle x\rangle$ *sind von der Form*

$$\alpha_k : x^i \to x^{ki} \quad (i \in \mathbb{Z}),$$

wobei $k = \pm 1$, *falls* G *nicht endlich ist, und*

$$k \in \{1,...,n-1\}, \ (k,n) = 1,$$

falls $|G| = n < \infty$.

BEWEIS: Jeder Endomorphismus von G bildet x auf eine Potenz x^k ab, ist also durch k festgelegt und von der Form

$$\alpha_k : x^i \to x^{ki} \quad (i \in \mathbb{Z}).$$

Dabei ist α_k genau dann ein Automorphismus, also bijektiv, wenn $\langle x^k\rangle = \langle x\rangle$ gilt. Im Falle $G \cong Z_0$ gilt dies nur für $k = \pm 1$ und im Falle $|G| = n < \infty$ nur für $(k,n) = 1$ (2.4.e) . Zudem kann hier k aus

$\{1,\ldots,n-1\}$ gewählt werden (2.4.b). *) □

2.17 *Die Automorphismengruppe einer zyklischen Gruppe ist abelsch.*

BEWEIS: Wegen $\alpha_k\alpha_{k'} = \alpha_{kk'} = \alpha_{k'k} = \alpha_{k'}\alpha_k$ folgt dies aus 2.16. □

Sei $n = p_1^{e_1}\ldots p_r^{e_r}$ die Primfaktorzerlegung von $n \in \mathbb{N}$. Dann gilt für die zyklische Gruppe Z_n der Ordnung n (2.10)

$$Z_n = Z_{p_1^{e_1}} \times \ldots \times Z_{p_r^{e_r}}.$$

Weil die Untergruppen $Z_{p_i^{e_i}}$ charakteristisch in Z_n sind, ist ein Automorphismus von Z durch seine Einschränkungen auf die Gruppen $Z_{p_i^{e_i}}$ $(i = 1,\ldots,r)$ bestimmt. Somit gilt (vergleiche Aufgabe 7, S. 19)

$$\mathit{Aut}\, Z_n \cong \mathit{Aut}\, Z_{p_1^{e_1}} \times \ldots \times \mathit{Aut}\, Z_{p_r^{e_r}}.$$

Wir können uns also im folgenden auf die Automorphismengruppen zyklischer p-Gruppen beschränken.

2.18 SATZ: *Sei* $G = \langle x\rangle$ *eine zyklische Gruppe von Primzahlpotenzordnung* $p^e > 1$. *Dann gilt für* $A := \mathit{Aut}\, G$:

a) $|A| = p^{e-1}(p-1)$.

b) Im Falle $|G| = p$ *ist* A *zyklisch der Ordnung* $p-1$.

c) $A = S \times T$, *wobei* S *eine Untergruppe der Ordnung* p^{e-1} *und* T *eine zyklische Untergruppe der Ordnung* $p-1$ *von* A *ist.*

BEWEIS: a) Nach 2.16 ist $|A|$ die Anzahl der Zahlen k mit $1 \leq k \leq p^e - 1$ und $(p,k) = 1$, also gleich $p^{e-1}(p-1)$.
b) Nach 2.16 ist A isomorph zur multiplikativen Gruppe des Körpers $\mathbb{Z}/p\mathbb{Z}$ (vergl. *)). Diese ist aber bekanntlich zyklisch (siehe Aufgabe 3, S.32).
c) Wegen $(p-1,p^{e-1}) = 1$ und 2.10 gilt $A = S \times T$ mit $|S| = p^{e-1}$ und $|T| = p-1$. Weil T die einzige Untergruppe der Ordnung p-1 ist (2.9), ist T zyklisch, falls A eine zyklische Untergruppe der Ordnung p-1 enthält: Sei $\bar{x} = x\langle x^p\rangle$ und $\bar{G} := \langle\bar{x}\rangle = G/\langle x^p\rangle$ die Faktorgruppe der Ordnung p von G. Wegen b) existiert ein $1 \leq k \leq p-1$, so daß $\bar{x} \to \bar{x}^k$ einen Automorphismus der Ordnung p-1 von $\bar{G}$ erklärt. Dann ist

*) Man kann natürlich genauso einfach eine Verschärfung von 2.16 beweisen: Der Endomorphismenring der zyklischen Gruppe Z_n ist isomorph zu dem Ring $\mathbb{Z}/n\mathbb{Z}$ $(n = 0,1,\ldots)$.

$\alpha_k : x \to x^k$ ein Automorphismus von G, dessen Ordnung durch p-1 teilbar ist. Somit enthält $\langle\alpha_k\rangle$ die gesuchte Untergruppe der Ordnung p-1 von A (2.4.e). □

2.19 *Für* $G = \langle x\rangle$, $A = \mathrm{Aut}\, G$ *und* S *wie in* 2.18.c *gilt*

a) im Falle $p \neq 2$ *oder* $p = 2 = e$

$$S = \langle\alpha\rangle, \textit{ wobei } x^{\alpha} = x^{1+p}.$$

Insbesondere ist $\langle\alpha^{p^{e-2}}\rangle$ *die einzige Untergruppe der Ordnung* p *von* A $(e \geq 2)$. *Für* $\beta := \alpha^{p^{e-2}}$ *ist*

$$x^{\beta} = x^{1+p^{e-1}}.$$

b) im Falle $p = 2 < e$

$$S = A = \langle\gamma\rangle \times \langle\delta\rangle, \textit{ wobei } x^{\gamma} = x^{-1},\ x^{\delta} = x^{5}.$$

Insbesondere sind $\gamma, \zeta := \delta^{2^{e-3}}$ *und* $\eta := \gamma\zeta$ *alle Automorphismen der Ordnung 2; es ist*

$$x^{\zeta} = x^{1+2^{e-1}},\ x^{\eta} = x^{2^{e-1}-1}.$$

BEWEIS: a) Wegen $(p,1+p) = 1$ definiert α einen Automorphismus von G. Gilt $p = 2 = e$, so ist $x^{\alpha} = x^{1+p} = x^3 = x^{-1}$ der einzige nicht-triviale Automorphismus von G. Sei also im folgenden $p \neq 2$. Die Ordnung von α ist die kleinste Zahl $m \in \mathbb{N}$ mit

$$(1 + p)^m \equiv 1 \pmod{p^e}.$$

Entwickelt man $(1+p)^{p^k}$, $k \in \mathbb{N}$, mit Hilfe des Binomialsatzes, so erhält man

$$(1 + p)^{p^{e-1}} \equiv 1 \pmod{p^e}$$

und, weil $p \neq 2$,

$$(1 + p)^{p^{e-2}} \not\equiv 1 \pmod{p^e}.$$

Die erste Gliederung besagt, daß m ein Teiler von p^{e-1} ist, also wegen der zweiten Gleichung $m = p^{e-1}$. Damit hat $\langle\alpha\rangle$ die Ordnung von S; es folgt $S = \langle\alpha\rangle$. Eine Anwendung des Binomialsatzes ergibt auch das gewünschte Resultat für $\beta = \alpha^{p^{e-2}}$.

b) Entwickelt man $(1 + 2^2)^{2^k}$, $k \in \mathbb{N}$, mit Hilfe des Binomialsatzes, so erhält man

$$(1 + 2^2)^{2^{e-2}} \equiv 1 \pmod{2^e}$$

und

$$(1 + 2^2)^{2^{e-3}} \not\equiv 1 \pmod{2^e}.$$

Daraus folgt, ähnlich wie unter a), daß der durch $x^\delta = x^5 = x^{1+2^2}$ erklärte Automorphismus δ die Ordnung 2^{e-2} besitzt. Aus

$$(1 + 2^k)^k \not\equiv -1 \pmod{2^e} \qquad (e \geq 3)$$

für alle $k \in \mathbb{N}$, folgt schließlich, daß keine Potenz von δ dem durch $x^\gamma = x^{-1}$ erklärten Automorphismus γ gleich ist, also $\langle\gamma\rangle$ und $\langle\delta\rangle$ eine Untergruppe der Ordnung $2^{e-2} \cdot 2 = 2^{e-1}$ von $S = A$ erzeugen. Es folgt $A = \langle\gamma\rangle \times \langle\delta\rangle$. Die Gleichung $x^\zeta = x^{1+2^{e-1}}$ folgt aus

$$(1 + 2^2)^{2^{e-3}} \equiv 1 + 2^{e-1} \pmod{2^e}.$$

Schließlich gilt wegen

$$x^\eta = x^{\gamma\zeta} = (x^{-1})^{1+2^{e-1}} = x^{-1-2^{e-1}}$$

und $x^{-2^{e-1}} = x^{2^{e-1}}$, auch $x^\eta = x^{2^{e-1}-1}$. □

Übungen

Sei p eine Primzahl.

1. Sei $q \neq 1$ ein Teiler von $p-1$. Konstruiere mit Hilfe des semidirekten Produkts eine nicht-abelsche Gruppe der Ordnung $p \cdot q$, die einen Normalteiler der Ordnung p besitzt. Konstruiere weiter eine nicht-abelsche Gruppe der Ordnung $p^{e-1} \cdot p^e$, $e \geq 2$, die einen zyklischen Normalteiler der Ordnung p^e besitzt.

2. Sei G eine endliche Gruppe, p der kleinste Primteiler von $|G|$ und $x \in G$ habe die Ordnung p. Dann liegt x in Z(G), falls $\langle x\rangle$ ein Normalteiler von G ist. Hinweis: Die inneren Automorphismen von G induzieren Automorphismen von $\langle x\rangle$.

3. Sei G das semidirekte Produkt des Normalteilers Y mit der abelschen, nicht-zyklischen Gruppe der Ordnung X. Ist Y zyklisch der Ordnung p^e und $p \neq 2$, so ist $Z(G) \neq 1$. Diese Aussage ist falsch, falls $p = 2$.

Kapitel III. Operieren und Konjugieren

Von nun an beschränken wir uns auf endliche Gruppen. Obwohl manche der folgenden Begriffe auch für unendliche Gruppen sinnvoll sind, wollen wir im folgenden unter einer Gruppe immer eine *endliche Gruppe* verstehen. Wir führen die zentralen Begriffe des "Operierens" und "Konjugierens" ein und beweisen mit ihrer Hilfe die Sylow'schen Sätze. In den letzten zwei Paragraphen dieses Kapitels stellen wir einfache Aussagen über Permutationsgruppen zusammen und behandeln die symmetrische Gruppe S_n.

§ 1 Operieren I

Es sei $\Omega = \{\alpha, \beta, \gamma, \ldots\}$ eine endliche Menge und S_Ω die Menge aller Permutationen von Ω. Bezüglich der Hintereinanderausführung ist S_Ω eine Gruppe, die *symmetrische Gruppe* über Ω. Eine Gruppe G *operiert* auf Ω, falls jedem $x \in G$ eine Permutation $\alpha \to \alpha^x$ von Ω zugeordnet ist, so daß für alle $x, y \in G$ gilt:

$$(\alpha^x)^y = \alpha^{xy}.$$

Dies ist offenbar genau dann der Fall, wenn die Abbildung

$$\varphi : x \to (\alpha \to \alpha^x)$$

von G in S_Ω ein Homomorphismus ist. Ist *Kern* $\varphi = 1$, so operiert G *treu* auf Ω; in diesem Fall heißt G eine *Permutationsgruppe* auf Ω. Ist dagegen *Kern* $\varphi = G$, also $\alpha^x = \alpha$ für alle $x \in G$ und alle $\alpha \in \Omega$, so operiert G *trivial* auf Ω.

Operiert G auf Ω, so operiert natürlich auch jede Untergruppe von G auf Ω. Die für das Folgende wichtigsten Beispiele sind:

3.1 *Eine Gruppe* G *operiert auf*

a) der Menge aller nicht-leeren Teilmengen von G *vermöge*

$$A \to x^{-1}Ax \qquad (A \subseteq G;\ x \in G),$$

b) der Menge aller Elemente von G *vermöge*

$$y \to y^x = x^{-1}yx \qquad (y,x \in G),$$

c) der Menge aller Rechtsnebenklassen einer Untergruppe U *von* G *vermöge*

$$Uy \to Uyx \qquad (y,x \in G).$$

BEWEIS: Daß die angegebenen Abbildungen bijektiv sind, besagen die Gruppenaxiome und 1.1. Die Beziehung

$$(\alpha^x)^y = \alpha^{xy},$$

wobei α aus der jeweils zugrunde liegenden Menge ist und $x,y \in G$, folgt in allen vier Fällen aus dem Assoziativgesetz für G. □

Um die Beispiele in 3.1 im nächsten Paragraphen auswerten zu können, sammeln wir jetzt ein paar elementare Aussagen, die sich unmittelbar aus dem Begriff des Operierens ergeben. Im folgenden operiere die Gruppe G auf der Menge Ω.

3.2 *Für jedes* $\alpha \in \Omega$ *ist* $G_\alpha := \{x \in G \mid \alpha^x = \alpha\}$ *eine Untergruppe von* G. *Für* $y \in G$ *gilt*

$$G_{\alpha^y} = y^{-1}G_\alpha y.$$

BEWEIS: Für $x_1,x_2 \in G_\alpha$ gilt $\alpha = (\alpha^{x_1})^{x_2} = \alpha^{x_1x_2}$, also $x_1x_2 \in G_\alpha$ und somit $G_\alpha \leq G$. Seien $x,y \in G$; die zweite Behauptung ergibt sich aus

$$(\alpha^y)^x = \alpha^y \iff \alpha^{yxy^{-1}} = \alpha \iff yxy^{-1} \in G_\alpha \iff x \in y^{-1}G_\alpha y. \qquad \square$$

Zwei Elemente $\alpha,\beta \in \Omega$ nennen wir äquivalent, wenn es ein $x \in G$ gibt mit $\alpha^x = \beta$. Aus den Gruppenaxiomen folgt sofort, daß dies eine Äquivalenzrelation auf Ω ist. Die dazugehörenden Äquivalenzklassen heißen die *Bahnen (Transitivitätsgebiete)* von G auf Ω, die Anzahl der Elemente einer Bahn Σ ist die *Länge* von Σ.
Für $\alpha \in \Omega$ ist

$$\alpha^G := \{\alpha^x \mid x \in G\}$$

die Äquivalenzklasse, in der α liegt, also eine Bahn von G. Die Gruppe G operiert *transitiv* auf Ω, falls Ω selbst eine Bahn ist, falls also zu $\alpha,\beta \in \Omega$ ein $x \in G$ existiert mit $\alpha^x = \beta$.

3.3 FRATTINIARGUMENT: *Besitzt* G *eine Untergruppe* N, *die transitiv auf* Ω *operiert, so gilt* $G = G_\alpha N$ *für jedes* $\alpha \in \Omega$.

BEWEIS: Wegen der Transitivität von N auf Ω existiert zu $\alpha \in \Omega$ und $y \in G$ ein $x \in N$ mit $\alpha^y = \alpha^x$. Es folgt $\alpha^{yx^{-1}} = \alpha$, also $yx^{-1} \in G_\alpha$ und somit $y \in G_\alpha x \subseteq G_\alpha N$. □

Sehr wichtig ist die folgende elementare Aussage (vergleiche Satz von Lagrange 1.5).

3.4 SATZ: *Für* $\alpha \in \Omega$ *gilt* $|\alpha^G| = |G:G_\alpha|$. *Insbesondere ist die Länge einer Bahn* α^G *ein Teiler von* $|G|$.

BEWEIS: Für $y,x \in G$ gilt

$$\alpha^y = \alpha^x \Leftrightarrow \alpha^{yx^{-1}} = \alpha \Leftrightarrow yx^{-1} \in G_\alpha \Leftrightarrow y \in G_\alpha x. \qquad \square$$

Wir wenden 3.4 oft in folgender Form an:

3.5 *Ist* n *eine Zahl, die* $|G:G_\alpha|$ *für alle* $\alpha \in \Omega$ *teilt, so ist* $|\Omega|$ *durch* n *teilbar.*

BEWEIS: Weil Ω disjunkte Vereinigung der Bahnen von G auf Ω ist, folgt die Behauptung direkt aus 3.4. □

ÜBUNGEN

Sei G eine Gruppe.

1. G operiere auf Ω und Σ sei eine Bahn von $U \leq G$. Dann ist Σ^x eine Bahn von $x^{-1}Ux$, $x \in G$.
2. G operiere transitiv auf Ω und N sei ein Normalteiler von G. Dann hat jede Bahn von N auf Ω dieselbe Länge.
3. Die abelsche Gruppe G operiere treu und transitiv auf Ω. Dann gilt $G_\alpha = 1$ für alle $\alpha \in \Omega$.
4. Die Ordnung von G sei eine Potenz der Primzahl p. Dann ist die Anzahl der nicht-normalen Untergruppen von G durch p teilbar. Hinweis: G operiert vermöge $U \to x^{-1}Ux$ auf der Menge der Untergruppen von G.
5. Seien p,q verschiedene Primteiler von $|G|$, Q eine Untergruppe der Ordnung q von G und Ω die Menge der Rechtsvertretersysteme $\{y_1,\ldots,y_n\}$ von Q in G ($n = |G:Q|$).

   a) G operiert auf Ω vermöge

   $$\{y_1,\ldots,y_n\} \xrightarrow{x} \{y_1x,\ldots,y_nx\}.$$

b) $G_\alpha \neq G$ für alle $\alpha \in \Omega$.

c) Es existiert ein $\alpha \in \Omega$ mit $(|G:G_\alpha|,p) = 1$.

d) Ist p^i Teiler von $|G|$, so besitzt G eine Untergruppe der Ordnung p^i.
Hinweis: Sei diese Aussage für Gruppen kleinerer Ordnung bereits bewiesen und wende b), c) an.

6. G operiere auf der Menge Ω und t sei die Anzahl der Bahnen von G auf Ω. Für $x \in G$ sei $f_x := |\{\alpha \in \Omega \mid \alpha^x = \alpha\}|$. Dann gilt

$$t|G| = \sum_{x\in G} f_x.$$

Hinweis: Zähle die Paare $(\alpha,x) \in \Omega \times G$.

§ 2 Konjugieren

Wir wenden 3.2 und 3.4 auf die Beispiele in 3.1 an. Eine Untergruppe H der Gruppe G operiert nach 3.1. a auf der Menge Ω aller nicht-leeren Teilmengen von G. Ist $A \in \Omega$, so bilden die zu A *unter* H *konjugierten* Untermengen

$$A^x := x^{-1}Ax \qquad (x \in H)$$

eine Bahn von H. Nach 3.2 ist

$$N_H(A) := \{x \in H \mid A^x = A\}$$

eine Untergruppe von H; sie heißt der *Normalisator von* A *in* H. Wegen 3.4 ist $|H:N_H(A)|$ gleich der Anzahl der zu A unter H konjugierten Untermengen. Im Falle H = G heißt $A^x, x \in G$, zu A *konjugiert*. Eine Untermenge B von G *normalisiert* A, falls $B \subseteq N_G(A)$.

Nach 3.1 b) operiert die Untergruppe H vermöge $y \to y^x = x^{-1}yx$ auf den Elementen von G (dies ist ein Spezialfall von vorher). Die Elemente y^x, $x \in H$, heißen die zu y *unter* H *konjugierten* Elemente. Wegen 3.2 ist

$$C_H(y) := \{x \in H \mid y^x = y\}$$

eine Untergruppe von H; sie heißt der *Zentralisator von* y *in* H und besteht offenbar genau aus den Elementen x von H, die mit y vertauschbar sind, für die also xy = yx gilt. Nach 3.4 ist $|H:C_H(y)|$ gleich der Anzahl der zu y unter H konjugierten Elemente. Im Falle H = G heißt y^x ein zu y *konjugiertes* Element. Alle zu y konjugierten Elemente bilden die *Konjugiertenklasse* y^G von G. Eine solche enthält somit $|G:C_G(y)|$ Elemente; es gilt $y^G = \{y\}$ genau dann, wenn y in Z(G) liegt. Weil die Konjugiertenklassen die Bahnen von G sind bezüglich der Operation "Konjugieren", ist G disjunkte Vereinigung seiner Konjugiertenklassen. Diesen Sachverhalt beschreibt:

3.6 KLASSENGLEICHUNG: *Seien* $K_1,\dots,K_h$ *die Konjugiertenklassen der Gruppe* G, *die nicht einelementig sind und* $a_i \in K_i$, $i = 1,\dots,h$. *Dann gilt*

$$|G| = |Z(G)| + \sum_{i=1}^{h} |G:C_G(a_i)|.$$

Für eine nicht-leere Teilmenge A von G ist

$$C_H(A) := \bigcap_{y \in A} C_H(y)$$

eine Untergruppe von H, der *Zentralisator* von A in H. Offenbar besteht $C_H(A)$ genau aus den Elementen von H, die mit jedem Element von A vertauschbar sind. Zum Beispiel gilt $C_G(A) = G$ genau dann, wenn A in Z(G) liegt. Eine Untermenge $B \subseteq G$ *zentralisiert* A, falls $B \subseteq C_G(A)$.

Wir stellen einige einfache Bemerkungen über die eben eingeführten Begriffe zusammen:

3.7 *Sei* H *eine Untergruppe der Gruppe* G. *Für* $A \subseteq G$, $x \in G$ *gilt* $N_H(A)^x = N_{H^x}(A^x)$ *und* $C_H(A)^x = C_{H^x}(A^x)$.

BEWEIS: Mit $y \in H$ folgt

$$(A^x)^{x^{-1}yx} = A^x \Leftrightarrow A^{yx} = A^x \Leftrightarrow A^y = A \Leftrightarrow y \in N_H(A);$$

also ist $N_{H^x}(A^x) = N_H(A)^x$ (vergleiche 3.2). Die zweite Behauptung folgt ähnlich. □

3.8 *Für eine Untergruppe* U *von* G *ist* $N_G(U)$ *die größte Untergruppe von* G, *in der* U *normal ist. Die Abbildung*

$$\varphi : x \to (y \to y^x)$$

von $N_G(U)$ *in* Aut U *ist ein Homomorphismus mit Kern* $\varphi = C_G(U)$. *Insbesondere ist* $C_G(U)$ *normal in* $N_G(U)$ *und* $N_G(U)/C_G(U)$ *ist isomorph zu einer Untergruppe von* Aut U.

BEWEIS: Die Behauptungen sind bis auf die letzte trivial; diese jedoch folgt aus dem Homomorphiesatz 1.7. □

ÜBUNGEN

Sei G eine Gruppe.

1. Für $A \subseteq G$ gilt $A \subseteq C_G(C_G(A))$ und $C_G(C_G(C_G(A))) \subseteq C_G(A)$.

2. Ist A unter den abelschen Untergruppen von G maximal, so ist $C_G(A) = A$.

3. Sei A eine abelsche Untergruppe von G und $C_G(x) = A$ für alle $x \in A$, $x \neq 1$. Dann gilt $A \cap A^x = 1$ für alle $x \in G \setminus N_G(A)$.

4. $A \trianglelefteq G$, $U \leq G \Rightarrow C_U(A) \trianglelefteq U$

   A *char* $G \Rightarrow C_G(A)$ *char* G, $N_G(A)$ *char* G.

5. Für $x \in G$ sei $C_G^*(x) := \{y \in G \mid x^y = x \text{ oder } x^y = x^{-1}\}$.

   Es gilt $C_G(x) \trianglelefteq C_G^*(x) \leq G$ und $|C_G^*(x) : C_G(x)| \leq 2$.

6. Operiert G transitiv auf der Menge Ω, so operiert $N_G(G_\alpha)$, $\alpha \in \Omega$, transitiv auf $\Omega' := \{\beta \in \Omega \mid \beta^{G_\alpha} = \beta\}$.

7. Ist die Klassengleichung von G

   $$60 = 1 + 15 + 20 + 12 + 12,$$

   so ist G einfach.

8. G operiere treu auf der Menge Ω und A sei eine abelsche Untergruppe von G, die transitiv auf Ω operiert. Dann ist $C_G(A) = A$.

9. Sei p der kleinste Primteiler von $|G|$ und A ein Normalteiler von G der Ordnung $\leq p^2$. Dann ist $|G : C_G(A)| \leq p$. (Benütze 3.8)

10. Aus $U \leq G$, und $G = \bigcup_{x \in G} U^x$ folgt $G = U$.

§ 3 DIE SYLOWSCHEN SÄTZE

Im folgenden sei p immer eine Primzahl. Eine Gruppe heißt p-*Gruppe*, falls ihre Ordnung eine Potenz von p ist. Die triviale Gruppe <1> sei für alle Primzahlen p eine p-Gruppe ($p^0 = 1$). Eine p-Untergruppe (ein p-Normalteiler) einer Gruppe ist eine Untergruppe (ein Normalteiler), die (der) eine p-Gruppe ist. Wir wollen die p-Untergruppen einer Gruppe mit Hilfe der in den beiden vorigen Paragraphen eingeführten Begriffe untersuchen.

Mit Hilfe von 2.12 beweisen wir folgenden fundamentalen Satz:

3.9 SATZ VON CAUCHY: *Teilt die Primzahlpotenz* p^i $(i = 0,1,2,\ldots)$ *die Ordnung einer Gruppe* G*, so besitzt* G *eine Untergruppe der Ordnung* p^i.

BEWEIS: Im Falle $|G| = 1$ und $i = 0$ ist nichts zu zeigen, sei daher $G \neq 1$, $i \geq 1$, und die Behauptung für alle Gruppen, deren Ordnung kleiner als $|G|$ ist, bereits bewiesen. Eine Untergruppe $U \neq G$ von G, deren Ordnung durch p^i teilbar ist, besitzt demnach eine Untergruppe der Ordnung p^i, die natürlich auch Untergruppe von G ist. Somit können wir

$$|G:U| \equiv 0 \pmod p$$

für jede echte Untergruppe U von G annehmen (1.5). Aus der Klassengleichung 3.6 folgt mit $U = C_G(a_i)$

$$|G| \equiv |Z(G)| \pmod p,$$

wegen $|G| \equiv 0 \pmod p$ also

$$|Z(G)| \equiv 0 \pmod p.$$

Die abelsche Gruppe Z(G) besitzt nach 2.12 eine Untergruppe N der Ordnung p; diese ist normal in G. Wegen $|G/N| = \frac{|G|}{p}$ und der Induktionsvoraussetzung besitzt G/N eine Untergruppe der Ordnung p^{i-1} von der Form B/N mit $N \leq B \leq G$. Dann ist B die gesuchte Untergruppe der Ordnung p^i von G. □

Nach 1.5 teilt die Ordnung einer Untergruppe immer die Ordnung der Gruppe G. Umgekehrt existiert zu jedem Teiler m der Ordnung einer abelschen Gruppe eine Untergruppe der Ordnung m (siehe 2.10 und 3.9); dasselbe gilt auch für die im nächsten Kapitel behandelten nilpotenten Gruppen. Im allgemeinen ist jedoch diese Aussage falsch. Nur für gewisse Teiler m von $|G|$, nämlich für Primzahlpotenzen, existieren wegen 3.9 immer Untergruppen der Ordnung m. Deswegen spielen die p-Untergruppen in der Theorie der endlichen Gruppen eine zentrale Rolle. Wir verschaffen uns hier einen ersten Überblick über ihre Einbettung in G.

Eine p-*Sylowgruppe* P einer Gruppe G ist eine maximale p-Untergruppe von G, d.h. eine p-Untergruppe, die in keiner echt größeren p-Untergruppe liegt. Offenbar liegt jede p-Untergruppe von G in einer p-Sylowgruppe. Die Menge aller p-Sylowgruppen von G bezeichnen wir mit $Syl_p G$. Wenn p kein Teiler von $|G|$ ist, besteht $Syl_p G$ nur aus der trivialen Untergruppe 1 von G, während $Syl_p G$ nur G enthält, wenn G eine p-Gruppe ist. Eine *Sylowgruppe* von G ist eine p-Sylowgruppe für irgendeine Primzahl p.

Folgende nützliche Bemerkungen ergeben sich aus der Definition:

3.10 *a) Liegt* $P \in Syl_p G$ *in der Untergruppe* U *von* G, *so gilt* $P \in Syl_p U$.

b) Ist R *eine* p-*Sylowgruppe einer Untergruppe* U *von* G, *so existiert ein* $P \in Syl_pG$ *mit* $U \cap P = R$.

c) Ist $P \in Syl_pG$ *und* B *eine* p-*Untergruppe mit* BP = PB, *so liegt* B *in* P; *insbesondere ist* P *die einzige* p-*Sylowgruppe von* $N_G(P)$.

d) Mit P *ist auch* P^α, $\alpha \in Aut\ G$, *in* Syl_pG.

e) Genau dann ist $P \in Syl_pG$ *ein Normalteiler von* G, *wenn* $Syl_pG = \{P\}$ *gilt.*

f) Der Durchschnitt aller p-*Sylowgruppen von* G *ist eine charakteristische Untergruppe von* G; *sie enthält jeden* p-*Normalteiler von* G *(und wird mit* $O_p(G)$ *bezeichnet).*

BEWEIS: a) trivial.
b) Sei $P \in Syl_pG$ mit $R \subseteq P$. Dann liegt R in der p-Untergruppe $U \cap P$ von P. Da R eine maximale p-Untergruppe von U ist, folgt $R = U \cap P$.

c) Wegen BP = PB ist BP eine p-Untergruppe von G (1.3 und 1.4). Somit folgt die Behauptung aus der Maximalität von P.

d) Mit P ist auch P^α eine maximale p-Untergruppe von G.

e) Ist P normal, so folgt $Syl_pG = \{P\}$ aus c). Umgekehrt folgt aus $Syl_pG = \{P\}$ mit d), daß P sogar eine charakteristische Untergruppe von G ist.
f) ergibt sich unmittelbar aus d) und c). □

Die zentrale Aussage über Sylowgruppen liefert der folgende Satz von SYLOW:

3.11 SATZ VON SYLOW: *Sei* p^e *die höchste* p-*Potenz, die die Ordnung der Gruppe* G *teilt. Dann gilt*

a) Die p-*Sylowgruppen von* G *sind genau die Untergruppen der Ordnung* p^e *von* G.

b) Die p-*Sylowgruppen sind zueinander konjugiert. Insbesondere gilt* $|G : N_G(S)| = |Syl_pG|$ *für* $S \in Syl_pG$.

c) $|Syl_pG| \equiv 1 \pmod p$.

BEWEIS: a) und b): Zunächst ist eine nach 3.9 existierende Untergruppe S der Ordnung p^e sicherlich eine maximale p-Untergruppe, also eine p-Sylowgruppe von G (1.5). Wir zeigen, daß eine beliebige p-Sylowgruppe P von G zu S konjugiert ist. Dazu können wir

$$P \nleq N_G(S^x)$$

für jedes $x \in G$ annehmen. Andernfalls liegt nämlich die p-Gruppe P in der p-Sylowgruppe S^x (3.10.c) und die Maximalität von P ergibt die gewünschte Aussage $P = S^x$.

Die Gruppe P operiert auf der Menge

$$\Omega := \{S^x \mid x \in G\}$$

durch Konjugation. Nach dem obigen ist

$$N_P(S^x) = \{y \in P \mid (S^x)^y = S^x\}$$

für jedes $x \in G$ eine echte Untergruppe von P, also p ein Teiler von $|P:N_P(S^x)|$ (1.5). Mit $n = p$ folgt aus 3.5, daß $|\Omega| \equiv 0 \pmod p$. Dies widerspricht wegen $S \leq N_G(S)$ und $|S| = p^e$

$$|\Omega| = |G:N_G(S)| \overset{1.5}{\not\equiv} 0 \pmod p.$$

Also existiert doch ein $x \in G$ mit $P = S^x$. Daher sind alle p-Sylowgruppen von G zu S, also auch untereinander konjugiert, ihre Anzahl ist somit $|G:N_G(S)|$.

c) Wie unter a) zeigt man, daß $S \in \mathcal{Syl}_p G$ keine von S verschiedene p-Sylowgruppe S^x normalisiert. Also zerfällt $\Omega \setminus \{S\}$ unter der Operation von S (durch Konjugation) in Bahnen, deren Längen p-Potenzen sind (3.4). Es folgt

$$|\mathcal{Syl}_p G| = |\Omega| \equiv 1 \pmod p. \qquad \square$$

Wir notieren eine Reihe von Folgerungen aus 3.11:

3.12 *Sei* N *ein Normalteiler der Gruppe* G *und* $P \in \mathcal{Syl}_p G$. *Dann gilt* $N \cap P \in \mathcal{Syl}_p N$ *und* $PN/N \in \mathcal{Syl}_p G/N$.

BEWEIS: Wegen 3.10.b existiert zu $R \in \mathcal{Syl}_p N$ ein $P_1 \in \mathcal{Syl}_p G$ mit $P_1 \cap N = R$. Nach 3.11.b gibt es ein $x \in G$ mit $P_1{}^x = P$. Es folgt

$$P \cap N = P_1{}^x \cap N = P_1{}^x \cap N^x = (P_1 \cap N)^x = R^x \in \mathcal{Syl}_p N.$$

Offenbar ist PN/N eine p-Untergruppe $\bar{U}$ von $\bar{G} := G/N$ mit $|\bar{G}:\bar{U}| = |G:PN|$ (1.6). Wegen 3.11.b ist p kein Teiler von $|G:P|$, also auch nicht von $|G:PN| = |\bar{G}:\bar{U}|$. Somit ist $\bar{U}$ eine maximale p-Untergruppe, also eine p-Sylowgruppe von $\bar{G}$. $\square$

3.13 *Seien* $p_1,\dots,p_n$ *die verschiedenen Primteiler der Ordnung* m *einer Gruppe* G *und sei* $P_i \in \mathcal{Syl}_{p_i} G$ *für* $i = 1,\dots,n$. *Dann folgt a)* $G = \langle P_1, P_2, \ldots, P_n \rangle$.

b) Sind $P_1, P_2, \ldots, P_n$ *Normalteiler von* G*, so gilt*
$G = P_1 \times P_2 \times \ldots \times P_n$.

BEWEIS: a) Da $P_1, \ldots, P_n$ Untergruppen von $G_1 := \langle P_1, \ldots, P_n \rangle$ sind und $(|P_i|, |P_j|) = 1$ für $i \neq j$ gilt, ist $m = \prod_{i=1}^{n} |P_i|$ (3.11) ein Teiler von $|G_1|$ (1.5) . Es folgt $G = G_1$.

b) Da das Produkt von Normalteilern von G eine Gruppe ist (1.3), gilt in diesem Fall

$$G = P_1 P_2 \ldots P_n.$$

Wir nehmen an, dieses Produkt sei nicht direkt; es existiere also ein $j \in \{1, \ldots, n\}$ mit

$$P_j \cap \prod_{i \neq j} P_i \neq 1.$$

Seien $j \in \{1, \ldots, n\}$ und $k \in \{1, \ldots, n\} \setminus \{j\}$ so gewählt, daß k minimal ist bezüglich

$$P_j \cap \prod_{\substack{i=1 \\ i \neq j}}^{k} P_i \neq 1.$$

Sei $A := \prod_{\substack{i=1 \\ i \neq j}}^{k-1} P_i$. Dann folgt

$$A \cap P_j = 1 = A \cap P_k.$$

Weil $A \cap P_j$ die p_j-Sylowgruppe von A ist (siehe 3.10.c oder 3.12), gilt daher $(p_j, |A|) = 1$. Mit 1.4 folgt

$$|AP_k| = \frac{|A| \cdot |P_k|}{|A \cap P_k|} = |A| \cdot |P_k| \not\equiv 0 \pmod{p_j}$$

im Widerspruch zu $AP_k \cap P_j \neq 1$. □

Eine weitere Folgerung des Sylow'schen Satzes ist das in vielen Fällen überraschend starke Frattiniargument:

3.14 FRATTINIARGUMENT: *Sei* M *ein Normalteiler der Gruppe* G *und* $P \in Syl_p M$. *Dann gilt* $G = N_G(P)M$.

BEWEIS: Wegen 3.10.d operiert G auf der Menge $\Omega := Syl_p M$ durch Konjugation. Weil M nach 3.11.b transitiv auf Ω operiert, folgt die Behauptung aus 3.3. □

Die restlichen Aussagen dieses Abschnitts basieren auf dem Frattiniargument.

3.15 *Sei* P *eine* p-*Sylowgruppe der Gruppe* G *und* U *eine Untergruppe von* G *mit* $N_G(P) \subseteq U$. *Dann gilt* $N_G(U) = U$.

BEWEIS: Wegen $U \trianglelefteq N_G(U)$ und $P \in Syl_p U$ (3.10.a) folgt aus 3.14 mit $N_G(U)$ und U statt G und M

$$N_G(U) = N_{N_G(U)}(P)U \subseteq N_G(P)U \subseteq U. \quad \square$$

3.16 *Sei* P *eine* p-*Untergruppe der Gruppe* G *und* N *ein Normalteiler von* G, *dessen Ordnung nicht durch* p *teilbar ist. Dann gilt*

$$N_{G/N}(PN/N) = N_G(P)N/N.$$

BEWEIS: Wegen $N_G(PN)/N = N_{G/N}(PN/N)$ genügt es, $N_G(PN) = N_G(P)N$ zu zeigen. Wegen $(|N|,p) = 1$ ist P eine p-Sylowgruppe von NP. Da außerdem PN ein Normalteiler von $A := N_G(PN)$ ist, folgt aus dem Frattiniargument 3.14

$$A = N_A(P)PN \subseteq N_G(P)N.$$

Die andere Inklusion $N_G(P) \subseteq A$, also $N_G(P)N \subseteq A$ ist wegen $N \trianglelefteq G$ trivial. $\square$

Für eine weitere Anwendung des Frattiniarguments definieren wir die *Frattinigruppe* $\phi(G)$ einer Gruppe G als den Durchschnitt aller maximalen Untergruppen von G. Weil ein Automorphismus von G maximale Untergruppen von G wieder auf maximale abbildet, ist $\phi(G)$ charakteristisch in G. Es gilt:

3.17 *Aus* $A \subseteq \phi(G)$, $B \subseteq G$ *und* $G = \langle A,B \rangle$ *folgt* $G = \langle B \rangle$.

BEWEIS: Andernfalls liegt $\langle B \rangle$ in einer maximalen Untergruppe M von G. Aus $A \subseteq \phi(G) \subseteq M$ erhalten wir dann den Widerspruch $G = \langle A,B \rangle \subseteq M$. $\square$

Die angekündigte Anwendung des Frattiniarguments lautet:

3.18 *Die Frattinigruppe* $\phi(G)$ *ist das direkte Produkt ihrer Sylowgruppen.*

BEWEIS: Wegen 3.13 genügt es zu zeigen, daß jede Sylowgruppe R von $\phi(G)$ normal in $\phi(G)$ ist. Aus dem Frattiniargument 3.14, angewandt auf den Normalteiler $\phi(G)$, folgt $G = N_G(R)\phi(G)$ und somit aus 3.17 sogar $G = N_G(R)$, insbesondere $R \trianglelefteq \phi(G)$. $\square$

ÜBUNGEN

1. Beweise 3.9 mit Hilfe von Aufgabe 5 auf S. 38.

2. Sei G eine einfache Gruppe der Ordnung 60. Dann gilt $|\mathcal{Syl}_5 G| = 6$ und G enthält 24 Elemente der Ordnung 5.

3. Wieviele Elemente der Ordnung 7 existieren in einer einfachen Gruppe der Ordnung 168 ?

4. Seien p,q,r verschiedene Primzahlen.
   a) Eine Gruppe der Ordnung $p \cdot q$ besitzt eine normale p-Sylowgruppe, falls $p > q$.

   b) Eine Gruppe der Ordnung $p \cdot q \cdot r$ besitzt mindestens eine normale Sylowgruppe $\neq 1$.

5. Eine Gruppe der Ordnung 15 ist zyklisch. (Folgt mit Aufgabe 4 a) und 2.18)

6. Sei G eine Gruppe und $P \in \mathcal{Syl}_p G$. Aus $|G:P| \leq p$ folgt $P = O_p(G)$.

7. Sei V ein n-dimensionaler Vektorraum über $\mathbb{Z}/p\mathbb{Z}$ und sei G eine Untergruppe der Gruppe GL(V) aller Automorphismen des Vektorraums V (vergleiche Kap. XII). Sei T die Gruppe aller invertierbaren $n \times n$-Matrizen über $\mathbb{Z}/p\mathbb{Z}$ der Form

$$\begin{pmatrix} 1 & & * \\ & \ddots & \\ 0 & & 1 \end{pmatrix}.$$

   a) Jede p-Untergruppe von G ist isomorph zu einer Untergruppe von T. (Benütze Sätze aus der linearen Algebra.)

   b) Beweise mit Hilfe von a) den Satz von Sylow für die Gruppe G. (Vergleiche Aufgabe 1, S. 176)

§ 4 OPERIEREN II

Im vorigen Paragraphen sahen wir, wie sich aus dem in § 1 dieses Kapitels eingeführten Begriff des "Operierens" Aussagen über die abstrakte Struktur einer Gruppe gewinnen lassen. In Fortführung von § 1 wollen wir hier die Operation einer Gruppe auf einer Menge weiter untersuchen. Die dabei erzielten Ergebnisse benötigen wir in Kap. XI.

Zunächst sei die zentrale Bedeutung des Beispiels 3.1.c erläutert: Die Gruppe G operiere transitiv auf der Menge Ω. Für $\alpha \in \Omega$ sei $U := G_\alpha$ und $\Omega' := \{Uy \mid y \in G\}$ die Menge der Rechtsnebenklassen von U in G. Wie schon in § 1 im Beweis von 3.4 erläutert, ist

$$\pi : \alpha^y \to Uy \qquad (y \in G)$$

eine bijektive Abbildung von Ω auf Ω'. Da G auf Ω' durch Rechtsmultiplikation operiert (3.1.c), ist zu $\beta \in \Omega$ und $x \in G$ ein Element $(\beta^{\pi})^{x} \in \Omega'$ erklärt; ist $z \in G$ mit $\alpha^{z} = \beta$, so ist $(\beta^{\pi})^{x} = ((\alpha^{z})^{\pi})^{x} = Uzx$. Es folgt

$$(\beta^{x})^{\pi} = (\alpha^{zx})^{\pi} = Uzx = (\beta^{\pi})^{x}.$$

Somit operiert G in der gleichen Weise auf Ω' wie auf Ω: man nennt π einen *Permutationsisomorphismus* von (G,Ω) auf (G,Ω'). Jede transitive Operation von G läßt sich auf die beschriebene Art als eine Operation auf den Rechtsnebenklassen einer Untergruppe auffassen. Umgekehrt ist eine solche Operation natürlich transitiv. Damit kann jede Aussage über eine Gruppe, die transitiv auf Ω operiert, zu einer Aussage innerhalb der Gruppe (ohne Ω) umformuliert werden. Wir wollen dies an ein paar Beispielen erläutern.

Eine Gruppe G operiert *primitiv* auf einer Menge Ω, falls zu jeder Untermenge Σ von Ω mit

$$1 \neq |\Sigma| \neq |\Omega|$$

mindestens ein $x \in G$ existiert, so daß

$$\Sigma \neq \Sigma \cap \Sigma^{x} \neq \emptyset$$

(dabei sei $\Sigma^{x} = \{\alpha^{x} \mid \alpha \in \Sigma\}$).
Operiert G nicht primitiv auf Ω, so heißt die Operation von G auf Ω *imprimitiv*.

3.19 *Die Gruppe* G *operiert genau dann primitiv auf der Menge* Ω, *wenn* G *transitiv auf* Ω *operiert und* G_{α} *für ein* $\alpha \in \Omega$ *eine maximale Untergruppe von* G *ist.*

BEWEIS: Sei zunächst G primitiv. Dann ist eine Bahn Σ von G (auf Ω) ganz Ω oder hat Länge 1. Im zweiten Fall sind alle Bahnen von der Länge 1, alle Untermengen von Ω bleiben also unter G fest; es folgt $|\Omega| = 1$ und G operiert trivialerweise auch hier transitiv.

Sei M eine maximale Untergruppe von G mit $G_{\alpha} \subseteq M$, und $\Sigma := \alpha^{M}$. Aus $\alpha^{G} = \Omega$ und $G_{\alpha} \subseteq M \neq G$ folgt $\Sigma \neq \Omega$ (3.4). Sei $x \in G$ mit $\Sigma^{x} \neq \Sigma$ und $\alpha^{m} = \alpha^{nx}$ $(m,n \in M)$ ein gemeinsames Element von Σ und Σ^{x}. Dann liegt nxm^{-1} in $G_{\alpha} \leq M$, also x in M im Widerspruch zu $\Sigma \neq \Sigma^{x}$. Es folgt $\Sigma \cap \Sigma^{x} = \emptyset$ und aus der Primitivität $\Sigma = \{\alpha\}$, also $M = G_{\alpha}$.

Sei nun umgekehrt G transitiv auf Ω und G_{α} für $\alpha \in \Omega$ eine maximale Untergruppe von G. Operiert G nicht primitiv, so existiert ein $\Sigma \subseteq \Omega$ mit $1 \neq |\Sigma| \neq |\Omega|$, so daß

$$M := \{x \in G \mid \Sigma^{x} = \Sigma\} = \{x \in G \mid \Sigma^{x} \cap \Sigma \neq \emptyset\}$$

eine echte Untergruppe von G ist, die G_β für jedes $\beta \in \Sigma$ enthält. Weil G transitiv operiert, ist G_β zu G_α konjugiert (3.2), also ebenfalls maximal. Zu $\beta \neq \beta' \in \Sigma$ existiert aber ein $x \in G$ mit $\beta^x = \beta'$, das wegen $\Sigma^x \cap \Sigma \neq \emptyset$ in M liegt. Aus $x \notin G_\beta$ folgt der Widerspruch $M = G$. □

3.20 *Operiert die Gruppe* G *primitiv auf der Menge* Ω, *so operiert jeder Normalteiler von* G *trivial oder transitiv auf* Ω.

BEWEIS: Ist Σ eine Bahn des Normalteilers N, so ist für jedes $x \in G$ auch Σ^x eine Bahn von $x^{-1}Nx = N$. Somit ist $\Sigma \cap \Sigma^x = \emptyset$, falls $\Sigma^x \neq \Sigma$. Aus der Primitivität von G folgt $\Sigma = \Omega$, d.h. N operiert transitiv auf Ω, oder $|\Sigma| = 1$ für jede Bahn Σ von N, d.h. N operiert trivial. □

Wir verallgemeinern nun den Begriff der Transitivität: Eine Gruppe G operiert n-transitiv ($n \in \mathbb{N}$) auf der Menge Ω, falls es zu je n verschiedenen Elementen $\{\alpha_k\}_{k=1,\dots,n}$ bzw. $\{\beta_k\}_{k=1,\dots,n}$ aus Ω stets ein $x \in G$ gibt mit

$$\alpha_k^x = \beta_k \qquad (k = 1,\dots,n).$$

Beispiele für n-transitive bzw. (n-2)-transitive Gruppen sind die symmetrischen Gruppen S_n bzw. die alternierenden Gruppen A_n; beide werden wir im nächsten Paragraphen behandeln. Wir bemerken, daß außer diesen für $n > 5$ keine weitere n-transitive Gruppe bekannt ist.

Wir beschränken uns hier auf 2-transitive Gruppen und leiten einige Aussagen über sie her, die wir in Kap. IX benötigen.

3.21 *Operiert die Gruppe* G *transitiv auf der Menge* Ω, *so sind folgende drei Aussagen äquivalent:*

1) G *operiert* 2-*transitiv auf* Ω.

2) Für $\alpha \in \Omega$ *operiert* G_α *transitiv auf* $\Omega \setminus \{\alpha\}$.

3) Sei $U := G_\alpha$ $(\alpha \in \Omega)$. *Für jedes* $g \in G \setminus U$ *gilt* $G = U \cup UgU$.

BEWEIS: Die Äquivalenz von 1) und 2) folgt unmittelbar aus der Definition von "2-transitiv".
2) ⇔ 3): Sei $U := G_\alpha$. Dann operiert U genau dann transitiv auf $\Omega \setminus \{\alpha\}$, wenn U transitiv auf den Rechtsnebenklassen $\neq U$ von U durch Rechtsmultiplikation operiert. Das letztere ist offenbar äquivalent zu $G = U \cup UgU$. □

3.22 *Operiert die Gruppe* G 2-*transitiv auf* Ω, *so operiert* G *primitiv auf* Ω.

BEWEIS: Nach 3.19 genügt es zu zeigen, daß G_α eine maximale Untergruppe von G ist. Doch dies folgt aus 3.21.3. □

ÜBUNGEN

Die Gruppe G operiere transitiv auf der n-elementigen Menge Ω.

1. Ist n eine Primzahl, so operiert G primitiv auf Ω.

2. Operiert G primitiv auf Ω und ist n gerade, so ist entweder n = 2 oder 4 ein Teiler von $|G|$ (benütze Aufg. 4, S. 55).

3. Operiert G k-transitiv auf Ω, $k \geq 1$, so ist $n(n-1)\dots(n-k+1)$ ein Teiler von $|G|$.

4. Der Normalteiler N von G operiere transitiv auf Ω und es sei $N_\alpha = 1$ für alle $\alpha \in \Omega$ (N operiert regulär auf Ω). Dann gilt

   a) $(\alpha^{x_1})^y = \alpha^{x_2} \Leftrightarrow x_1{}^y = x_2 \quad (\alpha \in \Omega,\ x_i \in N,\ y \in G_\alpha)$

   b) Operiert G 2-transitiv auf Ω, so ist $o(x) = p$ (Primzahl) für alle $x \in N$, $x \neq 1$.

   c) Operiert G_α primitiv auf $\Omega \setminus \{\alpha\}$, so ist $o(x) \leq 2$ für alle $x \in N$, oder es ist $|N| = 3$. Operiert im zweiten Fall G treu auf Ω, so ist $|G| = 6$.

§ 5 DIE SYMMETRISCHE GRUPPE

Dieser Abschnitt ist für das Verständnis der folgenden Kapitel nicht nötig. Neben Kap. XI liefert er allerdings dem Leser konkrete Beispiele von Gruppen, ohne die ein tieferes Verständnis unmöglich ist.

Die *symmetrische Gruppe* S_n *vom Grade* n ($n \in \mathbb{N}$) ist die Gruppe aller Permutationen einer n-elementigen Menge Ω. Sie hat Ordnung n! und operiert per Definition n-transitiv auf Ω. Eine Permutation $z \in S_n$ heißt ein *Zykel der Länge* k (kurz k-Zykel), falls k verschiedene Elemente $\alpha_1,\dots,\alpha_k \in \Omega$ existieren mit

$$\beta^z = \beta \text{ für alle } \beta \in \Omega \setminus \{\alpha_1,\dots,\alpha_k\}, \text{ und}$$

$$\alpha_i{}^z = \alpha_{i+1} \ (i = 1,\dots,k-1),\ \alpha_k{}^z = \alpha_1.$$

Wir bezeichnen z mit $(\alpha_1\alpha_2\dots\alpha_k)$. Ein Zykel $z' = (\beta_1\dots\beta_r)$ heißt *disjunkt* zu z, falls

$$\{\beta_1,\dots,\beta_r\} \cap \{\alpha_1,\dots,\alpha_k\} = \emptyset.$$

In diesem Fall gilt $zz' = z'z$. Offenbar läßt sich jede Permutation $x \in S_n$ in eindeutiger Weise als Produkt von zueinander disjunkten

Zykeln schreiben:

$$x = (\alpha_{11}\ldots\alpha_{1k_1})(\alpha_{21}\ldots\alpha_{2k_2}) \ldots (\alpha_{s1}\ldots\alpha_{sk_s}).$$

Die Zykeln $(\alpha_{i1}\ldots\alpha_{ik_i})$ entsprechen dabei den Bahnen, in die Ω durch die Operation der zyklischen Gruppe $\langle x\rangle$ zerfällt, erklären also eine Partition von Ω. Das Tupel $[k_1,\ldots,k_s]$ heißt der *Typ* von x.

3.23 *Zwei Permutationen aus* S_n *sind genau dann in* S_n *zueinander konjugiert, wenn sie vom gleichen Typ sind.*

BEWEIS: Mit z ist auch z^a, $a \in S_n$, ein k-Zykel. Demnach sind $x, x^a \in S_n$ vom gleichen Typ. Sei umgekehrt

$$x' = (\alpha'_{11}\ldots\alpha'_{1k_1})(\alpha'_{21}\ldots\alpha'_{2k_2}) \ldots (\alpha'_{s1}\ldots\alpha'_{sk_s})$$

vom gleichen Typ wie x ($x \in S_n$ wie oben) und a die Permutation $\alpha_{ij} \to \alpha'_{ij}$ von S_n. Dann gilt für alle i,j

$$(\alpha'_{ij})^{a^{-1}xa} = \alpha_{ij}^{xa} = (\alpha_{ij}^{x})^{a},$$

also $x^a = x'$. □

Die 2-Zykel von S_n heißen *Transpositionen*. Jeder k-Zykel $(\alpha_1\ldots\alpha_k)$ ist Produkt von (k-1) Transpositionen:

$$(\alpha_1\ldots\alpha_k) = (\alpha_1\alpha_2)(\alpha_1\alpha_3) \ldots (\alpha_1\alpha_k).$$

Es läßt sich also jede Permutation $x \in S_n$ als ein Produkt von Transpositionen t_i schreiben:

$$x = t_1t_2\ldots t_s.$$

Dabei sind die t_i's keineswegs in eindeutiger Weise durch x festgelegt, wohl aber die Tatsache, ob ihre Anzahl s gerade oder ungerade ist.*)

Es ist also

$$sgn : x \to (-1)^s$$

wohldefiniert und ein Epimorphismus von S_n auf die Gruppe $\{1,-1\}$ ($\cong Z_2$) der Ordnung 2. Der Kern dieser Abbildung ist die *alternierende Gruppe* A_n *vom Grade* n; sie besteht aus allen *geraden* Permutationen (die Permutationen aus $S_n \setminus A_n$ heißen *ungerade*) und ist ein Normalteiler vom

---

*) Diese nicht-triviale Aussage wird in jeder Anfängervorlesung bei der Einführung von Determinanten bewiesen.

Index 2 in S_n (1.7). Zum Beispiel liegt ein k-Zykel genau dann in A_n, ist also gerade, wenn (k-1) gerade, also k ungerade ist.

3.24 *Die Gruppe* A_n *operiert* (n-2)*-transitiv auf* Ω ($n \geq 3$).

BEWEIS: Zwei geordnete (n-2)-elementige Untermengen Ω_1, Ω_2 von Ω werden durch eine Permutation $x \in S_n$ ineinander übergeführt. Sei t die Transposition, die die zwei Elemente von $\Omega \setminus \Omega_1$ vertauscht. Dann wird Ω_1 auch durch tx auf Ω_2 abgebildet. Weil entweder x oder tx in A_n liegt, operiert A_n somit mindestens (n-2)-transitiv auf Ω, wegen $|\Omega| = n$ und $A_n \neq S_n$ sogar genau (n-2)-transitiv. □

3.25 *Die Kommutatorgruppe von* S_n *ist* A_n.

BEWEIS: Weil S_n / A_n abelsch ist, liegt die Kommutatorgruppe K von S_n in A_n (1.21). Sei φ der kanonische Epimorphismus von S_n auf die abelsche Gruppe S_n/K. Da alle Transpositionen in S_n zueinander konjugiert sind (3.23), werden sie durch φ auf dasselbe Element $a \in S_n/K$ abgebildet. Seien t_i Transpositionen und $x = t_1 t_2 \ldots t_{2m}$ aus A_n. Es folgt

$$x^{\varphi} = (t_1 \ldots t_{2m})^{\varphi} = t_1^{\varphi} \ldots t_{2m}^{\varphi} = a^{2m} = (t_1^{\varphi})^{2m} = ((t_1^{2})^{m})^{\varphi} = 1,$$

also $x \in K$ und somit $A_n = K$. □

3.26 *Die 3-Zykeln von* S_n *erzeugen* A_n. *Sie sind in* A_n *zueinander konjugiert, falls* $n \geq 5$.

BEWEIS: Jedes gerade Produkt von Transpositionen ist ein Produkt von Elementen der Form

$$(\alpha\beta)(\beta\gamma) = (\alpha\gamma\beta)$$

oder

$$(\alpha\beta)(\gamma\delta) = (\alpha\beta)(\beta\gamma)(\beta\gamma)(\gamma\delta) = (\alpha\gamma\beta)(\beta\delta\gamma).$$

Also wird A_n von den 3-Zykeln erzeugt. Seien die zwei 3-Zykeln d_1, d_2 durch $x \in S_n$ konjugiert (3.23). Im Falle $n \geq 5$ existiert eine zu d_1 disjunkte Transposition t. Wegen $d_1^{\,t} = d_1$ gilt auch $d_1^{\,tx} = d_1$. Entweder x oder tx liegt aber in A_n. □

3.27 SATZ: *Für* $n \geq 5$ *ist* A_n *eine einfache Gruppe.*

BEWEIS: Sei $1 \neq N$ ein Normalteiler von A_n. Um die Behauptung $N = A_n$ zu zeigen, genügt es wegen 3.26 die Existenz eines 3-Zykels in N nachzuweisen. Schreibt man $1 \neq x_1 \in N$ als Produkt von disjunkten Zykeln, so sind folgende Fälle möglich:

$$x_1 = \begin{cases} (\alpha\beta\gamma\delta\ldots.)\ldots\ldots\ldots\ldots(\ldots.) & \text{I} \\ (\alpha\beta\gamma)(\delta\varepsilon.)\ldots\ldots\ldots\ldots(\ldots) & \text{II} \\ (\alpha\beta)(\gamma\delta)(\varepsilon.)\ldots\ldots\ldots\ldots(..) & \text{III} \end{cases}$$

Entsprechend I, II, III definiere

$$y_1 := \begin{cases} (\alpha\beta\gamma) & \text{I} \\ (\alpha\beta\delta) & \text{II} \\ (\alpha\gamma\varepsilon) & \text{III} \end{cases}$$

Mit x_1 liegt auch $x_2 := y_1^{-1}x_1^{-1}y_1x_1$ in N. Es folgt

$$x_2 = \begin{cases} (\alpha\delta\beta) & \text{I} \\ (\alpha\beta\gamma\varepsilon\beta) & \text{II} \\ (\alpha\varepsilon\gamma)(\beta\delta\varepsilon^{x_1}) \text{ oder } (\alpha\beta\delta\varepsilon\gamma) & \text{III} \end{cases}$$

Dabei gilt unter III die erste oder zweite Aussage, je nachdem, ob $\varepsilon^{x_1} \neq \varepsilon$ oder $\varepsilon^{x_1} = \varepsilon$. Im Fall I ist x_2 der gesuchte Zykel. In den beiden anderen Fällen erreicht man das gewünschte Resultat durch einmaliges (II) bzw. zweimaliges (III) Wiederholen des Verfahrens. □

Die Gruppe S_2 ist als Gruppe der Ordnung 2 ebenfalls einfach. Die Gruppe S_3 ist zu der in Kap. I, § 1 angegebenen nicht-abelschen Gruppe der Ordnung 6 isomorph und besitzt den Normalteiler $\langle(123)\rangle$ der Ordnung 3 (wir bezeichnen die Elemente von Ω nun mit den Zahlen 1,2,...,n). Die Gruppe S_4 schließlich besitzt neben 1, A_4, S_4 noch den Normalteiler

$$\{1,(12)(34),(13)(24),(14)(23)\},$$

der in A_4 liegt und zu $Z_2 \times Z_2$ isomorph ist.
Mit Hilfe des Sylow'schen Satzes läßt sich leicht zeigen, daß die Ordnung einer nicht-abelschen einfachen Gruppe mindestens 60 sein muß. Für die einfache Gruppe A_5 der Ordnung 60 gilt folgende Aussage, in deren Beweis wir die bis jetzt entwickelten Begriffe zum ersten Mal in nicht-trivialer und typischer Weise anwenden.

3.28 *Eine einfache Gruppe der Ordnung* 60 *ist zu* A_5 *isomorph.*

BEWEIS: Sei zunächst $U \neq G$ eine Untergruppe von G mit

$$n := |G:U| \leq 5.$$

Weil G durch Rechtsmultiplikation auf den Rechtsnebenklassen von U in G nicht trivial operiert (3.1.c), existiert ein Homomorphismus φ von G in S_n. Somit ist $x \to sgn(x^{\varphi})$ ein Homomorphismus von G in S_n/A_n. Weil G eine einfache Gruppe der Ordnung 60 ist, ist diese Abbildung trivial und φ ein Monomorphismus. Es folgt n = 5 und $G \cong A_5$.

Wir nehmen also an, daß für jede echte Untergruppe $U \neq G$ von G

$$|G:U| \geq 6$$

gilt, und führen dies zu einem Widerspruch.
Sei S eine 2-Sylowgruppe von G, sie besitzt Ordnung 4 (3.11.a) und ist nach Annahme maximal (1.5), insbesondere gilt $S = N_G(S)$. Somit gibt es $15 = |G:S|$ verschiedene 2-Sylowgruppen von G (3.11.c).

Wenn $T \cap R = 1$ für je zwei verschiedene 2-Sylowgruppen T,R von G gilt, berechnet sich die Anzahl der Elemente von G, die in 2-Sylowgruppen liegen, zu $15\cdot(4-1)+1 = 46$. Wegen

$$|Syl_5G| = |G:N_G(P)| \geq 6 \qquad (P \in Syl_5G)$$

und $P \cap Q = 1$ für $P \neq Q \in Syl_5G$ liegen aber mindestens $6\cdot(5-1)$ Elemente $\neq 1$ in den 5-Sylowgruppen von G. Dies widerspricht $|G| = 60$.

Es existieren also $T,R \in Syl_2G$ mit $T \neq T \cap R \neq 1$. Weil T und R zu S konjugiert sind (3.11.a) gibt es ein $x \in G$ mit

$$1 \neq S \cap S^x \neq S.$$

Sei $1 \neq y \in S \cap S^x$, also $y^x \in S \cap S^x$. Weil S abelsch ist (siehe Aufgabe 8, S. 6, oder 4.3) gilt

$$S \subsetneqq \langle S,S^x\rangle \subseteq C_G(y^x).$$

Es folgt $C_G(y^x) = G$, also $\langle y^x\rangle \trianglelefteq G$ im Widerspruch zur Einfachheit von G. □

ÜBUNGEN

Sei G eine Gruppe.

1. Sei $U \leq G$ und $n := |G:U|$. Dann ist

$$G/(\bigcap_{x\in G} U^x)$$

isomorph zu einer Untergruppe von S_n.

2. Sei p der kleinste Primteiler von $|G|$. Eine Untergruppe vom Index p in G ist normal in G.

3. Sei G einfach und $U \leq G$ mit $|G:U| \leq 4$. Dann ist $|G| \leq 3$.

<u>4</u>. Ist $|G| = 2 \cdot n$ und $n \equiv 1 \pmod 2$, so besitzt G einen Normalteiler vom Index 2. Hinweis: G operiert auf den Elementen von G durch Rechtsmultiplikation.

5. Wieviele Elemente der Ordnung 3 und Ordnung 2 besitzt die Gruppe A_5 ?

<u>6</u>. In A_5 zerfallen die Elemente der Ordnung 5 in zwei Konjugiertenklassen.

7. Die Zahl 6 ist ein Teiler von A_4, aber A_4 besitzt keine Untergruppe der Ordnung 6.

8. Die Gruppe S_4 besitzt zwei Untergruppen A,B, so daß $1 \trianglelefteq A \trianglelefteq B \trianglelefteq S_4$, aber $A \ntrianglelefteq S_4$.

<u>9</u>. Operiert G treu und primitiv auf $\Omega = \{1,\ldots,n\}$ $(G \leq S_n)$ und enthält G eine Transposition, so ist $G = S_n$. Hinweis: Zeige, daß G 2-transitiv auf Ω operiert.

10. Sei $y \in S_n$ der Zykel $(12 \ldots n)$. Dann gilt

$$|S_n : C_{S_n}(y)| = (n-1)!$$

<u>11</u>. Sei p eine Primzahl und $G := S_p$. Bestimme $N_G(P)$ für $P \in \mathcal{Syl}_p G$.

Kapitel IV. p-Gruppen und nilpotente Gruppen

Aufgrund des Sylowschen Satzes 3.11 sind in vielen Fällen die p-Untergruppen einer Gruppe die am leichtesten zugänglichen Untergruppen. Da über sie als p-Gruppen - gemessen an anderen Gruppen - schärfere Aussagen möglich sind, spielen sie in der Theorie der endlichen Gruppen eine zentrale Rolle. Wir wollen hier ihre wichtigsten Eigenschaften ableiten und zugleich die nilpotenten Gruppen behandeln.

§ 1 p-Gruppen

Zunächst erinnern wir daran, daß eine p-Gruppe eine Gruppe ist, deren Ordnung eine Potenz der Primzahl p ist. Offenbar sind wegen 1.5 Untergruppen, Faktorgruppen und direkte Produkte von p-Gruppen wieder p-Gruppen. Die wichtigste Eigenschaft von p-Gruppen ist:

4.1 SATZ: *Für einen Normalteiler* $N \neq 1$ *der* p-*Gruppe* P *gilt* $N \cap Z(P) \neq 1$; *insbesondere besitzt eine nicht-triviale* p-*Gruppe auch ein nicht-triviales Zentrum.*

BEWEIS: Die Gruppe P operiert auf $\Omega := \{y \in N \mid 1 \neq y\}$ durch Konjugation (3.1.b). Wäre nun $C_P(y) = \{x \in P \mid y^x = y\}$ für alle $y \in \Omega$ von P verschieden, also p ein Teiler von $|P:C_P(y)|$, so wäre p auch ein Teiler von $|\Omega|$ (3.5) im Widerspruch zu

$$|\Omega| = |N|-1 \equiv -1 (\mathrm{mod}\ p).$$

Daher existiert ein $y \in \Omega$ mit $C_P(y) = P$. Es folgt $1 \neq y \in Z(P) \cap N$. Die zweite Behauptung erhält man für $N = P$ aus der ersten. □

Aus 4.1 ergeben sich eine Reihe von Folgerungen.

4.2 *Sei* P *eine* p-*Gruppe:*

a) *Für eine Untergruppe* $U \neq P$ *von* P *gilt* $U \subsetneqq N_P(U)$.

b) *Eine maximale Untergruppe* M *von* P *hat Index* p *in* P *und ist normal.*

c) *Zu jeder Untergruppe* U *von* P *existiert eine Kompositionsreihe von* P*, die durch* U *geht.*

d) *Die Faktoren einer Kompositionsreihe von* P *haben die Ordnung* p.

e) *In jedem Normalteiler* $N \neq 1$ *von* P *liegt ein Normalteiler* N_1 *von* P *mit* $|N/N_1| = p$ *und* $N/N_1 \subseteq Z(P/N_1)$.

BEWEIS: a) Wegen $Z(P) \subseteq N_P(U)$ können wir $Z(P) \subseteq U$ annehmen. Dann ist

$$\bar{U} := U/Z(P) \neq \bar{P} := P/Z(P).$$

Nach 4.1 ist $Z(P) \neq 1$, also $|\bar{P}| < |P|$. Durch Induktion nach $|P|$ folgt $\bar{U} \neq N_{\bar{P}}(\bar{U})$, also wegen $N_{\bar{P}}(\bar{U}) = N_P(U)/Z(P)$ auch $U \neq N_P(U)$.

b) Setzt man in a) U = M, so gilt $M \subsetneqq N_P(M)$, also $P = N_P(M)$ wegen der Maximalität von M. Gleichfalls aus der Maximalität von M folgt, daß G/M keine nicht-trivialen Untergruppen besitzt, also ist $|G/M| = p$ (2.6).

c) Wegen a) findet man, falls $U \neq P$, eine Untergruppe U_1/U von $N_P(U)/U$ der Ordnung p. Somit kann eine Kompositionsreihe von U zu einer von U_1 verlängert werden. So aufsteigend erhält man die gesuchte Kompositionsreihe von P.

d) folgt durch wiederholte Anwendung von b).

e) Sei $N_1 \neq N$ ein Normalteiler von P, der maximal bez. $N_1 \subsetneqq N$ ist. Wegen 4.1 gilt für den Normalteiler N/N_1 der p-Gruppe P/N_1

$$Z(P/N_1) \cap N/N_1 \neq 1.$$

Nach Wahl von N_1 ist N/N_1 ein minimaler Normalteiler von P/N_1. Es folgt $Z(P/N_1) \cap N/N_1 = N/N_1$, also $N/N_1 \subseteq Z(P/N_1)$. □

Ebenfalls eine einfache Folgerung aus 4.1 ist:

4.3 *Eine* p-*Gruppe* P *der Ordnung* p^2 *ist abelsch.*

BEWEIS: Wegen $Z(P) \neq 1$, also $|P/Z(P)| \leq p$, folgt dies aus 1.19 und 2.6. □

Man überzeugt sich leicht, daß eine maximale abelsche Untergruppe einer beliebigen Gruppe ihren Zentralisator enthält, während dies für maximale abelsche Normalteiler i.a. nicht richtig ist. Für p-Gruppen gilt:

4.4 *Sei unter den abelschen Normalteilern der* p-*Gruppe* P *der Normalteiler* A *maximal. Dann gilt* $C_P(A) = A$.

BEWEIS: Wir nehmen an, $C := C_P(A)$ enthält A echt; dann ist C/A ein nicht-trivialer Normalteiler von P/A, und aus 4.1 folgt

$$Z(P/A) \cap C/A \neq 1.$$

Sei U/A eine zyklische Untergruppe von $Z(P/A) \cap C/A$ mit $A \lneq U \leq P$. Dann ist U ein wegen 1.19 abelscher Normalteiler von P, der A echt enthält. Dies widerspricht der Maximalität von A. □

Eine abelsche p-Gruppe P heißt *elementarabelsch*, falls $x^p = 1$ für alle $x \in P$ gilt.

4.5 *Schreibt man eine elementarabelsche* p-*Gruppe* P *der Ordnung* p^n *additiv und definiert für* $\bar{k} := k + p\mathbb{Z} \in \mathbb{Z}/p\mathbb{Z}$ *und* $x \in P$

$$\bar{k}\,x := \underbrace{x + \ldots\ldots + x}_{k},$$

so ist P *ein Vektorraum der Dimension* n *über* $\mathbb{Z}/p\mathbb{Z}$. *Den Untergruppen von* P *entsprechen dabei die Unterräume und den Automorphismen von* P *die Automorphismen des Vektorraumes.*

BEWEIS: Es ist nichts zu beweisen. □

4.6 *Eine elementarabelsche* p-*Gruppe* P *der Ordnung* p^n *ist ein direktes Produkt von* n *zyklischen Gruppen der Ordnung* p. *Zu jeder Untergruppe* U *von* P *existiert eine Untergruppe* W *von* P *mit* $P = U \times W$. *Die Frattinigruppe* $\phi(P)$ *ist trivial.*

BEWEIS: Die Behauptungen sind trivial, wenn man die entsprechenden Sätze über Vektorräume heranzieht (vergleiche 2.15). □

Die Bedeutung der elementarabelschen p-Gruppen für alle p-Gruppen zeigt sich in:

4.7 SATZ: *Für eine* p-*Gruppe* P *gilt:*

a) Die Frattinigruppe $\phi(P)$ *ist der kleinste Normalteiler* N *von* P, *so daß* P/N *elementarabelsch ist.*

b) Sei $|P/\phi(P)| = p^n$. *Dann ist* n *die kleinste Zahl für die* $x_1,\ldots,x_n \in P$ *existieren mit* $P = \langle x_1,\ldots,x_n \rangle$.

BEWEIS: a) Sei $\mathcal{N}$ die Menge aller Normalteiler N von G, so daß G/N elementarabelsch ist. Weil die Klasse $\mathcal{N}$ aller elementarabelschen p-Gruppen (für festes p) die Voraussetzungen von 1.15 erfüllt, ist

$$D := \bigcap_{N \in \mathcal{N}} N$$

der kleinste Normalteiler von P, dessen Faktorgruppe elementarabelsch ist. Da nach 4.2.b alle maximalen Untergruppen von P in $\mathcal{N}$ liegen, gilt $D \subseteq \phi(P)$. Umgekehrt gilt $\phi(G/D) = 1$ wegen 4.6. Daher ist D der Durchschnitt aller maximalen Untergruppen von P, die D enthalten. Es folgt $\phi(D) = D$.

b) Aus $P = \langle x_1,\ldots,x_m\rangle$ folgt

$$\bar{P} := P/\phi(P) = \langle x_1\phi(P),\ldots,x_m\phi(P)\rangle.$$

Weil die elementarabelsche p-Gruppe $\bar{P}$ nach 4.5 als n-dimensionaler Vektorraum aufgefaßt werden kann, gilt somit $n \leq m$. Umgekehrt existieren n Elemente $x_1,\ldots,x_n$ von P mit $\bar{P} = \langle x_1\phi(P),\ldots,x_n\phi(P)\rangle$. Mit 3.17 folgt

$$P = \langle x_1,\ldots,x_n,\phi(P)\rangle = \langle x_1,\ldots,x_n\rangle. \qquad \square$$

Für jede Zahl $i \in \mathbb{N}$ definieren wir eine (charakteristische) Untergruppe $\Omega_i(P)$ der p-Gruppe P durch

$$\Omega_i(P) := \langle x \in P \mid x^{p^i} = 1\rangle.$$

Ist P abelsch, so gilt $\Omega_i(P) = \{x \in P \mid x^{p^i} = 1\}$. Für nichtabelsches P ist dies i. a. falsch. Wir beweisen:

4.8 *Sei* P *eine* p-*Gruppe und* P/Z(P) *abelsch:*

a) Ist $p \neq 2$, *so gilt*

$$\Omega_1(P) = \{x \in P \mid x^p = 1\}.$$

b) Ist P/Z(P) *elementarabelsch, so gilt für alle* $x,y \in P$

$$(xy)^p = x^p y^p, \quad \textit{falls } p \neq 2,$$

$$(xy)^4 = x^4 y^4, \quad \textit{falls } p = 2.$$

Für p = 2 *erhält man*

$$\Omega_2(P) = \{x \in P \mid x^4 = 1\}.$$

BEWEIS: Weil P/Z(P) abelsch ist, liegt P' in Z(P). Wir beweisen zunächst für $x,y \in P$, $i \in \mathbb{N}$, $z := [y,x] \in Z(P)$ die Formel

$$\text{(i)} \qquad (xy)^i = x^i y^i z^{\frac{1}{2}(i-1)i}.$$

Da dies für i = 1 trivial ist, sei

$$(xy)^{i-1} = x^{i-1} y^{i-1} z^{\frac{1}{2}(i-1)(i-2)}$$

bereits bewiesen. Aus 1.20.b folgt

$$z^{i-1} = [y^{i-1},x] = y^{-(i-1)}x^{-1}y^{i-1}x,$$

daher

$$y^{i-1}x = x\,y^{i-1}\,z^{i-1}$$

und somit

$$(xy)^{i} = (xy)^{i-1}\,xy = x^{i-1}\,(y^{i-1}\,x)y\,z^{\frac{1}{2}(i-1)(i-2)}$$

$$= x^{i-1}\,x\,y^{i-1}\,y\,z^{i-1}\,z^{\frac{1}{2}(i-1)(i-2)}$$

$$= x^{i}y^{i}\,z^{\frac{1}{2}(i-1)(i-2)+i-1} = x^{i}y^{i}\,z^{\frac{1}{2}i(i-1)},$$

also (i).
Es gelte $x^{p} \in Z(P)$, also etwa $x^{p} = 1$ oder $P/Z(P)$ sei elementarabelsch. Aus 1.20.b folgt

$$1 = [x^{p},y] = z^{p},$$

und somit für ungerades p die Behauptungen a) und b):

$$(xy)^{p} \overset{(i)}{=} x^{p}y^{p}\,z^{\frac{1}{2}p(p-1)} = x^{p}y^{p},$$

da $\frac{1}{2}p(p-1)$ durch p teilbar ist.
Für $p = 2$ ist 2 kein Teiler von $\frac{1}{2}(2-1)\,2 = 1$, jedoch von $\frac{1}{2}(4-1)\,4 = 6$, also $(xy)^{4} \overset{(i)}{=} x^{4}y^{4}z^{6} = x^{4}y^{4}$. □

In Kapitel VII, § 6 benötigen wir folgende Aussage:

4.9 *Sei* P *eine* p-*Gruppe mit einem elementarabelschen Normalteiler* N *der Ordnung* p^{2}, *der nicht in* Z(P) *liegt. Dann sind alle von* $N \cap Z(P)$ *verschiedenen Untergruppen der Ordnung* p *von* N *zueinander in* P *konjugiert.*

BEWEIS: Da N nicht ganz in Z(P) liegt, ist $Z := N \cap Z(P)$ wegen 4.1 eine (zyklische) Untergruppe der Ordnung p von N. Seien

$$x \in P \setminus C_{P}(N) \text{ und } y \in N \setminus Z.$$

Dann gilt $y^{x} \neq y$, da aus $y^{x} = y$ auch $N = Z \times \langle y\rangle \subseteq C_{P}(x)$ folgen würde, und sogar $\langle y\rangle^{x} \neq \langle y\rangle$, denn p teilt wegen 2.18.b nicht die Ordnung von *Aut* $\langle y\rangle$ (3.8). Die Untergruppe $\langle x\rangle$ von P operiert aber durch Konjugation auf der Menge der $p = \frac{p^{2}-1}{p-1} - 1$ echten, von Z verschiedenen, Untergruppen $\neq 1$ des Normalteilers N. Wegen $\langle y\rangle^{x} \neq \langle y\rangle$ liegt die Untergruppe $\langle y\rangle$ in einer Bahn der Länge $k > 1$, und da $\langle x\rangle$ eine p-Gruppe ist, folgt $k = p$ (3.4). Alle von Z verschiedenen echten Untergruppen $\neq 1$ von N sind also in P konjugiert. □

Am Ende dieses Paragraphen wollen wir (bis auf Isomorphie) alle p-Gruppen der Ordnung $\leq p^3$ bestimmen.

Eine Gruppe der Ordnung p ist nach 2.6 zyklisch. Eine Gruppe der Ordnung p^2 ist wegen 4.3 abelsch, also entweder zyklisch oder elementarabelsch. Eine abelsche Gruppe der Ordnung p^3 ist nach 2.15 isomorph zu einer der folgenden Gruppen:

$$Z_{p^3},\quad Z_{p^2} \times Z_p,\quad Z_p \times Z_p \times Z_p.$$

Mehr Aufwand benötigt man, um die nicht-abelschen Gruppen der Ordnung p^3 zu bestimmen.

Sei P eine nicht-abelsche Gruppe der Ordnung p^3. Nach 4.3 ist $Z(P) \neq 1$, also $|P/Z(P)| \leq p^2$. Aus 1.19 und 4.3 folgt

(i) $\quad P/Z(P) \cong Z_p \times Z_p$.

Wir unterscheiden zwei Fälle:

1) *In* P *gibt es ein Element* y *der Ordnung* p^2:

Dann ist $Y := \langle y \rangle$ eine maximale Untergruppe, also ein Normalteiler von P (4.2.b). Weil P nicht abelsch ist, definiert jedes $x \in P \setminus Y$ einen Automorphismus

$$\beta : y \to y^x$$

von Y der Ordnung p (3.8). Sei zunächst $p \neq 2$. Nach 2.18.a ist $\langle\beta\rangle$ die p-Sylowgruppe der abelschen Gruppe *Aut* Y. Da durch $y \to y^{1+p}$ ebenfalls ein Automorphismus β_1 der Ordnung p von Y definiert wird (vergleiche 2.19.a) existiert eine Potenz β^j von β mit $\beta^j = \beta_1$, also $y^{x^j} = y^{1+p}$:

(ii) *Zu* $x \in P \setminus Y$ *existiert eine Potenz* x^j *mit* $y^{x^j} = y^{1+p}$.

Da für p = 2 der Automorphismus $y \to y^3 = y^{-1}$ der einzige nicht-triviale Automorphismus von y ist, gilt (ii) auch für p = 2. Die Fälle $p \neq 2$ und p = 2 unterscheiden sich nun wesentlich. Im Falle $p \neq 2$ existiert nämlich außerhalb von Y immer ein Element der Ordnung p von P. Sei $x \in P \setminus Y$; dann gibt es wegen $x^p \in Z(P) = \langle y^p \rangle$ eine Zahl $i \leq p$ mit $x^p = y^{pi}$. Aus 4.8.b folgt

$$(xy^{-i})^p = x^p y^{-ip} = 1.$$

Somit ist xy^{-i} ein Element der Ordnung p außerhalb von Y. Ersetzen wir x durch eine geeignete Potenz von xy^{-i}, so können wir wegen (ii) annehmen:

$$y^x = y^{1+p},\quad o(x) = p.$$

Damit ist P das semidirekte Produkt von Y mit $\langle x \rangle$ bezüglich $y^x = y^{1+p}$.

Existiert im Falle $p = 2$ ebenfalls ein $x \in P \setminus Y$ mit $o(x) = 2$, so ist P ebenfalls das semidirekte Produkt von Y mit $\langle x \rangle$ bezüglich $y^x = y^{-1}$. Gibt es dagegen ein Element $x \in P \setminus Y$ der Ordnung 4, so gilt wegen (ii)

$$y^4 = 1,\ x^2 = y^2,\ x^{-1}yx = y^{-1}.$$

Eine solche Gruppe heißt *Quaternionengruppe*; wir behandeln sie in einem allgemeineren Rahmen im nächsten Paragraphen.

2) *Es ist* $y^p = 1$ *für alle* $y \in P$: Im Falle $p = 2$ folgt dann, daß P abelsch ist; für $x \in P$ gilt nämlich $x^2 = 1$, also $x = x^{-1}$ und somit für alle $x,y \in P$

$$xy = (xy)^{-1} = y^{-1}x^{-1} = yx.$$

Sei demnach $p \neq 2$; sei $Z(P) = \langle z \rangle$ und $a \in P \setminus Z(P)$. Dann ist

$$Y := \langle z,a \rangle = \langle z \rangle \times \langle a \rangle$$

eine maximale, wegen 4.2.b normale, Untergruppe von P. Ein $x \in P \setminus Y$ induziert vermöge $y \to y^x$ einen Automorphismus der Ordnung p von Y. Aus $z^x = z$ folgt deswegen $a^x \neq a$, nach 2.18.b sogar $\langle a \rangle^x \neq \langle a \rangle$, daher $a^x = az^i$, $1 \leq i \leq p-1$. Indem wir x durch eine geeignete Potenz ersetzen, können wir offenbar $i = 1$ erreichen, also

$$a^x = az.$$

Somit ist P das semidirekte Produkt von Y mit $\langle x \rangle$ bezüglich der angegebenen Operation.

Wir fassen zusammen:

4.10 *Eine nicht-abelsche Gruppe* P *der Ordnung* p^3 *ist entweder eine Quaternionengruppe, oder ein semidirektes Produkt* $X_{\varphi}\circ Y$ *einer Gruppe* $X = \langle x \rangle$ *der Ordnung* p *mit einer Gruppe* Y *der Ordnung* p^2. *Dabei treten zwei Fälle auf:*

a) $Y = \langle y \rangle$ *ist zyklisch und der Homomorphismus* φ *von* X *in* Aut Y *ist gegeben durch*

$$y^x = y^{1+p}$$

b) $Y = \langle z \rangle \times \langle a \rangle$ *ist elementarabelsch und* φ *ist gegeben durch*

$$z^x = z,\ a^x = az.$$

Wir weisen darauf hin, daß a) und b) im Falle $p \neq 2$ nicht isomorphe Gruppen beschreiben. Im Falle $p = 2$ hat das Element ax in b) die Ordnung 4; a) und b) beschreiben also hier isomorphe Gruppen.

ÜBUNGEN

Sei P eine p-Gruppe.

1. P ist zyklisch, wenn P/P' zyklisch ist.

2. Sind M_1, M_2 zwei verschiedene maximale Untergruppen von P, so gilt $P = M_1M_2$ und $P/M_1 \cap M_2 \cong Z_p \times Z_p$.

3. Sind zwei maximale Untergruppen von P zyklisch, so ist P/Z(P) abelsch.

4. Im Falle p = 2 gilt $\phi(P) = \langle x^p \mid x \in P\rangle$; im Falle $p \neq 2$ ist dies falsch. (Benütze Aufgabe 7, S. 6)

5. Sei $Z_2(P')$ das Urbild von $Z(P'/Z(P'))$ in P'. Genau dann ist P' zyklisch, wenn $Z_2(P')$ zyklisch ist. (Verwende 2.17)

6. Bestimme $\Omega_1(P)$ für die p-Gruppen der Ordnung p^3.

7. Seien A,B zwei nicht-abelsche Gruppen der Ordnung p^3, sei $Z(A) = \langle a\rangle$ und $Z(B) = \langle b\rangle$, und sei G die Gruppe $(A \times B)/\langle ab\rangle$ (zentrales Produkt). Dann gilt: $G' = \phi(G) = Z(G)$ und $|Z(G)| = p$.

8. Sei P eine p-Untergruppe der Gruppe G. Dann gilt

   $$P \in \mathit{Syl}_p G \iff P \in \mathit{Syl}_p(N_G(P)).$$

   (Verwende 4.2.a)

§ 2 p-GRUPPEN MIT GENAU EINER MINIMALEN UNTERGRUPPE

Wir wollen hier alle Gruppen mit nur einer minimalen Untergruppe bestimmen. Da eine Gruppe G zu jedem Primteiler p von |G| eine Untergruppe der Ordnung p besitzt, haben Gruppen mit mehr als zwei Primteilern mindestens zwei minimale Untergruppen. Die angegebene Eigenschaft kann also höchstens p-Gruppen zukommen. Neben den zyklischen p-Gruppen (2.7) besitzen auch die verallgemeinerten Quaternionengruppen diese Eigenschaft.

Sei $3 \leq n \in \mathbb{N}$ und seien $A = \langle a\rangle$ und $B = \langle b\rangle$ zyklische Gruppen der Ordnung 2^{n-1} und 4 (respektive). Ordnet man b den Automorphismus

$$\varphi(b) : a^j \to a^{-j} \qquad (j \in \mathbb{Z})$$

von A und $b^i \in B$ den Automorphismus $\varphi(b)^i$ von A zu, so ist φ ein Homomorphismus von B in *Aut* A mit

$$\mathit{Kern}\ \varphi = \langle b^2\rangle.$$

Im semidirekten Produkt $B_\varphi \circ A$ ist $\langle a^{2^{n-2}}, b^2\rangle$ eine elementarabelsche Untergruppe der Ordnung 4, die im Zentrum von $B_\varphi \circ A$ liegt.

Sei $c := a^{2^{n-2}} b^2$. Dann ist

$$Q := (B_\varphi \circ A) / \langle c \rangle$$

eine Gruppe der Ordnung 2^n. Sie heißt (bzw. jede zu Q isomorphe Gruppe) die *verallgemeinerte Quaternionengruppe der Ordnung* 2^n. Seien $x := a\langle c \rangle$ und $y := b\langle c \rangle$ die Bilder von a und b in Q. Dann gilt

$$Q = \langle x,y \rangle$$

und

$$o(x) = 2^{n-1}, \quad o(y) = 4, \quad y^{-1}xy = x^{-1}.$$

Diese Gleichungen heißen die *definierenden Relationen* der Gruppe Q und bestimmen sie bis auf Isomorphie. Folgende Eigenschaften von Q sind unmittelbar ersichtlich:

a) $\langle x \rangle$ *ist ein Normalteiler vom Index* 2 *in* Q.

b) *Für jedes* $z \in Q \setminus \langle x \rangle$ *gilt* $z^2 = x^{2^{n-2}}$.

c) $Z(Q) = \langle x^{2^{n-2}} \rangle$.

d) $Z(Q)$ *ist die einzige Untergruppe der Ordnung* 2 *von* Q.

e) *Die Untergruppen von* Q *sind entweder zyklisch oder ebenfalls verallgemeinerte Quaternionengruppen.*

Die verallgemeinerte Quaternionengruppe Q der Ordnung 8 ist die (klassische) *Quaternionengruppe* (Aufg. 5, S. 21). Mit Hilfe von 4.8 beweisen wir:

4.11 *Die Quaternionengruppe ist die einzige* p*-Gruppe, die nur eine Untergruppe der Ordnung* p *besitzt, aber zwei zyklische Untergruppen vom Index* p.

BEWEIS: Sei P eine p-Gruppe mit nur einer Untergruppe der Ordnung p, aber zwei zyklischen Untergruppen $M_1 = \langle x_1 \rangle$ und $M_2 = \langle x_2 \rangle$ vom Index p. Weil jede abelsche Untergruppe von P höchstens eine Untergruppe der Ordnung p besitzt, besagt 2.13:

(i) *Jede abelsche Untergruppe von* P *ist zyklisch.*

Wegen $P = \langle M_1, M_2 \rangle = \langle x_1, x_2 \rangle$ folgt aus 4.7.a,b

(ii) $P/\phi(P) \cong Z_p \times Z_p$,

also

(iii) $\phi(P) = M_1 \cap M_2 \subseteq Z(\langle M_1, M_2 \rangle) = Z(P)$.

Wir können also 4.8 anwenden. Danach ist im Falle $p \neq 2$

$$\varphi : a \to a^p$$

und im Falle p = 2

$$\varphi : a \to a^4$$

ein Endomorphismus von P. Wegen $P^\varphi \leq \phi(P) \overset{(iii)}{\subseteq} Z(P)$ ist P^φ, also auch $P/Kern\ \varphi$, zyklisch (i). Es existiert also ein $x \in Kern\ \varphi$, das nicht in $\phi(P)$ liegt (ii).

Aus $o(x) = p$ würde folgen, daß $\langle x\rangle$ ($\nleq \phi(P)$) die einzige Untergruppe der Ordnung p von P ist, also $\phi(P) = 1 = P'$ im Widerspruch zu (i) und der Voraussetzung. Also ist p = 2 und $o(x) = 4$.

Weil

$$M := \langle x, \phi(P)\rangle \overset{(iii)}{\leq} \langle x, Z(P)\rangle$$

nach 1.19 abelsch, also zyklisch (i) ist, erzeugt x die maximale (ii) und normale (4.2.b) Untergruppe M von P. Wegen $o(x) = 4$ folgt somit für $y \in P \setminus M$

$$y^2 = x^2, \quad \langle x\rangle^y = \langle x\rangle,$$

und deswegen $x^y = x^{-1}$ oder $x^y = x$. Im ersten Fall ist $P = \langle x,y\rangle$ eine Quaternionengruppe, während im zweiten Fall P abelsch ist, im Widerspruch zur Voraussetzung und (i). □

Mit Hilfe von 4.11 beweisen wir nun:

4.12 SATZ: *Eine* p-*Gruppe* P *mit nur einer Untergruppe der Ordnung* p *ist entweder zyklisch oder eine verallgemeinerte Quaternionengruppe.*

BEWEIS: Weil auch jede echte Untergruppe $\neq 1$ von P nur eine Untergruppe der Ordnung p enthält, ist eine solche vermittels Induktion nach $|P|$ zyklisch oder im Falle p = 2 eventuell eine verallgemeinerte Quaternionengruppe. Wir nehmen an, daß P nicht zyklisch ist, also mindestens zwei maximale Untergruppen enthält (vergleiche 4.7.b). Diese sind im Falle $p \neq 2$ zyklisch, daher folgt p = 2 aus 4.11.

Sei X ein maximaler abelscher Normalteiler von P und sei $|X| = 2^{n-1}$. Aus 4.4 folgt

(i) $\quad C_P(X) = X.$

Wegen unserer Induktionsannahme ist X zyklisch. Sei $X = \langle x\rangle$. Wir zeigen:

(ii) *Für* $y \in P \setminus X$, $y^2 \in X$ *ist* $\langle x,y\rangle$ *eine verallgemeinerte Quaternionengruppe, insbesondere gilt* $x^y = x^{-1}$.

Zum Beweis von (ii) sei X_1 eine Untergruppe von X, so daß die Untergruppe $\langle y\rangle$ Index 2 in $X_1\langle y\rangle$ besitzt. Eine solche existiert, weil $\langle y\rangle$

jede Untergruppe von X normalisiert (2.5) und X nicht in <y> liegt (i). Wegen 4.11 ist X_1<y> eine Quaternionengruppe, es gilt also

$$y^2 = x^{2^{n-2}}.$$

Genauso folgt mit yx statt y

$$(yx)^2 = x^{2^{n-2}}.$$

Es folgt

$$y^{-1}xy = y^{-2}(yx)^2\, x^{-1} = x^{-1},$$

und damit (ii).

Wegen (i) kann man A := P/X als Automorphismengruppe von X auffassen (3.8). Nach (ii) entspricht dabei jedem Element der Ordnung 2 in A der Automorphismus $x \to x^{-1}$ von X. Deshalb enthält die nach 2.17 abelsche Gruppe A nur ein Element der Ordnung 2, ist also zyklisch (2.13). Der Automorphismus $x \to x^{-1}$ von X kann wegen

$$(1 + 2i)^k \not\equiv -1 \pmod{2^{n-1}} \qquad (i,k \in \mathbb{N},\ k > 1,\ n \geq 3)$$

niemals k-te Potenz eines anderen Automorphismus von X sein (vergleiche Beweis von 2.19). Es folgt $|A| = 2$. Also ist P = <x,y> eine verallgemeinerte Quaternionengruppe. □

Eine einfache Folgerung aus 4.12 ist:

4.13 *Eine* p-*Gruppe* P *ist zyklisch oder eine verallgemeinerte Quaternionengruppe, wenn jede abelsche Untergruppe zyklisch ist.*

BEWEIS: Sei $U \leq P$ mit $|U| = p$. Weil Z(P)U abelsch (1.19), also zyklisch ist, ist U die einzige Untergruppe von Z(P)U (2.7), wegen $Z(P) \neq 1$ sogar von Z(P), und deshalb von P. Die Behauptung folgt aus 4.12. □

Wie wir gesehen haben, besitzt eine p-Gruppe mit nur einer minimalen Untergruppe stets eine maximale Untergruppe, die zyklisch ist. Sehr eng verwandt mit dem Thema dieses Abschnitts ist daher die Bestimmung aller p-Gruppen, welche eine maximale Untergruppe besitzen, die zyklisch ist (siehe [G] 5.4.4, S. 193).

Eine zu 4.13 ähnliche Aussage gilt auch unter einer etwas schwächeren Voraussetzung: Eine p-Gruppe ist zyklisch oder besitzt eine zyklische Untergruppe vom Index 2 (wenn p = 2), falls jeder abelsche Normalteiler zyklisch ist (siehe [H] III.7.6, S. 304, [G] 5.4.10, S. 199, und Aufgabe 2, S. 67).

Auch die p-Gruppen sind bestimmt, in denen jede abelsche charakter-

istische Untergruppe zyklisch ist ([G] 5.4.9, S. 198, [H] III, 13.10, S. 357).
Man kennt weiter diejenigen p-Gruppen, in denen jede abelsche Untergruppe von höchstens 2 Elementen erzeugt wird (im Falle $p \neq 2$ kann man sich auf normale abelsche Untergruppen beschränken). Für $p \neq 2$ siehe [H] III.12.5, S. 343; für $p = 2$ siehe JOHNSON: Über 2-Gruppen, in denen jede abelsche Untergruppe von höchstens 2 Elementen erzeugt wird, Journal of Algebra 30, S. 31-36 (1974).

ÜBUNGEN

Sei P eine p-Gruppe und $p \neq 2$.

1. Ist P nicht-abelsch und besitzt P eine maximale Untergruppe $\langle x \rangle$, die zyklisch ist, so gilt $Z(P) = \langle x^p \rangle = \phi(P)$ und $\Omega_1(P)$ ist elementarabelsch der Ordnung p^2. (Siehe Beweis von 4.11 und verwende 4.8.)

2. Ist jeder abelsche Normalteiler von P zyklisch, so ist P zyklisch. Hinweis: Sei A ein maximaler abelscher Normalteiler von P, finde $A \lneq P_1 \ntrianglelefteq P$ mit $|P_1 : A| = p$; wende Aufgabe 1 auf P_1 an.

3. Wenn P nicht zyklisch ist, besitzt P einen elementarabelschen Normalteiler V der Ordnung p^2, so daß $VZ(P)/Z(P)$ in $Z(P/Z(P))$ liegt (verwende Aufgabe 2).

4. Bestimme alle p-Gruppen, die eine maximale Untergruppe besitzen, welche zyklisch ist.

§ 3 NILPOTENTE GRUPPEN

Wir betrachten die Klasse von Gruppen, in der auch direkte Produkte von p-Gruppen (für verschiedenes p) liegen.

4.14 SATZ: *Für eine Gruppe* G *sind äquivalent:*

1) Für jeden Normalteiler $N \neq G$ *von* G *gilt* $Z(G/N) \neq 1$.

2) Für jede Untergruppe $U \neq G$ *von* G *gilt* $N_G(U) \gneq U$.

3) G *ist ein direktes Produkt von* p-*Gruppen (für im allgemeinen verschiedenes* p*).*

BEWEIS: 1) ⇒ 2): Wegen $Z(G) \neq 1$ folgt dies in genau derselben Weise wie die entsprechende Aussage 4.2.a für p-Gruppen.

2) ⇒ 3): Seien $p_1,\ldots,p_n$ die verschiedenen Primteiler von $|G|$ und $P_i \in Syl_{p_i} G$. Nach 3.13 genügt es $P_i \trianglelefteq G$ zu zeigen.

Dies ist aber richtig, weil aus $U := N_G(P_i) \neq G$ mit 3.15 der Widerspruch $U \subsetneq N_G(U) = U$ folgt.
3) $\Rightarrow$ 1): Sei $G = P_1 \times \ldots \times P_n$ ein direktes Produkt von p_i-Gruppen $\neq 1$; dabei seien o.B.d.A. die Gruppen P_i p_i-Sylowgruppen von G. Sei $\bar{G} := G/N$ und $\bar{P}_i := P_iN/N$ $(i = 1,\ldots,n)$. Dann gilt auch (vergleiche Beweis von 3.13.b)

$$\bar{G} = \bar{P}_1 \times \ldots \times \bar{P}_n.$$

Da wegen $\bar{G} \neq 1$ mindestens ein $\bar{P}_i \neq 1$ und somit auch $Z(\bar{P}_i) \neq 1$ ist (4.1), folgt die Behauptung aus

$$Z(\bar{G}) = Z(\bar{P}_1) \times \ldots \times Z(\bar{P}_n). \quad \square$$

Eine Gruppe G heißt *nilpotent*, falls eine der drei (äquivalenten) Eigenschaften in 4.14 für G gilt. Offenbar sind Untergruppen (4.14.2), Faktorgruppen (4.14.1) und direkte Produkte (4.14.3) von nilpotenten Gruppen wieder nilpotent.

Wir weisen darauf hin, daß 3.18 nun lautet: Die Frattinigruppe einer Gruppe ist nilpotent.

4.15 *Sei* G *eine Gruppe und* M *eine Untergruppe von* Z(G). *Dann ist* G *nilpotent, wenn* G/M *es ist.*

BEWEIS: Für den Nachweis der Nilpotenz von G benützen wir 4.14.1. Sei N ein beliebiger Normalteiler von G. Im Falle $M \subseteq N$ folgt $Z(G/N) \neq 1$ aus der Nilpotenz von G/M (1.9). Im Falle $M \nsubseteq N$ folgt wegen $M \subseteq Z(G)$ ebenfalls $1 \neq MN/N \subseteq Z(G/N)$. $\square$

Für eine Gruppe G definieren wir eine Reihe von (charakteristischen) Untergruppen $Z_i(G)$ durch

$$Z_o(G) := 1, \ldots, Z_{i+1}(G)/Z_i(G) := Z(G/Z_i(G)) \qquad (i = 0,1,\ldots);$$

(dabei sei $Z_i(G) \leq Z_{i+1}(G) \leq G$). Diese Untergruppen bilden die *obere Zentralreihe* von G. In vielen Fällen bricht sie ab: Gilt z.B. $Z(G) = 1$, so ist $Z_i(G) = 1$ für alle i. Ist G dagegen nilpotent, so existiert nach 4.14.1 ein $n \in \mathbb{N} \cup \{0\}$ mit $Z_n(G) = G$. Die kleinste solche Zahl n heißt die *Nilpotenzklasse* der nilpotenten Gruppe G. So sind z.B. die abelschen Gruppen genau die nilpotenten Gruppen der Nilpotenzklasse 1, und die am Ende von § 1 behandelten nicht-abelschen Gruppen der Ordnung p^3 haben alle Nilpotenzklasse 2.

Für die Gruppe G definieren wir induktiv eine weitere Reihe von (charakteristischen) Untergruppen $G^{(i)}$ durch

$$G^{(o)} := G,\dots, G^{(i+1)} := \langle [x,y] \mid x \in G^{(i)}, y \in G\rangle \quad (i=0,1,\dots).$$

Also ist $G^{(1)} = G'$ die Kommutatorgruppe von G. Ähnlich wie 1.21 folgt, daß $G^{(i+1)}$ der kleinste Normalteiler N von G ist mit

$$N \subseteq G^{(i)} \text{ und } G^{(i)}/N \subseteq Z(G/N).$$

Dies gilt nämlich genau dann, wenn

$$xyN = xN\, yN = yN\, xN = yxN$$

oder $[x,y] \in N$ für alle $x \in G^{(i)}$ und alle $y \in G$ gilt. Die Reihe

$$G^{(o)}, G^{(1)}, \dots$$

heißt die *untere Zentralreihe* von G.*)

4.16 *Die Nilpotenzklasse einer nilpotenten Gruppe ist die kleinste Zahl* $n \in \mathbb{N}$ *mit* $G^{(n)} = 1$.

BEWEIS: Sei n die Nilpotenzklasse von G, und $C_i := Z_i(G)$ für $i = 0,1,\dots,n$. Zunächst zeigen wir:

(i) $\quad G^{(i)} \subseteq C_{n-i} \quad (i = 0,\dots,n)$.

Da dies für i = 0 trivial ist, können wir induktiv annehmen, daß $G^{(i-1)} \subseteq C_{n-i+1}$ bereits gilt. Aus $C_{n-i+1}/C_{n-i} = Z(G/C_{n-i})$ folgt dann

$$G^{(i)} \subseteq \langle [x,y] \mid x \in C_{n-i+1}, y \in G\rangle \subseteq C_{n-i},$$

also (i).

Mit i = n erhalten wir nach Voraussetzung aus (i)

$$G^{(n)} = 1.$$

Sei nun m die kleinste Zahl mit $G^{(m)} = 1$, also insbesondere $m \leq n$. Wir zeigen umgekehrt

(ii) $\quad G^{(m-i)} \subseteq C_i \quad (i = 0,\dots,m)$.

Da dies für i = 0 wieder trivial ist, gelte bereits $G^{m-i+1} \subseteq C_{i-1}$. Sei φ der kanonische Epimorphismus von $G/G^{(m-i+1)}$ auf G/C_{i-1}. Wegen

$$G^{(m-1)}/G^{(m-i+1)} \subseteq Z(G/G^{(m-i+1)})$$

folgt dann

$$(G^{(m-i)}/G^{(m-i+1)})^{\varphi} \subseteq Z(G/C_{i-1}) = C_i/C_{i-1},$$

also $G^{(m-i)} \subseteq C_i$, und somit (ii).

Mit i = m folgt aus (ii), daß $G = C_m$, also $m \geq n$, wegen $m \leq n$ sogar m = n. □

---

*) In der Literatur wird diese Reihe oft mit 1,2,... numeriert, also $G^{(1)}, G^{(2)},\dots$, statt $G^{(o)}, G^{(1)},\dots$.

ÜBUNGEN

Sei G eine Gruppe.

1. Ist $G \neq 1$ nilpotent und einfach, so ist G von Primzahlordnung.

2. Für die nilpotente Gruppe G sind äquivalent:

   a) G ist zyklisch.

   b) G/G' ist zyklisch.

   c) Jede Sylowgruppe von G ist zyklisch.

3. Ist $G/O_p(G)$ nilpotent, so ist $O_p(G)$ die p-Sylowgruppe von G.

4. Äquivalent sind:

   a) G ist nilpotent.

   b) Sind $p_1, \ldots, p_n$ die verschiedenen Primteiler von $|G|$, so gilt

   $$G = O_{p_1}(G) \times \ldots \times O_{p_n}(G).$$

   c) Jede maximale Untergruppe von G ist Normalteiler von G (verwende 3.15).

   d) Die Gruppe der inneren Automorphismen von G ist nilpotent.

   e) $G/\phi(G)$ ist nilpotent (Frattiniargument).

   f) $G^{(k)} = 1$ für ein $k \in \mathbb{N} \cup \{o\}$.

   g) $Z_n(G) = G$ für ein $n \in \mathbb{N} \cup \{o\}$.

   h) Jede Sylowgruppe von G besitzt ein Komplement, das normal in G ist.

Kapitel V. Erzeugnis von p-Elementen

In diesem kurzen Kapitel wollen wir einen bei der Untersuchung einfacher Gruppen wichtigen Satz herleiten und damit zugleich zeigen, wie wirkungsvoll der Sylow'sche Satz im Zusammenspiel mit 4.2 ist.

§ 1 Satz von Baer

Ein Element x einer Gruppe G heißt p-*Element*, wenn die Ordnung von x eine Potenz der Primzahl p ist. Das Element $1 \in G$ sei für jedes p ein p-Element.

5.1 SATZ (BAER): *Ein* p-*Element* x *liegt genau dann in* $O_p(G)$, *wenn* $\langle x,x^g\rangle$ *für jedes* $g \in G$ *eine* p-*Untergruppe ist.*

BEWEIS (nach ALPERIN-LYONS): Liegt x in $O_p(G) \trianglelefteq G$, so liegt auch $\langle x,x^g\rangle$ für jedes $g \in G$ in $O_p(G)$ und ist somit eine p-Gruppe. Die Umkehrung ist für $x \neq 1$ nicht trivial: Sei K die Menge aller zu x konjugierten Elemente von G. Mit $x^g, x^h \in K$ ist

$$\langle x^h,x^g\rangle = \langle x,x^{gh^{-1}}\rangle^h$$

nach Voraussetzung eine p-Gruppe. Also gilt

(i) $\langle y,z\rangle$ *ist eine* p-*Gruppe für alle* $y,z \in K$.

Weil $\langle K\rangle$ ein Normalteiler von G ist (1.17), liegt $\langle K\rangle$ und somit $x \in K$ in $O_p(G)$, falls $\langle K\rangle$ eine p-Gruppe ist (3.10 f). Wir nehmen also an, daß $\langle K\rangle$ keine p-Gruppe ist und führen dies zu einem Widerspruch. Weil jedes Element von K, nicht aber ganz K, in einer p-Sylowgruppe von G liegt, gilt

(ii) *Es existieren* $P, Q \in Syl_p G$ *mit* $K \cap P \neq K \cap Q$.

Unter allen solchen Paaren P,Q wählen wir nun P,Q so, daß $|P \cap Q \cap K|$ maximal ist. Sei $g \in G$ mit $P^g = Q$ (3.11 b). Die Annahme $P \cap K \subseteq Q \cap K$ widerspricht

$$|P \cap K| = |(P \cap K)^g| = |P^g \cap K^g| = |Q \cap K|.$$

Also gilt

(iii) $K \cap P \nsubseteq Q$.

Sei $D := \langle K \cap P \cap Q \rangle$. Nach 4.2.c existiert eine Reihe

$$P_o := D \subsetneqq P_1 \subsetneqq \dots \subsetneqq P_n := P$$

von Untergruppen von P mit

$$P_i \trianglelefteq P_{i+1} \text{ und } |P_{i+1}:P_i| = p \qquad (i = 0,\dots,n-1).$$

Wegen $D \subseteq Q$ liegt $K \cap P$ nicht in D (iii). Also existiert ein P_j mit $K \cap P_j \nsubseteq D$, aber $K \cap P_{j-1} \subseteq D$; offenbar gilt dann

$$K \cap P_{j-1} = K \cap D.$$

Sei $y \in K \cap P_j$, $y \notin D$; dann folgt $P_{j-1}{}^y = P_{j-1}$, also

$$(K \cap D)^y = (K \cap P_{j-1})^y = K^y \cap P_{j-1}{}^y = K \cap P_{j-1} = K \cap D,$$

und wegen $\langle K \cap D \rangle = D$

$$D^y = D, \quad y \in K \cap P, \quad y \notin D.$$

Vertauscht man in der obigen Argumentation P mit Q, so erhält man auf dieselbe Weise ein $z \in G$ mit

$$D^z = D, \quad z \in K \cap Q, \quad z \notin D.$$

Somit wird die p-Untergruppe D von $\langle y,z \rangle$ normalisiert. Weil $\langle y,z \rangle$ nach (i) ebenfalls eine p-Gruppe ist, ist auch $D\langle y,z \rangle$ eine p-Gruppe (1.4). Sei $R \in \mathcal{Syl}_p G$ mit

$$D\langle y,z \rangle \subseteq R.$$

Es folgt $K \cap D \cup \{y\} \subseteq K \cap P \cap R$, also

$$|K \cap P \cap R| \gneqq |K \cap D| \geq |K \cap P \cap Q|,$$

und genauso wegen $K \cap D \cup \{z\} \subseteq K \cap Q \cap R$

$$|K \cap Q \cap R| \gneqq |K \cap D| \geq |K \cap P \cap Q|.$$

Die Maximalität von $|K \cap P \cap Q|$ führt nun zu dem Widerspruch

$$K \cap Q = K \cap R = K \cap P. \quad \square$$

§ 2 INVOLUTIONEN

Die Primzahl $p = 2$ spielt in der Theorie der endlichen Gruppen eine ausgezeichnete Rolle. So ist nach einem sehr tiefliegenden Satz von FEIT-THOMPSON die Ordnung einer nicht-abelschen einfachen Gruppe stets durch 2 teilbar. Nach (3.9) besitzt eine solche Gruppe Elemente der Ordnung 2, man nennt sie *Involutionen*. Wir wollen hier einfache Eigenschaften von Involutionen angeben und eine wichtige Verschärfung von 5.1 für $p = 2$ ableiten.

Eine Gruppe D, die von zwei Involutionen $t \neq u$ erzeugt wird, heißt *Diedergruppe*. Die kleinste Diedergruppe erhält man offenbar, wenn $tu = ut$, also $D = \langle t \rangle \times \langle u \rangle$ eine elementar-abelsche Gruppe der Ordnung 4 ist. In allen anderen Fällen sind Diedergruppen nicht-abelsch, besitzen aber eine sehr übersichtliche Struktur:

5.2 *Eine Gruppe* D *ist genau dann eine Diedergruppe, wenn* D *einen zyklischen Normalteiler* $\langle d \rangle$ *vom Index* 2 *in* D *und eine Involution* $t \notin \langle d \rangle$ *besitzt mit* $d^t = d^{-1}$.

BEWEIS: Sei $D = \langle t,u \rangle$ eine von den beiden Involutionen t,u erzeugte Diedergruppe und sei $d := tu$. Wegen

$$d^t = t\,tu\,t = ut = d^{-1} = ut\,uu = d^u$$

ist $\langle d \rangle$ ein Normalteiler von D. Also ist $U := \langle t \rangle\langle d \rangle$ eine Untergruppe von D, die mit t auch $td = ttu = u$ enthält. Es folgt $D = U$.
Umgekehrt besitze D einen zyklischen Normalteiler $\langle d \rangle$ vom Index 2 und eine Involution $t \notin \langle d \rangle$ mit $d^t = d^{-1}$. Für $u := td$ folgt

$$u^2 = td\,td = d^t d = d^{-1}d = 1 \neq u$$

und $d = tu \in \langle t,u \rangle$. Somit wird $D = \langle d \rangle\langle t \rangle$ von den Involutionen t,u erzeugt. □

Z.B. ist die nicht-abelsche Gruppe der Ordnung 6 ($\cong S_3$) aus Kap. I, § 1 eine Diedergruppe, ebenso diejenige der beiden nicht-abelschen Gruppen der Ordnung 2^3 aus 4.10, welche keine Quaternionengruppe ist.

Der Beweis von 5.2 zeigt, daß man mit Involutionen gut "rechnen" kann. Es gibt deshalb eine Reihe von "Involutionentricks"; sehr einfach, aber wirkungsvoll ist der folgende:

5.3 *Sind* u,t *zwei Involutionen einer Gruppe* G, *die nicht zueinander konjugiert sind, so existiert eine Involution* $v \in G$, *die von* t *und* u *zentralisiert wird.*

BEWEIS: Sei $\langle d\rangle$ der zyklische Normalteiler der Diedergruppe $D = \langle t,u\rangle \leq G$ mit $d^t = d^{-1} = d^u$ (5.2), und es sei $n := o(d)$. Ist $n = 2m$ gerade, so ist $v := d^m$ eine Involution von G mit

$$v^t = (d^m)^t = (d^t)^m = (d^{-1})^m = d^{-m} = d^m = v,$$

und genauso $v^u = v$, also $u,t \in C_G(v)$.

Im Falle n ungerade sind $\langle t\rangle$ und $\langle u\rangle$ wegen $|D| = 2n$ zwei 2-Sylowgruppen von D. Nach 3.11 existiert ein $x \in D \subseteq G$ mit

$$\langle t\rangle^x = \langle u\rangle,$$

also $t^x = u$ im Widerspruch zur Voraussetzung. □

Wir kommen nun zur angekündigten Verschärfung von 5.1 im Falle $p = 2$:

5.4 SATZ: *Liegt die Involution* t *der Gruppe* G *nicht in* $O_2(G)$, *so gibt es ein* $y \in G$ *von ungerader Ordnung* $\neq 1$ *mit* $y^t = y^{-1}$.

BEWEIS: Nach 5.1 gibt es ein $g \in G$, so daß die Diedergruppe $D := \langle t,t^g\rangle$ keine 2-Gruppe ist. Wegen 5.2 ist $d := tt^g$ kein 2-Element, also eine geeignete Potenz $y = d^i$ von ungerader Ordnung $\neq 1$. Aus 5.2 folgt

$$y^t = (d^i)^t = (d^t)^i = (d^{-1})^i = d^{-i} = y^{-1}. \quad \square$$

Als Korollar erhält man:

5.5 *Ist* t *eine Involution der einfachen Gruppe* G *und* $G \neq \langle t\rangle$, *so gibt es ein* $y \in G$ *von ungerader Ordnung* $\neq 1$ *mit* $y^t = y^{-1}$.

BEWEIS: Weil G einfach ist, gilt $O_2(G) = G$ oder $O_2(G) = 1$. Da eine einfache p-Gruppe $\neq 1$ die Ordnung p hat (4.2), folgt im ersten Fall $G = \langle t\rangle$ im Widerspruch zur Voraussetzung. Also gilt $O_2(G) = 1$ und 5.5 folgt aus 5.1. □

Sei S eine 2-Sylowgruppe der Gruppe G und t eine Involution aus $Z(S)$ (4.1). Wir gehen nun der Frage nach, unter welchen Bedingungen es eine von t verschiedene Involution in S gibt, die zu t in G konjugiert ist, wann also $|t^G \cap S| \geq 2$ gilt.
Eine Anwendung des *sgn*-Epimorphismus der symmetrischen Gruppe S_n liefert:

5.6 *Die Gruppe* G *besitze keinen Normalteiler vom Index* 2. *Es sei* U *eine maximale Untergruppe einer 2-Sylowgruppe* S *von* G *und* t *eine Involution von* S. *Dann existiert ein* $g \in G$ *mit* $t^g \in U$. *Insbesondere ist* $|t^G \cap S| \geq 2$, *falls* t *nicht in* $\Phi(S)$ *liegt.*

BEWEIS: Nach 3.1.c operiert G durch Rechtsmultiplikation auf der Menge Ω der Rechtsnebenklassen von U in G. Sei $n := |\Omega| = |G:U|$, es existiert also ein nicht-trivialer Homomorphismus φ von G in die Gruppe S_n. Weil G keinen Normalteiler vom Index 2 besitzt, ist der Homomorphismus $x \to sgn(x^{\varphi})$ trivial. Somit liegt G^{φ} in A_n. Für $Uy \in \Omega$ gilt

$$(Uy)t = Uy \Leftrightarrow yty^{-1} \in U.$$

Liegt kein Element yty^{-1} in U, so zerfällt Ω unter der Gruppe <t> der Ordnung 2 in $\frac{n}{2}$ Bahnen der Länge 2. Die Permutation t^{φ} ist dann Produkt von $\frac{n}{2}$ Transpositionen. Aus.

$$n = |G:U| \overset{1.5}{=} |S:U| \cdot |G:S| \overset{4.2.b}{=} 2 \cdot |G:S|$$

und $|G:S| \equiv 1 (\mathrm{mod}\ 2)$ (3.11.a) folgt $\frac{n}{2} \equiv 1 (\mathrm{mod}\ 2)$. Somit ist t^{φ} eine ungerade Permutation. Dies widerspricht $t^{\varphi} \in G^{\varphi} \subseteq A_n$. Es liegt also doch ein yty^{-1} in U, mit $g := y^{-1}$ folgt die Behauptung. □

In einer Gruppe G ist das Produkt von Normalteilern ungerader Ordnung wieder ein Normalteiler ungerader Ordnung (1.4), es existiert also ein *größter* Normalteiler ungerader Ordnung von G, man bezeichnet ihn mit O(G); offenbar ist O(G) charakteristisch in G.
Eine weitere Anwendung des *sgn*-Epimorphismus liefert (vergleiche 9.10):

5.7 *Ist die 2-Sylowgruppe* S *der Gruppe* G *zyklisch, so gilt* G = O(G)S.

BEWEIS: Sei $n := |G|$ und $S = \langle a \rangle$ von der Ordnung k, nach 3.11 gilt also

(i) $\frac{n}{k} \equiv 1 (\mathrm{mod}\ 2)$.

Offenbar operiert die Gruppe G treu auf der Menge ihrer Elemente vermöge Rechtsmultiplikation

$$y \overset{x}{\to} yx \qquad (y,x \in G)$$

(vergleiche 3.1.c), es kann also G mit einer Untergruppe von S_n identifiziert werden. Weil die Gleichung $yx = y$ nur die Lösung $x = 1$ zuläßt, ist die Permutation a Produkt von $\frac{n}{k}$ Zykeln der Länge k, wegen (i) also eine ungerade Permutation (siehe Kap. III, § 5). Die Abbildung $x \to sgn\ x$ von G in Z_2 ist somit ein Epimorphismus, und ihr Kern G_1 ein Normalteiler vom Index 2 in G. Weil $S_1 := S \cap G_1$ eine zyklische 2-Sylowgruppe von G_1 ist (3.12), können wir vermittels Induktion annehmen, daß die Behauptung für G_1 bereits bewiesen ist, es ist also $G_1 = O(G_1)S_1$. Aus $O(G_1)$ *char* $G_1 \trianglelefteq G$ und $|G:G_1| = 2$ folgt nun $O(G_1) = O(G)$ und daher die Behauptung $G = O(G)S$. □

Insbesondere zeigt 5.7, daß eine Gruppe G gerader Ordnung mit einer zyklischen 2-Sylowgruppe niemals eine einfache, nicht-abelsche Gruppe ist.*)

Weil zyklische 2-Gruppen und die verallgemeinerten Quaternionengruppen nach 4.12 die einzigen 2-Gruppen sind, die genau eine Involution enthalten, erwähnen wir in diesem Zusammenhang einen tiefen Satz, dessen Beweis eine kunstvolle Anwendung der Darstellungstheorie (genauer der Charaktertheorie, siehe Kap. XII) ist:

SATZ (BRAUER-SUZUKI): *Ist die 2-Sylowgruppe einer Gruppe* G *eine verallgemeinerte Quaternionengruppe* Q, *so besitzt* $G/O(G)$ *genau eine Involution (die demnach in* $Z(G/O(G))$ *liegt). Insbesondere ist* G *keine einfache Gruppe.*

Einen Beweis dieses Satzes im Falle $|Q| > 8$ findet man in [G] Kap. 12. Für den Fall $|Q| = 8$ siehe G. GLAUBERMAN: On Groups with a Quaternion Sylow 2-subgroup, Illinois Journal Math., 18, 1974, S. 60 - 65.

Sowohl in diesem Satz wie in 5.7 enthält die 2-Sylowgruppe S genau eine Involution t, es gilt also $|t^G \cap S| = 1$. Diese Situation beschreibt wiederum ein Satz von GLAUBERMAN, der den Satz von BRAUER-SUZUKI verallgemeinert:

Z^*-THEOREM (GLAUBERMAN): *Sei* S *eine 2-Sylowgruppe der Gruppe* G *und* t *eine Involution aus* S *mit* $|t^G \cap S| = 1$. *Dann liegt* $A \cdot O(G) \in G/O(G)$ *in* $Z(G/O(G))$**). *Insbesondere ist* G *keine einfache Gruppe der Ordnung* > 2.

Auch dieser Satz wird mit Hilfe der (modularen) Darstellungstheorie bewiesen; siehe G. GLAUBERMAN: Central Elements in Core-Free Groups, Journal of Algebra 4, 1966, S. 408 - 420.

---

*) Nach einem tiefliegenden Satz von Feit-Thompson ist die Ordnung einer einfachen, nicht-abelschen Gruppe stets gerade; siehe Kap. VI, § 1.

**) Das Urbild dieser Gruppe in G wird mit $Z^*(G)$ bezeichnet.

Setzen wir in obigem Satz A := <t>, so gilt

(*) $A \leq S \in Syl_2 G, \quad A' = 1, \quad A^x \cap S \leq A \quad \forall x \in G.$

Von D. GOLDSCHMIDT wurden wiederum alle Gruppen G klassifiziert, die ein Paar A,S wie in (*) besitzen und für die $G = \langle A^G \rangle$ gilt. Also ist das Z^*-Theorem wiederum Spezialfall eines allgemeineren Satzes *); siehe D. GOLDSCHMIDT: 2-Fusion of Finite Groups, Annals of Math. 99 (1974), S. 70 - 117.

ÜBUNGEN

1. Für die Diedergruppe D der Ordnung 2 n gilt:
   a) D ist nilpotent $\Leftrightarrow$ $n = 2^k$ $(k \in \mathbb{N})$
   b) $Z(D) = 1 \Leftrightarrow n \equiv 1 (\mathrm{mod}\ 2)$
   c) D besitzt nur im Falle $n \equiv 1 (\mathrm{mod}\ 2)$ genau eine Konjugiertenklasse von Involutionen.

Sei G eine Gruppe gerader Ordnung.

2. G besitzt genau eine Konjugiertenklasse von Involutionen, falls eine der folgenden Voraussetzungen erfüllt ist:
   i) G besitzt eine Untergruppe H gerader Ordnung mit $|H \cap H^x| \equiv 1 (\mathrm{mod}\ 2)$ für alle $x \in G \setminus H$ (benütze 5.3).
   ii) Für je zwei verschiedene 2-Sylowgruppen S_1, S_2 von G gilt $S_1 \cap S_2 = 1$, und es ist $|Syl_2 G| > 1$ (benütze 5.3).
   iii) $S \in Syl_2 G$ ist eine verallgemeinerte Quaternionengruppe.
   iv) $S \in Syl_2 G$ ist eine Diedergruppe und G besitzt keinen Normalteiler vom Index 2 (benütze 5.6).

3. G besitze keinen Normalteiler vom Index 2 und es sei $A \trianglelefteq S \in Syl_2 G$ mit $|A| \leq 4$. Dann ist jede Involution von G konjugiert zu einer aus $C_G(A)$ (benütze 3.8 und 5.6).

4. Es sei I die Menge der Involutionen von G und $G = \langle I \rangle$. Läßt sich jede Permutation π der Menge I zu einem Automorphismus $\varphi(\pi)$ von G fortsetzen, so ist G isomorph zu Z_2, $Z_2 \times Z_2$ oder S_3.

5. G besitze genau zwei Konjugiertenklassen I_1, I_2 von Involutionen; es sei $u_1 \in I_1$, $u_2 \in I_2$ und n_i die Anzahl der Paare $(x,y) \in I_1 \times I_2$, für die ein $k \in \mathbb{Z}$ existiert, so daß $(xy)^k = u_i$ $(i = 1,2)$. Dann gilt
$$|G| = |C_G(u_1)| \cdot n_2 + |C_G(u_2)| \cdot n_1.$$
   Hinweis: Zähle die Elemente von $I_1 \times I_2$ mit Hilfe von 5.3.

---

*) Der bestmögliche Satz wäre natürlich die Bestimmung aller einfachen Gruppen.

Kapitel VI. π-auflösbare und auflösbare Gruppen

In § 1 sind einfache Eigenschaften von π-auflösbaren und auflösbaren Gruppen zusammengestellt, während in § 3 mit Hilfe des in § 2 bewiesenen Satzes von SCHUR-ZASSENHAUS eine Verallgemeinerung des Sylowsatzes für π-auflösbare und auflösbare Gruppen behandelt wird. Die beiden folgenden Paragraphen behandeln Eigenschaften von gewissen charakteristischen Untergruppen von π-auflösbaren und auflösbaren Gruppen.

§ 1 π-AUFLÖSBARE UND AUFLÖSBARE GRUPPEN

Im folgenden sei π eine Menge von Primzahlen und π' die Menge der Primzahlen, die nicht in π liegen. Besteht π nur aus der einen Primzahl p, so schreiben wir p bzw. p' statt $\{p\}$ bzw. $\{p\}'$. Eine Gruppe G heißt π-Gruppe, falls alle Primteiler von $|G|$ in π liegen. Für $\pi = \{p\}$ sind z.B. die π-Gruppen die schon früher eingeführten p-Gruppen. Ähnlich wie dort sei die triviale Gruppe G = 1 eine π-Gruppe für jede Primzahlmenge π. Eine *π-Untergruppe* (ein *π-Normalteiler*) einer Gruppe G ist eine Untergruppe (ein Normalteiler) von G, die (der) eine π-Gruppe ist. Ein Element $x \in G$ heißt schließlich *π-Element*, wenn $\langle x \rangle$ eine π-Untergruppe von G ist, also alle Primteiler von $o(x)$ in π liegen.

Weil das Produkt zweier π-Normalteiler einer Gruppe G wieder ein π-Normalteiler von G ist (1.4), ist das Produkt aller π-Normalteiler von G *der maximale* π-Normalteiler von G; man bezeichnet ihn mit $O_\pi(G)$. Offenbar ist $O_\pi(G)$ charakteristisch in G *):

6.1 *In einer Gruppe* G *gilt* $O_\pi(G/O_\pi(G)) = 1$.

BEWEIS: Das Urbild eines π-Normalteilers von $G/O_\pi(G)$ ist ein π-Normalteiler von G. □

---

*) Zum Beispiel ist $O_{2'}(G) = O(G)$ (vergl. Kap. V § 2).

Eine Gruppe G heißt π-*auflösbar* [*)], falls für jeden Normalteiler $N \neq G$ von G gilt:

$$O_\pi(G/N) \neq 1 \quad \text{oder} \quad O_{\pi'}(G/N) \neq 1.$$

Danach sind π-auflösbare Gruppen auch π'-auflösbar und umgekehrt. Eine π-Gruppe ist immer π-auflösbar und p-Gruppen sind π-auflösbar für jede Primzahlmenge π.
Offenbar sind Faktorgruppen von π-auflösbaren Gruppen wieder π-auflösbar (1.9).

6.2 a) *Eine Gruppe* G *ist* π-*auflösbar, wenn* G *einen* π-*auflösbaren Normalteiler* M *mit* π-*auflösbarer Faktorgruppe* G/M *besitzt.*

b) *Eine Untergruppe* U *einer* π-*auflösbaren Gruppe* G *ist* π-*auflösbar.*

c) *Ein minimaler Normalteiler* L *einer* π-*auflösbaren Gruppe* G *ist entweder eine* π-*Gruppe oder eine* π'-*Gruppe.*

d) *Eine Gruppe* G *ist genau dann* π-*auflösbar, wenn eine Reihe*

$$1 =: N_0 \subsetneqq N_1 \subsetneqq \dots N_i \subsetneqq N_{i+1} \subsetneqq \dots N_n := G$$

von Normalteilern von G *existiert, so daß* N_{i+1}/N_i *entweder eine* π- *oder eine* π'-*Gruppe ist* $(i = 0,\dots,n-1)$. *Ist* G π-*auflösbar, so kann man die* N_i*'s als charakteristische Untergruppen von* G *wählen.*

BEWEIS: a) Um die π-Auflösbarkeit von G zu zeigen, müssen wir für jeden Normalteiler $N \neq G$ von G entweder $O_\pi(G/N) \neq 1$ oder $O_{\pi'}(G/N) \neq 1$ nachweisen.
Im Falle $M \subseteq N$ folgt dies aus $G/N \cong (G/M)/(N/M)$ (1.9) und der π-Auflösbarkeit von G/M. Im Falle $M \not\subseteq N$ folgt dies dagegen aus $1 \neq NM/N \cong M/N \cap M$ (1.8) und der π-Auflösbarkeit von M.

b) Weil G π-auflösbar ist, besitzt G, falls $G \neq 1$, einen π- oder π'-Normalteiler $N \neq 1$. Durch Induktion nach $|G|$ können wir annehmen,

[*)] Diese Definition deckt sich nicht mit der üblichen Terminologie: Gruppen, die wir π-auflösbar nennen, heißen z.B. in [H] π-separiert, während π-auflösbare Gruppen dort π-separierte Gruppen sind, in denen zusätzlich jede π-Untergruppe auflösbar ist. Weil (in der üblichen Terminologie) π-separierte Gruppen nach dem Satz von FEIT-THOMPSON π- oder π'-auflösbar sind, weil in der Praxis der Unterschied zwischen π-auflösbar und π-separiert keine große Rolle spielt, und weil unsere Definition für den Aufbau dieses Paragraphen sinnvoller ist, haben wir uns zu dieser kleinen Änderung entschlossen.

daß die Untergruppe UN/N der π-auflösbaren Gruppe G/N bereits π-auflösbar ist. Dann ist auch $U/U \cap N \cong UN/N$ π-auflösbar. Weil auch $U \cap N$ als π- oder π'-Gruppe π-auflösbar ist, folgt die π-Auflösbarkeit von U aus a).

c) Da L nach b) ebenfalls π-auflösbar ist, gilt $O_\pi(L) \neq 1$ oder $O_{\pi'}(L) \neq 1$. Sei o.B.d.A. $O_\pi(L) \neq 1$. Aus $O_\pi(L)$ *char* $L \trianglelefteq G$ folgt $O_\pi(L) \trianglelefteq G$, wegen der Minimalität von L sogar $L = O_\pi(G)$.

d) Sei G π-auflösbar und o.B.d.A. $O_\pi(G) \neq 1$. Definiere $N_1 := O_\pi(G)$ und die Normalteiler N_i von G induktiv durch

$$N_{i+1}/N_i := \begin{cases} O_\pi(G/N_i) & \text{falls } i \equiv 0(2) \\ O_{\pi'}(G/N_i) & \text{falls } i \equiv 1(2)\ . \end{cases}$$

Wegen 6.1 existiert ein $n \in \mathbb{N}$ mit $N_n = G$. Damit bilden die N_i's eine Reihe von charakteristischen Untergruppen mit den geforderten Eigenschaften.

Sei umgekehrt $1 = N_o \subsetneqq \dots \subsetneqq N_n = G$ eine Reihe von Normalteilern wie in d) beschrieben. Weil $1 = N_1/N_1 \subsetneqq N_2/N_1 \subsetneqq \dots N_n/N_1 = G/N_1$ eine Reihe von G/N mit denselben Eigenschaften ist (1.9), können wir durch Induktion nach $|G|$ annehmen, daß G/N_1 bereits π-auflösbar ist. Weil N_1 als π- oder π'-Gruppe ebenfalls π-auflösbar ist, folgt aus a), daß auch G π-auflösbar ist. □

Die im Beweis von 6.2.d definierten charakteristischen Untergruppen N_1, N_2, N_3 ... der π-auflösbaren Gruppe G werden mit $O_\pi(G)$, $O_{\pi\pi'}(G)$, $O_{\pi\pi'\pi}(G)$ .... bezeichnet; genauso ist natürlich auch $O_{\pi'}(G)$, $O_{\pi'\pi}(G)$, $O_{\pi'\pi\pi'}(G)$ ... definiert, falls $O_{\pi'}(G) \neq 1$.

Eine Gruppe heißt *auflösbar*, wenn sie π-auflösbar ist für jede Primzahlmenge π. Aus der entsprechenden Aussage 6.2 für π-auflösbare Gruppen folgt sofort, daß Untergruppen einer auflösbaren Gruppe auflösbar sind, und daß eine Gruppe G schon dann auflösbar ist, wenn sie einen auflösbaren Normalteiler N mit auflösbarer Faktorgruppe G/N besitzt. Weil p-Gruppen auflösbar sind, folgt daraus, daß auch alle nilpotenten Gruppen auflösbar sind. Folgende zwei tiefliegenden Sätze zeigen, daß die Klasse der auflösbaren Gruppen recht reichhaltig ist.

6.3 SATZ (BURNSIDE): *Gruppen der Ordnung* $p^a q^b$ (p,q *Primzahlen*, $a,b \in \mathbb{N}$) *sind auflösbar.*

SATZ (FEIT-THOMPSON): *Gruppen ungerader Ordnung sind auflösbar.*

Wir werden 6.3 in Kap. VIII mit den im folgenden entwickelten Methoden beweisen (nach BENDER). Der Beweis des viel tiefer liegenden Satzes von FEIT-THOMPSON würde - trotz mancher inzwischen erreichten Verbesserung - immer noch die Dimension eines jeden Gruppentheoriebuches sprengen. Eine Beweisskizze findet man in [G]. Kap. 16.
Wir stellen nun einige einfache Aussagen zusammen, die die Faktorstruktur auflösbarer Gruppen beschreiben.

Für eine Gruppe G definieren wir eine Reihe von charakteristischen Untergruppen durch

$$G^{o} := G,\ G^{1} := G',\ G^{2} = (G^{1})',\ \ldots.,\ G^{i+1} := (G^{i})',\ \ldots.\ ,$$

und nennen diese Reihe die *Kommutatorreihe* von G (statt G^2 bzw. G^3 schreibt man auch gerne G" bzw. G"').

6.4 *Für eine Gruppe* G *sind äquivalent:*

1) G *ist auflösbar;*

2) Jede Untergruppe von G *(einschließlich* G*) ist auflösbar;*

3) Es gibt einen auflösbaren Normalteiler N *von* G *mit auflösbarer Faktorgruppe* G/N*;*

4) Für jedes epimorphe Bild $G/N \neq 1$ *von* G *existiert eine Primzahl* p *mit* $O_p(G/N) \neq 1$*;*

5) Für jedes epimorphe Bild $G/N \neq 1$ *von* G *existiert eine Primzahl* p*, so daß* G/N *eine charakteristische elementarabelsche* p-*Untergruppe* $U/N \neq 1$ *besitzt;*

6) Die Faktoren einer Kompositionsreihe von G *sind zyklische Gruppen;*

7) Es existiert ein $n \in \mathbb{N} \cup \{o\}$ *mit* $G^n = 1$.

BEWEIS: Die Implikationen 1) ⇔ 2) ⇔ 3) folgen direkt aus 6.2.a,b.
3) ⇒ 4): Weil H := G/N auflösbar, also insbesondere p_1-auflösbar für irgendeinen Primteiler p_1 von |G| ist, gilt $O_{p_1}(H) \neq 1$ oder $O_{p_1'}(H) \neq 1$. Im ersten Fall ist $p = p_1$ die gesuchte Primzahl. Durch Induktion nach |H| können wir im zweiten Fall annehmen, daß ein Primteiler p_2 der nach 2) auflösbaren Gruppe $Q := O_{p_1'}(H)$ existiert mit $O_{p_2}(Q) \neq 1$. Aus $O_{p_2}(Q)$ *char* Q *char* H folgt nun $O_{p_2}(H) \neq 1$; somit ist p_2 die gesuchte Primzahl p.
4) ⇒ 5): Sei $P := O_p(G/N) \neq 1$ und $B := \Omega_1(Z(P))$. Wegen B *char* Z(P) *char* P *char* G/N ist B die gesuchte Untergruppe.

5) ⇒ 6): Nach Voraussetzung besitzt G eine Reihe

$$1 = N_o \subsetneqq \ldots. \subsetneqq N_i \subsetneqq N_{i+1} \subsetneqq \ldots. N_n = G$$

von charakteristischen Untergruppen N_i, so daß N_{i+1}/N_i elementarabelsch ist $(i = 0,\dots,n-1)$. Weil Kompositionsreihen abelscher Gruppen zyklische Faktoren haben, können wir obige Reihe durch Einschieben weiterer Untergruppen zwischen N_i und N_{i+1} (nach 1.9) zu einer Kompositionsreihe von G mit zyklischen Faktoren verfeinern.

6) ⇒ 7): Sei

$$1 = K_o \subsetneqq K_1 \subsetneqq \dots \subsetneqq K_n = G$$

eine Kompositionsreihe von G mit zyklischen Faktoren K_{j+1}/K_j. Weil G/K_{n-1} abelsch ist, liegt G' in K_{n-1} (1.26). Sei bereits $G^i \subseteq K_{n-i}$ bewiesen. Dann folgt $G^{i+1} \subseteq (K_{n-i})' \subseteq K_{n-i-1}$, also insgesamt $G^n = 1$.

7) ⇒ 3): Weil mit $G^n = 1$ auch $(G')^n = 1$ gilt, können wir durch Induktion nach $|G|$ annehmen, daß $N := G' = G^1$ bereits auflösbar ist. Aber die abelsche Gruppe $G/N = G/G'$ ist ebenfalls auflösbar. □

Wir weisen darauf hin, daß wegen 6.4 eine einfache Gruppe entweder zyklisch von Primzahlordnung oder nicht auflösbar ist.

Minimale Normalteiler von π-auflösbaren Gruppen sind nach 6.2.c π- oder π'-Gruppen, während minimale Normalteiler von auflösbaren Gruppen nach 6.4.5 sogar elementarabelsche p-Gruppen sind.

Minimale Normalteiler einer Gruppe G beschreiben zu können, ist in mancherlei Hinsicht interessant, daher soll an dieser Stelle eine Bemerkung zu diesem Thema angefügt werden. Ein minimaler Normalteiler einer Gruppe G besitzt wegen 1.13.c keine echte charakteristische Untergruppe $\neq 1$. Eine Gruppe mit dieser Eigenschaft heißt *charakteristisch einfach.*

6.5 *Eine charakteristisch einfache Gruppe* G *(also jeder minimale Normalteiler) ist ein direktes Produkt von einfachen Gruppen* H_i, $i \in I$, *die zueinander isomorph sind. Dabei sind die* H_i*'s zyklische Gruppen der Ordnung* p*, falls* G *auflösbar, und nicht-abelsche einfache Gruppen, falls* G *nicht auflösbar ist.*

BEWEIS: Sei H_1 ein minimaler Normalteiler von G und $H = H_1 \times \dots \times H_r$ ein maximales direktes Produkt von minimalen Normalteilern von G, die zu H_1 isomorph sind. Wir zeigen H *char* G: Sei $\alpha \in$ *Aut* G und $H_i^{\alpha} \nsubseteq H$, also $H_i^{\alpha} \neq H_i^{\alpha} \cap H \trianglelefteq G$. Weil mit H_i auch H_i^{α} ein minimaler Normalteiler von G ist, folgt $H_i^{\alpha} \cap H = 1$, also

$$H \subsetneqq H \cdot H_i^{\alpha} = H \times H_i^{\alpha} = H_1 \times \dots\dots \times H_r \times H_i^{\alpha}$$

im Widerspruch zur Maximalität von H. Somit gilt $H_i^{\alpha} \leq H$ $(i = 1,\dots,r)$, d.h. H *char* G, nach Voraussetzung also H = G. Dann sind Normalteiler von H_i auch Normalteiler von G. Somit ist H_i als minimaler Normalteiler von G einfach. □

ÜBUNGEN

1. Die Gruppe G ist auflösbar, falls eine der folgenden Voraussetzungen erfüllt ist:
   a) $G \cong S_4$; bestimme G^i $(i = 0,1,2,\ldots)$
   b) G ist eine Diedergruppe; bestimme G^i.
   c) $|G| = p\cdot q$, wobei p und q Primzahlen sind (vergleiche Aufgabe 4 a, S. 47).
   d) $|G| = p\cdot q\cdot r$, wobei p,q,r Primzahlen sind (vergleiche Aufgabe 4 b, S. 47).
   e) $|G| = p^n\cdot q$. Hinweis: Wenn $Q \in Syl_q G$ nicht normal in G ist, so ist ein maximaler Durchschnitt zweier verschiedener p-Sylowgruppen von G ein Normalteiler.
   f) $|G| \leq 100$ und $|G| \neq 60$.
   g) Es existieren abelsche Untergruppen A,B von G mit G = AB (vergleiche Aufgabe 7, S. 23).
2. Für welches n ist die Gruppe S_n auflösbar?
3. Eine auflösbare Gruppe besitzt eine maximale Untergruppe, die normal ist.
4. Ist M eine maximale Untergruppe einer π-auflösbaren Gruppe G, so sind die Primteiler von $|G:M|$ entweder in π oder in π'.
5. Das Produkt aller auflösbaren Normalteiler einer Gruppe G ist eine auflösbare charakteristische Untergruppe von G.
6. Sei die charakteristisch-einfache Gruppe G das direkte Produkt der einfachen Gruppen $H_1,\ldots,H_n$. Ist G nicht auflösbar, so sind $H_1,\ldots,H_n$ sämtliche minimale Normalteiler von G (vergleiche Aufgabe 4, S. 19).

§ 2 DER SATZ VON SCHUR-ZASSENHAUS

Im folgenden sei π wieder eine Primzahlmenge. Eine π-Untergruppe H einer Gruppe G heißt π-*Hallgruppe*, falls keine Primteiler von $|G:H|$ in π liegen (d.h. sie liegen in π'). Eine *Hallgruppe* H ist eine π-Hallgruppe von G für irgendein π; dies ist offenbar äquivalent zu $(|G:H|,|H|) = 1$.

6.6 *Ist* H *eine* π-*Hallgruppe von* G, *und* N *ein Normalteiler von* G, *so ist* HN/N *eine* π-*Hallgruppe von* G/N. *Ist* H *überdies normal in* G *und* U *eine Untergruppe von* G, *so ist* $H \cap U$ *eine normale* π-*Hallgruppe von* U.

BEWEIS: HN/N ist nach 1.10 eine π-Hallgruppe von G/N. Aus $H \trianglelefteq G$ folgt $HU/H \cong U/U \cap H$ (1.9). Also ist der Index der π-Untergruppe $U \cap H$ in U ein Teiler von $|G/H|$. □

Nach 1.5 sind π-Hallgruppen von G maximale π-Untergruppen. Im nächsten Paragraphen untersuchen wir die Frage, ob umgekehrt jede maximale π-Untergruppe von G eine π-Hallgruppe ist, und ob zwei π-Hallgruppen von G zueinander konjugiert sind (vergleiche Satz von SYLOW 3.11). Diese Fragen werden auf den folgenden grundlegenden Satz zurückgeführt, der sie in einem wichtigen Spezialfall beantwortet.

6.7 SATZ VON SCHUR-ZASSENHAUS: *Sei* H *eine normale Hallgruppe der Gruppe* G. *Dann gilt:*

a) H *besitzt ein Komplement in* G.

b) Ist H *oder* G/H *auflösbar, so sind alle Komplemente von* H *in* G *zueinander konjugiert.**)

BEWEIS: Der Beweis zerfällt in zwei ganz verschiedene Teile. Im ersten wird der Satz unter der zusätzlichen Voraussetzung bewiesen, daß H abelsch ist. Der zweite Teil führt den allgemeinen Fall auf den ersten zurück. Dieser ist eine typische Reduktion des minimalen Gegenbeispiels und eine hübsche Anwendung der bis jetzt entwickelten Methoden.

Sei also zunächst H abelsch. Die Elemente von $\bar{G} := G/H$, also die Nebenklassen von H in G, bezeichnen wir mit $\alpha, \beta, \gamma, \ldots$, und wählen aus jeder Nebenklasse α ein $x_\alpha \in G$. Ausgehend von diesen x_α's wollen wir passende h_α's $\in H$ gewinnen, so daß das neue Vertretersystem $K := \{k_\alpha := x_\alpha h_\alpha \mid \alpha \in \bar{G}\}$ abgeschlossen gegenüber der Multiplikation, also $k_\alpha k_\beta = k_{\alpha\beta}$ für alle $\alpha, \beta \in G$ gilt; dann ist $K \cong \bar{G}$ das gesuchte Komplement.

Wegen $x_\alpha x_\beta \in \alpha\beta$ existiert zu $\alpha, \beta \in \bar{G}$ ein Element $f(\alpha,\beta) \in H$ mit

$$x_\alpha x_\beta = x_{\alpha\beta} f(\alpha,\beta).$$

Es folgt

$$x_\alpha(x_\beta x_\gamma) = x_\alpha x_{\beta\gamma} f(\beta,\gamma) = x_{\alpha\beta\gamma} f(\alpha,\beta\gamma) f(\beta,\gamma)$$

$$(x_\alpha x_\beta)x_\gamma = x_{\alpha\beta} f(\alpha,\beta)x_\gamma = x_{\alpha\beta}x_\gamma f(\alpha,\beta)^{x_\gamma}$$

$$= x_{\alpha\beta\gamma} f(\alpha\beta,\gamma) f(\alpha,\beta)^{x_\gamma}.$$

*) Wegen $(|H|,|G/H|) = 1$ ist H oder G/H von ungerader Ordnung, nach dem Satz von FEIT-THOMPSON also H oder G/H auflösbar. Modulo diesem tiefliegenden Satz gilt b) also immer.

also infolge des Assoziativgesetzes

$$f(\alpha\beta,\gamma)\ f(\alpha,\beta)^{x_\gamma} = f(\alpha,\beta\gamma)\ f(\beta,\gamma).$$

Multipliziert man diese Gleichungen bei festem β,γ und variierendem α miteinander, so erhält man, da H als abelsch vorausgesetzt ist, mit $m := |\bar{G}|$

$$\prod_{\alpha\in\bar{G}} f(\alpha\beta,\gamma) \prod_{\alpha\in\bar{G}} f(\alpha,\beta)^{x_\gamma} = f(\beta,\gamma)^m \prod_{\alpha\in\bar{G}} f(\alpha,\beta\gamma).$$

Weil mit α auch $\alpha\beta$ ganz $\bar{G}$ durchläuft, vereinfacht sich diese Gleichung mit der Bezeichnung $g(\delta) := \prod_{\alpha\in G} f(\alpha,\delta)$ zu

$$g(\gamma)\ g(\beta)^{x_\gamma} = f(\beta,\gamma)^m\ g(\beta\gamma).$$

Die Voraussetzung $(m,|H|) = 1$ gewährleistet die Existenz eines $r \in \mathbb{N}$ mit $rm \equiv 1 \pmod{|H|}$. Aus $x^{|H|} = 1$ für alle $x \in H$ (1.5) folgt $f(\beta,\gamma)^{-rm} = f(\beta,\gamma)^{-1}$. Die (-r)-te Potenz unserer Gleichung lautet nun mit $h(\delta) := g(\delta)^{-r}$

$$h(\gamma)\ h(\beta)^{x_\gamma} = h(\beta\gamma)\ f(\beta,\gamma)^{-1}.$$

Sei nun $k_\alpha := x_\alpha\ h(\alpha)$. Es folgt

$$k_\beta\ k_\gamma = x_\beta\ h(\beta) x_\gamma h(\gamma) = (x_\beta x_\gamma)\ (h(\beta)^{x_\gamma}\ h(\gamma))$$

$$\overset{!}{=} x_\beta\ x_\gamma\ h(\beta\gamma)\ f(\beta,\gamma)^{-1} =$$

$$= x_{\beta\gamma}\ f(\beta,\gamma)\ h(\beta\gamma)\ f(\beta,\gamma)^{-1} = x_{\beta\gamma}\ h(\beta\gamma) = k_{\beta\gamma}.$$

Somit ist nach der anfangs gemachten Bemerkung $K := \{k_\alpha \mid \alpha \in \bar{G}\}$ ein Komplement von H in G.

Sei nun K_1 ein weiteres Komplement von H in G. Wir wollen zeigen (H ist weiterhin abelsch), daß K_1 zu K konjugiert ist. Da zu jedem $x \in K$ genau ein $x_1 \in K_1$ mit $xH = x_1H$ existiert, gibt es ein Element $b(x) \in H$ mit

$$x_1 = x\ b(x).$$

Weil x_1y_1 in derselben Nebenklasse von H wie xy liegt $(x,y \in K)$, gilt $x\ b(x)y\ b(y) = x_1y_1 = xy\ b(xy)$, also

$$b(x)^y\ b(y) = b(xy).$$

Multipliziert man diese Gleichungen bei festem y und variierendem $x \in K$ miteinandern, so erhält man, da H abelsch ist, mit $z := \prod_{x\in K} b(x)$ und $m := |\bar{G}| = |K|$

$$z^y\ b(y)^m = z.$$

Ist $rm \equiv 1 \pmod{|H|}$ wie vorher, so lautet die r-te Potenz dieser

Gleichung

$$b(y)\ (z^r)^y = z^r.$$

Für $u := z^r$ gilt $u = u^y\, b(y)$, also $u = y^{-1}uy\, b(y)$ und somit für alle $y \in K$

$$u^{-1}yu = y\, b(y) = y_1.$$

Also ist $K^u = K_1$. Damit ist 6.7 bewiesen, falls H abelsch ist.

Wir behandeln nun den allgemeinen Fall durch Induktion nach $|G|$ und nehmen die Behauptung für kleinere Gruppen als bewiesen an. Aus dieser Induktionsannahme folgt zunächst mit 6.6

(i) *Ist* $U \lneq G$ *bzw.* $1 \neq N \trianglelefteq G$, *so besitzt* $U \cap H$ *bzw.* HN/N *ein Komplement in* U *bzw.* G/N.

Wir zeigen weiter, daß man o.B.d.A. annehmen kann:

(ii) H *enthält keine charakteristische Untergruppe* N *mit* $1 \neq N \neq H$.

Zum Beweis von (ii) nehmen wir an, es gäbe eine charakteristische Untergruppe N von H mit $1 \neq N \neq H$. Wegen 1.13.c ist N normal in G. Nach (i) existiert zu H/N in G/N ein Komplement U/N ($N \leq U \leq G$). Aus

$$U/N \cong (G/N)/(H/N) \cong G/H$$

folgt $U \lneq G$. Wegen (i) besitzt also auch $H \cap U$ in U ein Komplement K. Dies ist offenbar auch ein Komplement von H in G. Ist H oder G/H auflösbar, so ist wegen 6.4.3 auch H/N oder $(G/N)/(H/N) \cong G/H$ auflösbar. Ist nun K_1 ein zweites Komplement von H in G, so sind KN/N und K_1N/N zwei Komplemente von H/N in G/N, die nach Induktionsannahme ($N \neq 1$) zueinander konjugiert sind. Sei $gN \in G/N$ mit $(KN/N)^{gN} = K_1N/N$, also

$$K_1N = (KN)^g = K^gN.$$

Damit sind K_1 und K^g zwei Komplemente von $K_1N \cap H = N$ in K_1N. Wieder ergibt sich aus der Auflösbarkeit von H oder G/H die von N oder $K_1N/N \cong G/H$. Aus der Induktionsannahme folgt wegen $K_1N \lneq G$, daß K_1 und K^g in K_1N, und somit K_1 und K in G zueinander konjugiert sind. Damit können wir nun (ii) und dann sogar o.B.d.A. (iii) voraussetzen:

(iii) $O_p(H) = 1$ *für alle Primzahlen* p *und* H *ist nicht auflösbar*.

Zum Beweis von (iii) sei $O_p(H) \neq 1$ für eine Primzahl p. Wegen $O_p(H)$ *char* H (2.10.f) besagt (ii) $O_p(H) = H$. Dann ist $\phi(P)$ eine echte charakteristische Untergruppe der p-Gruppe H (4.7.a). Aus (ii) folgt $\phi(P) = 1$, also ist H abelsch (4.7.a). Für diesen Fall haben wir aber unseren Satz bereits bewiesen.

Sei $P \neq 1$ eine Sylowgruppe von H. Wegen (iii) ist P nicht normal in G, also $U := N_G(P) \subsetneq G$. Nach (i) besitzt $U \cap H$ ein Komplement K in U. Das Frattiniargument 3.14 liefert

$$G = HU = H(H \cap U)K.$$

Demnach ist K auch ein Komplement von H in K.
Somit bleibt nur noch die Behauptung b) zu zeigen: Wegen (iii) können wir dabei annehmen, daß G/H auflösbar ist, es gibt also eine Primzahl p mit

$$O_p(G/H) \neq 1.$$

Wir müssen zeigen, daß ein weiteres Komplement K_1 von H in G zu K konjugiert ist.
Sei $H \leq R \leq G$ mit $R/H = O_p(G/H)$. Da jede Nebenklasse von H in G genau ein Element des Komplements K enthält, gilt $(K \cap R)H/H = R/H$, also $K \cap R \cong R/H$ und wegen $(p,|H|) = 1$ schließlich $K \cap R \in \mathit{Syl}_p R$. Genauso folgt $K_1 \cap R \in \mathit{Syl}_p R$. Nach Sylow 3.11 existiert ein $g \in R$ mit $(K_1 \cap R)^g = K \cap R$. Wegen $R \trianglelefteq G$ gilt $K_1 \cap R \trianglelefteq K_1$, $K \cap R \trianglelefteq K$ und somit $\langle K_1{}^g, K\rangle \subseteq N_G(K \cap R) =: V$. Weil $K_1{}^g$ und K zwei Komplemente von $V \cap H$ in V sind, die zu der auflösbaren Gruppe G/H isomorph sind, folgt aus $V \subsetneq G$ mit Hilfe der Induktionsannahme, daß $K_1{}^g$ und K in V, also auch K_1 und K in G, zueinander konjugiert sind. Somit ist $M := K \cap R$ ein Normalteiler von G. Da $K_1{}^g/M$ und K/M zwei Komplemente von HM/M in G/M sind (i), die zu der auflösbaren Gruppe (G/H)/(R/H) isomorph sind, folgt durch Induktion, daß sie in G/M zueinander konjugiert sind.
Wegen $M \subseteq K_1{}^g \cap K$ sind $K_1{}^g$ und K dann auch in G zueinander konjugiert.
Damit ist 6.7 bewiesen. □

Die im ersten Teil des obigen Beweises benützten Methoden sind eng verwandt mit denen der Kohomologietheorie. In ihr werden Erweiterungen

$$1 \to H \to G \to G/H \to 1$$

von abelschen Gruppen H untersucht. Wir verweisen auf [H]. I. 16. Mit ähnlichen Methoden läßt sich eine sehr nützliche Verschärfung (falls H abelsch) von 6.7 beweisen:

SATZ (GASCHÜTZ): *Der abelsche Normalteiler* H *der Gruppe* G *besitzt ein Komplement in* G, *wenn für jede Sylowgruppe* S *von* G *der Normalteiler* $H \cap S$ *von* S *ein Komplement in* S *besitzt.*

Einen Beweis dieses Satzes findet man in [H]. I, 17.4, S. 121.

ÜBUNGEN

Sei G eine Gruppe.

1. Eine Untergruppe H von G ist eine Hallgruppe von G, falls $C_G(x) \leq H$ für jedes $x \neq 1$ aus H gilt (benütze 4.1 und 4.2.a).
2. Liegt $P \in \mathit{Syl}_p G$ in $Z(G)$, so gilt $G = P \times O_{p'}(G)$.
3. Sei A ein maximaler abelscher Normalteiler von $P \in \mathit{Syl}_p G$. Dann gilt $C_G(A) = A \times O_{p'}(C_G(A))$. (Benütze 4.4 und Aufgabe 2).
4. (Vergleiche oben zitierten Satz von GASCHÜTZ.) Sei Q die Quaternionengruppe, sei a ein Automorphismus der Ordnung 3 von Q, der die drei zyklischen Untergruppen der Ordnung 4 ineinander überführt, sei A das semidirekte Produkt von Q mit $\langle a \rangle$, sei y ein innerer Automorphismus der Ordnung 2 von A, und sei G schließlich das semidirekte Produkt von A mit $\langle y \rangle$. Dann gilt
   a) Q ist Normalteiler von G.
   b) $Q\langle y \rangle \in \mathit{Syl}_2 G$.
   c) $\langle y \rangle$ ist Komplement von Q in $Q\langle y \rangle$.
   Aber:
   d) Q besitzt kein Komplement in G.

§ 3 DER π-SYLOWSATZ

Für $\pi = \{p\}$ besagt der Sylowsche Satz 3.11, daß die p-Sylowgruppen genau die p-Hallgruppen sind, und daß diese zueinander konjugiert sind. Deswegen vereinbaren wir folgende Sprechweise für eine beliebige Primzahlmenge π: In der Gruppe G gilt der *π-Sylowsatz*, falls die maximalen π-Untergruppen von G genau die π-Hallgruppen von G sind, und die π-Hallgruppen von G zueinander konjugiert sind.

Wir weisen darauf hin, daß i.A. der π-Sylowsatz nicht gilt, ja nicht einmal π-Hallgruppen zu existieren brauchen. Ein triviales Beispiel für die Gültigkeit des π-Sylowsatzes in G liegt jedoch vor, wenn G eine normale π-Hallgruppe H besitzt: Weil in diesem Fall für jede π-Untergruppe U von G auch $HU = UH$ eine π-Untergruppe ist (1.4), also $U \subseteq H$ gilt (vergleiche 3.10.c), ist H die einzige maximale π-Untergruppe von G. Die Bedeutung des Satzes von SCHUR-ZASSENHAUS 6.7 für diesen Paragraphen liegt nun darin, daß aus ihm (im Falle $H \trianglelefteq G$) auch die Gültigkeit des π'-Sylowsatzes folgt.

6.8 SATZ: *Für eine π-auflösbare Gruppe G gilt:*
a) Es existieren π- und π'-Hallgruppen von G.

*b) In G gilt der π- und π'-Sylowsatz, falls alle π- oder alle π'-Untergruppen von G auflösbar sind.**)

BEWEIS: a) Sei $M \neq 1$ ein π- oder π'-Normalteiler von G. Durch Induktion erhält man in G/M eine π-Hallgruppe K/M, $M \leq K \leq G$. Ist M eine π-Gruppe, so ist K eine π-Hallgruppe von G (1.6). Ist M dagegen eine π'-Gruppe, so ist eine π-Hallgruppe von K auch eine von G. Somit folgt im Falle $K \lneq G$ durch Induktion die Existenz einer π-Hallgruppe von K und damit von G. Im Falle K = G ist M eine normale π'-Hallgruppe von G. Aus 6.7.a folgt (mit M statt H) die Existenz eines Komplements von M in G. Dies ist offenbar eine π-Hallgruppe von G. Weil eine π-auflösbare Gruppe zugleich π'-auflösbar ist, besitzt G auch eine π'-Hallgruppe.

b) Sei M wie in a). Wir zeigen zunächst, daß auch in G/M jede π- bzw. jede π'-Gruppe auflösbar ist. Dies ist sicher der Fall, wenn jede π-Untergruppe bzw. jede π'-Untergruppe R/M von G/M, $M \leq R \leq G$, ein epimorphes Bild einer π- bzw. einer π'-Untergruppe von G ist. Sei o.B.d.A. R/M eine π-Gruppe. Ist M eine π-Gruppe, so ist auch R eine π-Gruppe. Ist M dagegen eine π'-Gruppe, also eine normale π'-Hallgruppe von R, so folgt aus 6.7.a die Existenz einer π-Hallgruppe R_1 von R, also $R/M = R_1M/M \cong R_1$. Damit sind alle π- bzw. alle π'-Untergruppen von G/M auflösbar, und wir können mit Hilfe von Induktion annehmen, daß der π-Sylowsatz in G/M bereits gilt.

Sei H eine π-Hallgruppe von G. Für die Gültigkeit des π-Sylowsatzes in G genügt es zu zeigen, daß zu jeder π-Untergruppe L von G ein $g \in G$ existiert mit $L^g \subseteq H$. Weil LM/M eine π-Untergruppe und HM/M eine π-Halluntergruppe von H/M ist (6.6), existiert nach Induktion ein $g \in G$ mit $(LM/M)^{gH} \subseteq HM/M$, also $L^g \subseteq HM$. Da H auch eine π-Hallgruppe von HM ist, folgt im Falle $HM \lneq G$ durch Induktion die Existenz eines $y \in HM$ mit $(L^g)^y \subseteq H$. Somit können wir HM = G annehmen. Ist M dann eine π-Gruppe, so ist auch G = HM eine solche und nichts ist zu beweisen. Sei M eine π'-Gruppe, also eine normale π'-Hallgruppe von G = MH. Wegen $L \cap M = 1$ gilt $|LM \cap H| = |L|$. Somit ist mit L auch $LM \cap H$ eine π-Hallgruppe von LM. Aus $LM \neq G$ folgt durch Induktion die Existenz eines $g \in LM$ mit $L^g \subseteq LM \cap H \subseteq H$. Also können wir G = LM = HM annehmen. Nun folgt aus 6.7.b, daß die zwei π-Hallgruppen L und H zueinander konjugiert sind. □

---

*) Genau wie unter 6.7.b folgt aus dem Satz von FEIT-THOMPSON, daß b) immer gilt.

Im folgenden beschreiben wir nun die π-Sylowstruktur auflösbarer Gruppen.

6.9 SATZ (Ph. HALL): *In einer auflösbaren Gruppe gilt der π-Sylowsatz für jede Primzahlmenge π.*

BEWEIS: Dies folgt sofort aus 6.8 und der Definition der Auflösbarkeit. Die einschränkende Voraussetzung in 6.8.b ist hier immer erfüllt, weil jede Untergruppe von G auflösbar ist. □

Wir wollen zeigen, daß durch 6.9 die auflösbaren Gruppen charakterisiert sind. Dazu benötigt man folgenden Hilfssatz:

6.10 *Sind* H,K *Untergruppen der Gruppe* G *mit* $(|G:H|,|G:K|) = 1$, *so gilt* $G = HK$ *und* $|G : H \cap K| = |G:H|\cdot|G:K|$.

BEWEIS: Mit $a := |H \cap K|$, $m := |G:H|$ und $n := |G:K|$ folgt $|H| = ah$ und $|K| = ak$ für passendes $h, k \in \mathbb{N}$ (1.5), also

$$|G| = ahm = akn.$$

Wegen $(n,m) = 1$ existiert ein $r \in \mathbb{N}$ mit $h = nr$ und $k = rm$. Mit 1.4 folgt

$$anrm = |G| \geq |HK| = \frac{|H|\ |K|}{|H \cap K|} = \frac{ah\cdot ak}{a} = anmr^2,$$

also $r = 1$. Somit gilt $|HK| = anm = |G|$, und $|G : H \cap K| = \frac{amn}{a} = mn$. □

6.11 SATZ (Ph. HALL): *Seien* $p_1,\dots,p_n$ *die verschiedenen Primteiler der Ordnung einer Gruppe* G. *Dann gilt:*

a) G *ist genau dann auflösbar, wenn* G *für* $i = 1,\dots,n$ *eine* p_i'*-Hallgruppe besitzt.*

b) Ist G *auflösbar, so existieren* p_i*-Sylowgruppen* P_i *für* $i = 1,\dots,n$ *mit*

$$P_iP_j = P_jP_i \qquad (1 \leq i, j \leq n).$$

Für $\pi \subseteq \{p_1,\dots,p_n\}$ *ist* $\prod_{p_i\in\pi} P_i$ *eine* π*-Hallgruppe von* G.

BEWEIS: a) Für auflösbares G folgt die Existenz einer p'-Hallgruppe aus 6.9. Die andere Richtung beweisen wir mit Induktion nach $|G|$. Ist $n = 1$, so ist G als p-Gruppe auflösbar, für $n = 2$ folgt dies aus (dem in Kap. VIII zu beweisenden) Satz von BURNSIDE 6.3. Sei also $n \geq 3$ und H_i eine p_i'-Hallgruppe. Wir zeigen zunächst

(i) $\quad H_i$ *ist auflösbar* $\quad (i = 1,\ldots,n)$.

Es ist $|G:H_i| = p_i^{u_i}$, falls $|G| = \prod_{i=1}^{n} p_i^{u_i}$. Wegen $(|G:H_i|, |G:H_j|) = 1$ $(i \neq j)$ folgt aus 6.10, daß $|G : H_i \cap H_j| = p_i^{u_i} p_j^{u_j}$, also $|H_i : H_i \cap H_j| = p_j^{u_j}$. Darum ist $H_i \cap H_j$ eine p_j'-Hallgruppe von H_i für jeden Primteiler p_j von $|H_i|$. Durch Induktion folgt (i). Die Auflösbarkeit von G ergibt sich nun schon aus der Auflösbarkeit von H_1, H_2 und H_3 $(n \geq 3)$: Zunächst ist $M := O_p(H_1) \neq 1$ für eine Primzahl p (6.4.4). Wegen $(|G:H_2|,|G:H_3|) = 1$ können wir annehmen, daß H_2 eine p-Sylowgruppe P von G enthält. Nach Sylow 3.11.b existiert ein $g \in G$ mit $M \subseteq P^g \subseteq H_2{}^g$. Wegen 6.10 gilt $G = H_1H_2{}^g$; es existieren also zu jedem $x \in G$ Elemente $x_1 \in H_1$, $x_2 \in H_2{}^g$ mit $x = x_1x_2$. Aus $M \trianglelefteq H_1$ und $M \subseteq H_2{}^g$ folgt

$$M^x = M^{x_1x_2} = M^{x_2} \subseteq H_2{}^g,$$

also

$$N := \langle M^x \mid x \in G\rangle \subseteq H_2{}^g.$$

Als Untergruppe der auflösbaren (i) Gruppe $H_2{}^g$ ist N auflösbar. Überdies gilt $1 \neq N \trianglelefteq G$ (1.17). Da H_iN/N eine p_i'-Hallgruppe von G/N ist (6.6) für $i = 1,2,3,\ldots,n$, ist G/N nach Induktion auflösbar. Die Auflösbarkeit von G folgt nun aus 6.4.3.

b) Sind p_1, p_2 die einzigen Primteiler von $|G|$, so gilt $G = P_1P_2 = P_2P_1$ nach 1.3. Sei $n \geq 3$. Wir haben im Beweis von a) gezeigt, daß $H_i \cap H_j$ eine p_j'-Hallgruppe von H_i und damit eine $\{p_i,p_j\}$'-Hallgruppe von G ist. Genauso folgt durch wiederholte Anwendung von 6.10, daß $\bigcap_{p_i\in\pi} H_i$ eine π'-Hallgruppe von G, also $\bigcap_{p_i\in\pi'} H_i$ eine π-Hallgruppe ist. Danach ist $G_{ij} := \bigcap_{p_r \neq p_i, p_j} H_r$ eine $\{p_i,p_j\}$-Hallgruppe und $P_i := G_{ij} \cap H_j$ bzw. $P_j := G_{ij} \cap H_i$ eine p_i-Sylowgruppe bzw. p_j-Sylowgruppe von G_{ij} $(i \neq j)$. Nach der anfangs für $n = 2$ gemachten Bemerkung gilt

$$G_{ij} = P_iP_j = P_jP_i.$$

Somit sind die P_i's die gesuchten Sylowgruppen.
Aus $P_iP_j = P_jP_i$ und wiederholter Anwendung von 1.3, 1.4 folgt, daß $\prod_{i\in\pi} P_i$ eine π-Untergruppe, also eine π-Hallgruppe von G ist. □

Wir bemerken, daß ein System von Sylowgruppen $P_1,\ldots,P_n$ wie in 6.11.b ein *Sylowsystem* der auflösbaren Gruppe G heißt. Die Sätze 6.9 und 6.11 waren (historisch) der Ausgangspunkt für die nun hochentwickelte Theorie der auflösbaren Gruppen. Wir verweisen auf [H]. Kap. VI.

ÜBUNGEN

1. Für welche Primzahlmengen π gilt der π-Sylowsatz in der Gruppe A_5 ?

2. Gilt der π-Sylowsatz in der Gruppe G, so gilt er auch in $G/O_p(G)$ für jede Primzahl p.

3. Sei $P_1,\dots,P_n$ ein Sylowsystem S der auflösbaren Gruppe G, sei

$$N_G(S) := \bigcap_{i=1}^{n} N_G(P_i),$$

und N ein minimaler Normalteiler (also eine p-Gruppe) der Gruppe G.

a) $P_1N/N,\dots,P_nN/N$ bilden ein Sylowsystem $\bar{S}$ von $\bar{G} := G/N$.

b) Ist $Q_1,\dots,Q_n$ ein zweites Sylowsystem von G, so existiert ein $g \in G$ mit $Q_i^{\,g} = P_i$ $(i = 1,\dots,n)$. Hinweis: Sei die Aussage bereits richtig in G/N und untersuche zunächst den Fall $N \in \mathcal{S}yl_p G$.

c) $N_{\bar{G}}(\bar{S}) = N_G(S)N/N$ (benütze 3.16).

d) $N_G(S)$ ist nilpotent. Hinweis: Sei die Aussage bereits richtig in G/N und benütze 7.10.

§ 4 $O_\pi(G)$ IN π-AUFLÖSBAREN GRUPPEN

6.12 SATZ: *In einer π-auflösbare Gruppe* G *mit* $O_{\pi'}(G) = 1$ *gilt*

$$C_G(O_\pi(G)) \subseteq O_\pi(G).$$

BEWEIS: Sei $B := O_\pi(G)$, $C := C_G(B)$, $D := O_{\pi\pi'}(C)$ und K ein Komplement von $O_\pi(C)$ in D (nach 6.7.a). Aus B *char* G folgt C *char* G, somit $O_\pi(C)$ *char* G, also $O_\pi(C) = B \cap C$ und deswegen

$$D = O_\pi(C)K = O_\pi(C) \times K.$$

Somit ist K charakteristisch in D, also auch in C und schließlich in G. Es folgt $K \subseteq O_{\pi'}(G) = 1$ und deshalb $D/O_\pi(C) = 1$. Da C π-auflösbar ist, folgt hieraus $C = O_\pi(C) \leq B$. □

Die Eigenschaft $C_G(O_\pi(G)) \subseteq O_\pi(G)$ (falls $O_{\pi'}(G) = 1$) heißt in der englischsprachigen Literatur "p-constrained".

Eine Folgerung von 6.12 ist:

6.13 *Ist* G *eine* π-*auflösbare Gruppe und* K *ein Komplement von* $O_{\pi'}(G)$ *in* $O_{\pi'\pi}(G)$ *(nach* 6.7.a), *so gilt*

$$C_G(K) \subseteq O_{\pi'\pi}(G).$$

BEWEIS: Sei $\bar{G} := G/O_{\pi'}(G)$. Wegen $O_{\pi'}(\bar{G}) = 1$ (nach 6.1) folgt aus 6.12

$$C_{\bar{G}}(O_\pi(\bar{G})) \subseteq O_\pi(\bar{G}).$$

Die Behauptung folgt nun aus

$$O_{\pi'\pi}(G) = O_{\pi'}(G)K, \quad O_\pi(\bar{G}) = O_{\pi'}(G)K/O_{\pi'}(G),$$

und

$$C_G(K)O_{\pi'}(G)/O_{\pi'}(G) \subseteq C_{\bar{G}}(O_\pi(\bar{G})). \quad \square$$

Ebenfalls eine Folgerung aus 6.12 ist

6.14 *Sei* G *eine* p-*auflösbare Gruppe mit* $O_{p'}(G) = 1$. *Sei* $V := O_p(G)/\phi(O_p(G))$ *und* φ *die Abbildung, die jedem* $x \in G$ *den Automorphismus* $v \to v^x$ *von* V *zuordnet. Dann ist* φ *ein Homomorphismus von* G *in* Aut V *mit Kern* $\varphi = O_p(G)$.

BEWEIS: Nach 3.8 ist φ ein Homomorphismus. Sei $D := \phi(O_p(G))$, $K/D := O_{p'}(G/D)$, $D \leq K \leq G$, und x ein p'-Element aus K. Weil $O_p(G/D)$ und $O_{p'}(G/D)$ sich gegenseitig zentralisieren (1.11), wird V von x zentralisiert. Wir müssen nun die noch zu beweisende Aussage 7.11 heranziehen. Aus ihr folgt $x \in C_G(O_p(G))$ und aus 6.12 dann $x = 1$. Daher enthält K keine p'-Elemente $\neq 1$, es gilt also $O_{p'}(G/D) = 1$. Wegen $V = O_p(G/D)$ folgt nun aus 6.12, angewandt auf G/D, die Behauptung $(\text{Kern } \varphi)/D = O_p(G/D)$, d.h. Kern $\varphi = O_p(G)$. $\square$

Weil die elementarabelsche p-Gruppe V in 6.14 nach 4.5 als Vektorraum und somit $G/O_p(G)$ als Gruppe von linearen Abbildungen dieses Vektorraums aufgefaßt werden kann, vermittelt 6.14 eine wichtige Anwendung der linearen Darstellungstheorie (siehe Kap. XII) in der Theorie der p-auflösbaren Gruppen. Mit ihrer Hilfe können tiefliegende Sätze über p-auflösbare Gruppen bewiesen werden. Wir verweisen auf [H], Bd. II (noch nicht erschienen), [G], Kap. 11, und vor allem auf die Originalarbeit von PH. HALL und G. HIGMAN: On the p-length of p-soluble groups and reduction theorems for BURNSIDE's problem, Proc. London Math. Soc. 6 (1956) S. 1-40.

Zum Schluß dieses Paragraphen sei noch ein ganz besonders wichtiger Satz von GLAUBERMAN erwähnt, dessen Beweis von der Situation 6.12 ausgeht (mit $\pi = \{p\}$). Für eine p-Gruppe P sei die *Thompsonuntergruppe* J(P) von P das Erzeugnis aller abelschen Untergruppen von P von maximaler Ordnung.

ZJ-THEOREM VON GLAUBERMAN: *Sei* p *eine ungerade Primzahl und* G *eine* p-*auflösbare Gruppe mit* $O_{p'}(G) = 1$. *Ist* P *eine* p-*Sylowgruppe von* G, *so ist* $Z(J(P))$ *eine charakteristische Untergruppe von* G.

Die Bedeutung dieses Satzes liegt darin, daß man unter den gegebenen Voraussetzungen schon in $P \in Syl_p G$ eine Untergruppe konstruieren kann, die charakteristisch in ganz G ist. Ein wesentliches Hilfsmittel im Beweis dieses Satzes, den man z.B. in [G], 8.2, S. 270 findet, ist 7.27. In Kap. VIII, Beweisschritt (8), findet man (in exemplarisch einfacher Weise) genau die kritische Situation des Beweises.

ÜBUNGEN

Sei G eine p-auflösbare Gruppe mit $O_{p'}(G) = 1$ und sei P eine p-Sylowgruppe von G.

1. Aus $P' = 1$ folgt $P = O_p(G)$.
2. $Z(P) \leq Z(O_p(G))$.
3. $\langle Z(P)^G \rangle$ ist abelscher Normalteiler von G.
4. Ist $O_p(G)$ zyklisch, so liegt G' in $O_p(G)$ (benütze 2.17).
5. Sei $p = 2$; ist P zyklisch oder eine Diedergruppe der Ordnung ≥ 16, so gilt $P = G$. Ist P eine Diedergruppe der Ordnung ≤ 8, so ist G isomorph zu einer Untergruppe der S_4.
6. Ist P eine Quaternionengruppe, so gilt $G = O_{pp'}(G)$.

Hinweis zu 5. und 6. : Bestimme die jeweilige Automorphismengruppe von P.

§ 5 DIE FITTINGGRUPPE

Die *Fittinggruppe* F(G) einer Gruppe G ist das Produkt aller nilpotenten Normalteiler von G. Sie ist offenbar eine charakteristische Untergruppe von G.

6.15 *Die Fittinggruppe* F(G) *ist nilpotent, also der größte nilpotente Normalteiler von* G. *Sind daher* $p_1,\dots,p_n$ *die verschiedenen Primteiler von* $|G|$, *so gilt*

$$F(G) = O_{p_1}(G) \times \dots \times O_{p_n}(G).$$

BEWEIS: Sei zunächst $O_{p'}(G) = 1$ für eine Primzahl p. Weil die Sylowgruppen eines nilpotenten Normalteilers N von G charakteristisch in N, also normal in G sind (1.13.c), liegt N in $O_p(G)$. Es folgt $F(G) = O_p(G)$.

Den allgemeinen Fall führen wir auf den vorigen zurück. Sei π die Menge der Primteiler von $|G|$. Wegen $O_{p'}(G/O_{p'}(G)) = 1$ (6.1) folgt aus dem bereits Bewiesenem

$$A_p := F(G)\, O_{p'}(G)/O_{p'}(G) \subseteq O_p(G/O_{p'}(G)) = F(G/O_{p'}(G)).$$

Aus

$$\bigcap_{p\in\pi} O_{p'}(G) = 1 \quad \text{und} \quad A_p \cong F(G)/F(G) \cap O_{p'}(G) \qquad (1.9)$$

sowie 1.14 folgt, daß $F(G)$ isomorph zu einer Untergruppe des direkten Produkts der nilpotenten Gruppen A_p $(p \in \pi)$ ist, also ebenfalls nilpotent. Dann ist die p-Sylowgruppe von $F(G)$ normal in G, also gleich $O_p(G)$, $p \in \pi$. □

Die wichtigste Eigenschaft von $F(G)$ beschreibt folgender Satz.

6.16 SATZ: *Jeder auflösbare Normalteiler von* $C_G(F(G))$ *liegt in* $F(G)$. *Insbesondere gilt für auflösbares* G

$$C_G(F(G)) \subseteq F(G).$$

BEWEIS: Das Produkt S aller auflösbaren Normalteiler von $C := C_G(F(G))$ ist charakteristisch in C und wegen 6.4.3 wieder auflösbar. Sei $S \not\subseteq F(G)$, also $S/S \cap F(G) \neq 1$, und $S \cap F(G) \leq B \leq G$ so gewählt, daß $B/S \cap F(G)$ eine abelsche charakteristische Untergruppe $\neq 1$ von $S/S \cap F(G)$ ist (6.4.5). Weil alle eingeführten Untergruppen charakteristisch sind, ist B eine charakteristische Untergruppe von G, die $F(G)$, also auch $S \cap F(G) \subseteq B$ zentralisiert. Es folgt $B' \leq S \cap F(G) \subseteq Z(B)$. Somit ist B nilpotent (4.15) im Widerspruch zu $B \not\subseteq F(G)$. □

Weil die Aussage $C_G(F(G)) \subseteq F(G)$, ähnlich wie 6.12, bei der Untersuchung einfacher Gruppen eine besonders wichtige Rolle spielt (in exemplarischer Weise wird dies in Kap. VIII vorgeführt), und weil $C_G(F(G)) \subseteq F(G)$ für nicht auflösbares G im allgemeinen falsch ist, geben wir nun eine charakteristische Untergruppe $F^*(G)$ an, die ähnliche Eigenschaften wie $F(G)$ besitzt, die mit $F(G)$ zusammenfällt, falls G auflösbar ist, und für die $C_G(F^*(G)) \subseteq F^*(G)$ immer gilt.
Sei $C := C_G(F(G))$, $Z := C \cap F(G)$ und $\bar{M}$ das Produkt aller minimalen Normalteiler von C/Z ($\bar{M} = 1$ im Falle $C = Z$). Aus 6.16 und 6.5 folgt

(i) $\bar{M} = 1$ *oder* $\bar{M}$ *ist ein direktes Produkt von einfachen nicht abelschen Gruppen.*

Sei M das Urbild von $\bar{M}$ in G; wir definieren

$$F^*(G) := F(G)M.$$

Weil alle eingeführten Untergruppen charakteristisch sind, ist $F^*(G)$ eine charakteristische Untergruppe von G, die nach 6.16 mit F(G) zusammenfällt, falls G auflösbar ist. Darum heißt $F^*(G)$ die *verallgemeinerte Fittinggruppe* von G. Ihre Effektivität in der Theorie der einfachen Gruppen wurde von H. BENDER erstmalig in einer Arbeit demonstriert, in der einfache Gruppen mit abelschen 2-Sylowgruppen untersucht werden. *) Analog zu 6.16 gilt

6.17 $\quad C_G(F^*(G)) \subseteq F^*(G)$.

BEWEIS: Wir behalten die obigen Bezeichnungen bei. Wegen $F(G) \leq F^*(G)$ ist $W := C_G(F^*(G))$ eine charakteristische Untergruppe von C. Weil $A := W \cap F^*(G)$ von W zentralisiert wird, ist A ein abelscher Normalteiler von G und liegt somit in $F(G) \cap C = Z$ (6.15). Aus $Z \subsetneq W$ folgt, daß W/Z einen minimalen Normalteiler von C/Z enthält, also $(W/Z) \cap \bar{M} \neq 1$. Wegen $W/Z \cap \bar{M} \subseteq Z(\bar{M})$ widerspricht dies (i). □

ÜBUNGEN

Sei G eine Gruppe.

1. $F(G/\phi(G)) = F(G)/\phi(G)$ (vergleiche Aufgabe 4 e, S. 70).
2. Ist F(G) eine p-Gruppe, so ist F(G/F(G)) eine p'-Gruppe.
3. Sind alle Sylowgruppen der auflösbaren Gruppe G zyklisch, so ist G' abelsch. (Zeige, daß G/F(G) abelsch ist.)
4. Es sei G auflösbar, $\phi(G) = 1$ und G besitze genau einen minimalen Normalteiler N. Dann gilt $N = F(G)$.
5. Jedes epimorphe Bild $\neq 1$ von G besitze einen zyklischen Normalteiler $\neq 1$ (G heißt *überauflösbar*). Dann ist G/F(G) abelsch. Hinweis: Sei die Aussage für echte Faktorgruppen bereits bewiesen und stelle eine Situation wie in Aufgabe 4 her.
6. Ist $F(G) = 1$, so ist $F^*(G)$ ein direktes Produkt von einfachen Gruppen.
7. Sei E(G) das kleinste Glied in der Kommutatorreihe von $F^*(G)$ und sei $Z := Z(E(G))$.
   a) $E(G)/Z \cong F^*(G)/F(G)$
   b) E(G)/Z ist ein direktes Produkt von einfachen Gruppen $E_1/Z,\dots,E_n/Z$, wobei $Z \leq E_i \leq E(G)$ $(i = 1,\dots,n)$ (die E_i's heißen die *Komponenten* von $F^*(G)$).
   c) $E_i' = E_i$ $(i = 1,\dots,n)$.
   d) Ist U eine auflösbare Untergruppe von G mit $U^{E_i} = U$, so gilt $U \subseteq C_G(E_i)$ (vergleiche Aufgabe 6, S. 23).

*) H. BENDER, "On groups with abelian Sylow 2-subgroups", Math. Zeitschrift 117 (1970), 164-176. Eine ausführliche Darstellung dieser wichtigen Arbeit findet sich in dem sehr empfehlenswerten Büchlein von T.M. GAGEN, "Topics in finite groups", Cambridge Univ. Press, London, Math. Soc. Lecture Note 16 (1976).

Kapitel VII. Operation von π-Gruppen auf π'-Gruppen

Unter dem Oberbegriff des "Operierens" entwickeln wir die - neben den Sylow'schen Sätzen - wichtigsten Hilfsmittel und Techniken für die Untersuchung endlicher, insbesondere einfacher Gruppen. Vieles davon werden wir im nächsten Kapitel in exemplarischer Weise anwenden.

§ 1 Operation auf Gruppen

In Kap. III haben wir die zentrale Stellung des Begriffs *Eine Gruppe operiert auf einer Menge* herausgestellt. Wir schränken ihn jetzt ein und definieren: Eine Gruppe H *operiert auf einer Gruppe* G, falls jedem $x \in H$ ein Automorphismus $g \to g^x$ von G zugeordnet ist, so daß

$$(g^x)^y = g^{xy}$$

für alle $x,y \in H$ gilt. Offenbar ist dies genau dann der Fall, wenn die Abbildung $\varphi : x \to (g \to g^x)$ ein Homomorphismus von H in *Aut* G ist, wenn also ein semidirektes Produkt $H_\varphi \circ G$ erklärt ist (Kap. I, § 4). Ist die Operation von H auf G klar, so schreiben wir statt $H_\varphi \circ G$ einfach HG.

Zum Beispiel operiert eine Untergruppe U einer Gruppe G durch Konjugation auf jedem Normalteiler von G, sowie auf jeder Untergruppe A von G mit $A^U = A$, und dann auch auf A/B, falls $B \trianglelefteq A$ und $B^U = B$.

Im folgenden operiere die Gruppe H auf der Gruppe G. Wir führen nun gewisse Begriffe ein, die sich auf frühere reduzieren, wenn wir H und G in das semidirekte Produkt HG einbetten.

Eine Untergruppe U von G heißt H-*invariant* (oder H-*zulässig*, U wird von H *normalisiert*), wenn

$$U^H := \{u^h \mid u \in U,\ h \in H\} = U.$$

In diesem Fall operiert H auf U und mit U wird auch $N_G(U)$ und $C_G(U)$ von H normalisiert (vergleiche 3.7). Eine Faktorgruppe G/N von G ($N \trianglelefteq G$) heißt H-invariant, falls $N^H = N$. Dann operiert H auch auf G/N vermöge

$$(gN)^h := g^hN.$$

Es operiert H *irreduzibel* auf G, wenn 1 und G die einzigen H-invarianten Untergruppen von G sind. Die Untergruppe

$$C_G(H) := \{g \in G \mid g^h = g \ \forall h \in H\}$$

von G heißt der *Zentralisator von* H *in* G, und H operiert *trivial* auf $U \leq G$, falls $U \leq C_G(H)$.

7.1. *Operiert* H *trivial auf der Untergruppe* U *von* G*, so operiert* H *auch trivial auf* $N_G(U)/C_G(U)$.

BEWEIS: Für $h \in H$, $g \in N_G(U)$ und $u \in U$ gilt

$$u^g = (u^g)^h = (g^h)^{-1}u^hg^h = (g^h)^{-1}ug^h = u^{g^h},$$

also $g^hg^{-1} \in C_G(U)$, und daher

$$(gC_G(U))^h = g^hC_G(U) = gC_G(U). \qquad \square$$

Wir verallgemeinern die Kommutatorschreibweise: Für $g \in G$ und $h \in H$ sei

$$[g,h] := g^{-1}g^h$$

$$[G,h] := \langle [g,h] \mid g \in G \rangle$$

$$[G,H] := \langle [G,h] \mid h \in H \rangle.$$

Für $[[G,H],H]$ bzw. $[[G,h],h]$ schreiben wir $[G,H,H]$ bzw. $[G,h,h]$. Weil eine Untergruppe U von G offenbar genau dann von H zentralisiert wird, wenn $[U,H] = 1$ gilt, schreibt man statt $U \subseteq C_G(H)$ auch gerne $[U,H] = 1$. Zur folgenden Aussage vergleiche man 1.21:

7.2 *Die Gruppe* H *operiere auf der Gruppe* G*. Dann ist* $[G,H]$ *der kleinste* H-*invariante Normalteiler von* G*, dessen Faktorgruppe von* H *zentralisiert wird.*

BEWEIS: Für eine H-invariante Faktorgruppe G/N, die von H zentralisiert wird, gilt $(gN)^h = g^hN$, also $g^{-1}g^h = [g,h] \in N$ für alle $g \in G$ und $h \in H$, und somit $[G,H] \subseteq N$. Umgekehrt folgt aus den Kommutatorformeln 1.20.a (die hier genauso gelten: man bette H und G in das semidirekte Produkt HG ein) für $a,b \in G$ und $h \in H$

$$[a,h]^b = [ab,h][b,h]^{-1} \in [G,H],$$

also $[G,H] \trianglelefteq G$. Zusammen mit den trivialen Aussagen $[G,H]^H = [G,H]$ und $[(G/[G,H]),H] = 1$ ergibt dies die Behauptung. $\square$

Der folgende Satz ist ein Beispiel dafür, wie eine frühere Aussage (4.1 und 4.2.f) in unserer neuen Sprechweise formuliert werden kann:

7.3 *Operiert die* p-*Gruppe* P *auf der* p-*Gruppe* $N \neq 1$, *so gilt* $C_N(P) \neq 1$ *und* $[N,P] \neq N$.

BEWEIS: Das semidirekte Produkt PN ist eine p-Gruppe mit dem Normalteiler N. Aus 4.1 folgt

$$1 \neq Z(PN) \cap N \subseteq C_N(P),$$

und aus 4.2.f mit N_1 wie dort $[N,P] \leq N_1 \neq N$. □

Aus dem SYLOWschen Satz folgt::

7.4 *Auf der Gruppe* G *operiere die* p-*Gruppe* P. *Dann existiert eine* p-*Sylowgruppe von* G, *die* P-*invariant ist.*

BEWEIS: Sei R eine p-Sylowgruppe des semidirekten Produkts PG, die P enthält. Dann ist $R \cap G$ eine p-Sylowgruppe von G (3.12), die P-invariant ist. □

ÜBUNGEN

Die Gruppe H operiere auf der Gruppe G.

1. Aus $A \trianglelefteq H$ folgt $(C_G(A))^H = C_G(A)$.
2. Aus $U \leq G$, $U^H = U$ folgt $C_H(U) \trianglelefteq H$.
3. Operiert H transitiv auf den Elementen $\neq 1$ von G, so ist G eine elementarabelsche p-Gruppe (vergleiche Aufgabe 4 b), S. 50).
4. Ist G eine p-Gruppe der Ordnung $\leq p^2$, ist $|H| \ngeq p$ und operiert H treu auf G, so operiert H transitiv auf den Untergruppen der Ordnung p.
5. Sind H und G p-Gruppen, so existiert eine Kompositionsreihe von G, deren Glieder H-invariant sind.

§ 2 π-GRUPPEN AUF π'-GRUPPEN

Im folgenden operiert eine π-Gruppe H auf einer π'-Gruppe G. Dann ist G eine normale π'-Hallgruppe des semidirekten Produkts HG mit Komplement H in HG. Um auf diese Situation den Satz von SCHUR-ZASSENHAUS 6.7.b anwenden zu können, setzen wir im folgenden stillschweigend voraus, daß G oder H auflösbar ist, und vermeiden so den Satz von FEIT-THOMPSON (vergleiche Bemerkung *) zu 6.7.b). In allen denkbaren Anwendungen ist sowieso die Auflösbarkeit von G oder H von vornherein gesichert, in vielen Fällen ist H sogar eine p-Gruppe.

Grundlegend für diesen Paragraphen ist folgendes Resultat von GLAUBERMAN.

7.5 SATZ (GLAUBERMAN): *Die* π*-Gruppe* H *operiere auf der* π'*-Gruppe* G *und das semidirekte Produkt* HG *operiere auf der Menge* $\Omega = \{\alpha,\beta,\gamma,\dots\}$ *so, daß* G *transitiv auf* Ω *operiert. Dann gibt es ein* $\beta \in \Omega$ *mit* $\beta^H = \beta$. *Ist* $\gamma \in \Omega$ *ein weiterer Fixpunkt von* H, *so existiert ein* $x \in C_G(H)$ *mit* $\beta^x = \gamma$.

BEWEIS: Wenn H eine p-Gruppe ist, also $\pi = \{p\}$ gilt, ist die Existenz eines $\beta \in \Omega$ mit $\beta^H = \beta$ fast trivial: Unter H zerfällt Ω in Bahnen, deren Längen Teiler von $|H|$ sind, also p-Potenzen. Existiert keine Bahn der Länge 1, also kein $\beta \in \Omega$ mit $\beta^H = \beta$, so ist p ein Teiler von $|\Omega|$ (3.5). Weil die p'-Gruppe G transitiv auf Ω operiert, ist aber $|\Omega|$ ein Teiler von $|G|$ (3.4), und darum nicht durch p teilbar.
Zum Beweis des allgemeinen Falls $\pi \neq \{p\}$ benötigen wir den Satz von SCHUR-ZASSENHAUS 6.7. Zunächst liefert das Frattiniargument 3.3 für beliebiges $\alpha \in \Omega$ (Bezeichnung wie in 3.3)

$$HG = (HG)_\alpha G.$$

Für $U := (HG)_\alpha$ gilt nach 1.8

$$U/U \cap G \cong H,$$

somit ist $U \cap G$ die normale π'-Hallgruppe von U, die nach 6.7.a ein Komplement K in U besitzt. Dieses ist wegen der Isomorphie

$$K \cong K(U \cap G)/U \cap G \cong H$$

auch Komplement von G in HG, und daher nach 6.7.b konjugiert zu H: $K^x = H$ für ein $x \in G$. Dann ist α^x wegen

$$(\alpha^x)^H = (\alpha^x)^{x^{-1}Kx} = \alpha^{Kx} = \alpha^x$$

der gesuchte Fixpunkt β von H.

Sei nun $\gamma \in \Omega$ ein weiterer Fixpunkt von H und $y \in G$ leiste $\beta^y = \gamma$. Dann sind H^y und H zwei π-Hallgruppen von $(HG)_\gamma$, sie sind also unter $(HG)_\gamma = HG_\gamma$ und somit unter G_γ konjugiert (6.7.b): $H^z = H^y$ für ein $z \in G_\gamma$. Das Element yz^{-1} normalisiert H, wegen $[yz^{-1},H] \subseteq G \cap H = 1$ liegt es sogar in $C_G(H)$, und es hat die gewünschte Eigenschaft

$$\beta^{yz^{-1}} = \gamma^{z^{-1}} = \gamma. \qquad \square$$

Aus 7.5. folgt:

7.6. *Die* π*-Gruppe* H *operiere auf der* π'*-Gruppe* G, *und* p *sei ein Primteiler von* $|G|$. *Dann liegt jede* H*-invariante* p*-Untergruppe von* G *in einer* H*-invarianten* p*-Sylowgruppe von* G. *Alle* H*-invarianten* p*-Sylowgruppen sind unter* $C_G(H)$ *zueinander konjugiert.*

BEWEIS: Das semidirekte Produkt HG operiert auf $\Omega := Syl_p G$ durch Konjugation. Da nach dem Satz von Sylow 3.11 die Gruppe G transitiv auf Ω operiert, folgt aus 7.5, daß H-invariante p-Sylowgruppen von G existieren und zueinander unter $C_G(H)$ konjugiert sind.

Es bleibt also noch zu zeigen, daß eine maximale H-invariante p-Untergruppe P von G eine p-Sylowgruppe von G ist. Andernfalls gibt es ein $R \in Syl_p G$ mit $P \lneqq R$. Wegen

$$P \overset{4.2.b}{\lneqq} N_R(P) \leq N_G(P) =: N$$

ist P eine echte Untergruppe jeder p-Sylowgruppe von N. Weil mit P auch N von H normalisiert wird, gibt es nach dem schon Bewiesenen eine H-invariante p-Sylowgruppe von N im Widerspruch zur maximalen Wahl von P. □

Ein Korollar zu 7.6 ist:

7.7 *Die* π*-Gruppe* H *operiere irreduzibel auf der* π'*-Gruppe* G. *Dann ist* G *eine elementarabelsche* p*-Gruppe.*

BEWEIS: Sei $G \neq 1$. Nach 7.6 existiert zu dem Primteiler p von $|G|$ eine H-invariante p-Sylowgruppe $P \neq 1$ von G. Es ist also $G = P$ eine p-Gruppe und $\phi(G)$ eine echte charakteristische Untergruppe von G (4.7.a), nach Voraussetzung also trivial. Somit ist $G/\phi(G) \cong G$ elementarabelsch (4.7.a). □

Eine andere Folgerung aus 7.5 ist:

7.8 *Die* π*-Gruppe* H *operiere auf der Gruppe* G *und* N *sei eine* H*-invariante* π'*-Untergruppe von* G. *Dann folgt:*

a) In jeder Nebenklasse yN *von* N, *für die* $(yN)^H = yN$ *gilt, liegt ein Element* x *mit* $x^H = x$.

b) Ist N *normal in* G, *so gilt* $C_{G/N}(H) = C_G(H)N/N$.

BEWEIS: a) Sei $\Omega := \{yn \mid n \in N\} = yN$. Nach Voraussetzung operiert H auf Ω. Wie man leicht nachrechnet, operiert auch das semidirekte Produkt HN vermöge

$$x \to x^{h}n \qquad x \in \Omega,\ hn \in HN\text{ı} \in N)$$

auf Ω. Da dabei die π'-Gruppe N transitiv auf Ω operiert, folgt die Behauptung mit N statt G aus 7.5.

b) ist eine direkte Folgerung von a). □

Die restlichen Aussagen dieses Paragraphen sind Folgerungen aus 7.8.b. Lediglich eine Umformulierung von 7.8.b ist (vergleiche 3.16):

7.9 *Sei* P *eine* π-*Untergruppe der Gruppe* G *und* N *ein* π'-*Normalteiler von* G. *Dann gilt* $C_{G/N}(PN/N) = C_G(P)N/N$.

BEWEIS: Die Gruppe P operiert durch Konjugation auf G und G/N. Die Behauptung folgt aus 7.8.b. □

7.10 *Die* π-*Gruppe* H *operiere auf der Gruppe* G *und* N *sei ein* H-*invarianter* π'-*Normalteiler von* G. *Operiert* H *trivial auf* N *und* G/N, *so operiert* H *trivial auf ganz* G.

BEWEIS: Aus 7.8.b folgt $G = N\,C_G(H)$, also $G = C_G(H)$. □

Die folgende Aussage haben wir im Beweis von 6.14 schon benützt.

7.11 *Die* p'-*Gruppe* H *operiere auf der* p-*Gruppe* P. *Dann operiert* H *trivial auf* P, *falls* H *trivial auf* $P/\phi(P)$ *operiert.*

BEWEIS: Aus 7.8.b folgt mit $G = P$ und $N = \phi(P)$

$$P = \phi(P)C_P(H),$$

mit 3.17 sogar $P = C_P(H)$. □

7.12 *Die* π-*Gruppe* H *operiere auf der* π'-*Gruppe* G. *Dann gilt:*

a) $G = [G,H]C_G(H)$

b) $[G,H] = [G,H,H]$.

BEWEIS: a) folgt aus 7.2 und 7.8.b mit $N = [G,H]$.

b) Zweimalige Anwendung von a) ergibt

$$G = [G,H,H]\ C_G(H).$$

Die Behauptung folgt aus 7.2, wenn wir zeigen, daß $[G,H,H]$ von $C_G(H)$ normalisiert wird, also ein Normalteiler von G ist. Für $c \in C_G(H)$, $g \in G$ und $h \in H$ gilt im semidirekten Produkt HG

$$[g,h,h]^c = [g^c,h^c,h^c] = [g^c,h,h] \in [G,H,H],$$

also $[G,H,H]^{C_G(H)} = [G,H,H]$. □

Ist G eine abelsche Gruppe, so kann man 7.12.a wesentlich verschärfen. Man erhält dann einen Spezialfall des Zerlegungssatzes 12.3 in Kap. XII (Satz von MASCHKE).

7.13 SATZ: *Die* π-*Gruppe* H *operiere auf der abelschen* π'-*Gruppe* G. *Dann gilt*

$$G = [G,H] \times C_G(H).$$

Dabei sind beide Faktoren H-*invariant*.

BEWEIS: Wegen 7.12.a genügt es $C_G(H) \cap [G,H] = 1$ zu zeigen. Dazu geben wir einen Endomorphismus φ von G an mit $x^\varphi = x$ für alle $x \in C_G(H)$ und $x^\varphi = 1$ für alle $x \in [G,H]$. Dann folgt für jedes Element $x \in C_G(H) \cap [G,H]$, daß $x = x^\varphi = 1$.

Da n und $|G|$ teilerfremd sind, ist die Abb. $x \to x^n$ ein Automorphismus der abelschen Gruppe G, sei $\frac{1}{n}$ der dazu inverse Automorphismus, also $(x^n)^{\frac{1}{n}} = x$. Dann ist die Abbildung

$$\varphi : x \to \Big(\prod_{h\in H} x^h\Big)^{\frac{1}{n}}$$

ein Endomorphismus von G. Für $x \in C_G(H)$ gilt offenbar $x^\varphi = (x^n)^{\frac{1}{n}} = x$. Sei $h_1 \in H$. Weil mit h auch h_1h ganz H durchläuft, folgt für $x \in G$

$$(x^{h_1})^\varphi = \Big(\prod_{h\in H} x^{h_1h}\Big)^{\frac{1}{n}} = x^\varphi,$$

und daher

$$[x,h_1]^\varphi = (x^\varphi)^{-1}\, x^{h_1\varphi} = (x^\varphi)^{-1}\, x^\varphi = 1.$$

Weil φ ein Endomorphismus ist, verschwindet φ auch auf dem Erzeugnis der Kommutatoren $[x,h_1]$, also auf ganz $[G,H]$. Nach der anfangs gemachten Bemerkung ist damit 7.13 bewiesen. □

7.14 *Die* π-*Gruppe* H *operiere auf der* π'-*Gruppe* G *und es sei* $U := C_G(H)$. *Dann gilt:*

a) $N_G(U) = C_G(U)U$,

b) Ist G *nilpotent und* $C_G(U) \subseteq U$, *so ist* $U = G$.

BEWEIS: a) Nach 7.1 operiert H trivial auf $N_G(U)/C_G(U)$. Da $C_G(U)$ ein π'-Normalteiler von $N_G(U)$ ist, folgt aus 7.8.a die Behauptung.
b) Aus a) folgt $N_G(U) = C_G(U)U = U$, also mit 4.14.2 die Behauptung $U = G$. □

Die Aussage 7.14.b findet Verwendung in:

7.15 THOMPSON-LEMMA: *Die Gruppe* $H = A \times B$ *sei das direkte Produkt einer* p'-*Gruppe* A *mit einer* p-*Gruppe* B. *Es operiere* H *auf der* p-*Gruppe* P, *und* $C_P(B)$ *liege in* $C_P(A)$. *Dann operiert* A *trivial auf ganz* P.

BEWEIS: Sei $D := BP$ das semidirekte Produkt von B mit P und $W := B\,C_P(B) \leq D$. Zunächst zeigen wir

(i) $C_D(W) \subseteq W$.

Für ein Element by aus $C_D(W)$ ($b \in B$, $y \in P$) gilt wegen $B \subseteq W$ $B = B^{by} = B^y$, daher $[B,y] \subseteq B$, somit $[B,y] \subseteq [B,P] \cap B = 1$, also $y \in C_P(B)$. Das heißt $C_D(W) \subseteq B\,C_P(B) = W$; Behauptung (i) ist also gezeigt.

Weil nach Voraussetzung jedes $a \in A$ mit jedem $b \in B$ vertauscht, ist die Abbildung

$$by \rightarrow by^a$$

ein Automorphismus von $D = BP$, es operiert A also auf der p-Gruppe D, und zentralisiert nach Voraussetzung B und $C_P(B)$. Also liegt $W = B\,C_P(B)$ in $C_D(A) := U$. Wegen (i) gilt

$$C_D(U) \subseteq C_D(W) \subseteq W \subseteq U,$$

mit 7.14.b folgt daher $U = D$, also $P \subseteq U$. □

Der letzte Satz dieses Paragraphen gibt uns ein Hilfsmittel an die Hand, dessen Bedeutung im nächsten Kapitel deutlich wird. Der Beweis dieses Satzes zeigt, wie wirkungsvoll das Thompson-Lemma ist.

7.16 SATZ: *Ist* B *eine* p-*Untergruppe der* p-*auflösbaren Gruppe* G, *so gilt*

$$O_{p'}(C_G(B)) \leq O_{p'}(G).$$

BEWEIS: Sei zunächst $O_{p'}(G) = 1$. Sei $A := O_{p'}(C_G(B))$. Dann operiert $AB = A \times B$ auf der nicht-trivialen p-Gruppe $P := O_p(G)$ durch Konjugation. Aus $A \trianglelefteq C_G(B)$ und $C_P(A) \leq P \trianglelefteq G$ folgt $[C_P(B),A] \subseteq A \cap P = 1$, mit 7.15 also $A \subseteq C_G(P)$. Weil aber G als p-auflösbar und $O_{p'}(G) = 1$ vorausgesetzt ist, gilt $C_G(P) \leq P$ nach 6.12, und daher $A = 1 \leq O_{p'}(G)$.

Sei nun $Q := O_{p'}(G) \neq 1$, $\bar{G} := G/Q$ und $\bar{B} := BQ/Q$. Wegen $O_{p'}(\bar{G}) = 1$ (6.1) gilt nach dem bereits Bewiesenen

$$O_{p'}(C_{\bar{G}}(\bar{B})) \leq O_{p'}(\bar{G}) = 1.$$

Aus 7.9 folgt $C_{\bar{G}}(\bar{B}) = C_G(B)Q/Q$, also

$$O_{p'}(C_G(B)Q/Q) \leq O_{p'}(C_{\bar{G}}(\bar{B})) = 1,$$

und somit $O_{p'}(C_G(B)) \leq O_{p'}(G)$. □

Die Bedeutung von 7.16 liegt darin, daß die in $N_G(B)$ charakteristische Untergruppe $O_{p'}(N_G(B))$ $(= O_{p'}(C_G(B))$ von der in G charakteristischen Untergruppe $O_{p'}(G)$ "kontrolliert" wird. Diese Beobachtung ist der Ausgangspunkt der in den letzten Jahren für die Untersuchung von einfachen Gruppen entwickelten *Signalizer Theory*.*)

ÜBUNGEN

1. a) Operiert die π-Gruppe H auf der π'-Gruppe G, so gilt im semidirekten Produkt HG der $\pi \cup \{p\}$-Sylowsatz für jedes $p \in \pi'$ (benütze 7.6).

   b) In einer π-auflösbaren Gruppe gilt der $\pi \cup \{p\}$-Sylowsatz für jedes $p \in \pi'$.

2. Die Gruppe H operiere treu auf der π'-Gruppe $G \neq 1$. Es sei U eine Untergruppe von G mit $[G,H] \subseteq U$ und $[U,H] = 1$.

   a) H ist eine π'-Gruppe.

   b) Belege durch ein Beispiel, daß i.A. nicht $H = 1$ gilt.

3. Die p'-Gruppe H operiere auf der p-Gruppe P. Aus $[P,H] = P$ folgt $C_P(H) \leq \phi(P)$.

4. Die π-Gruppe H operiere auf der π'-Gruppe G. Es sei A eine Untergruppe von $C_G(H)$ und $x \in G$ mit $A^x \leq C_G(H)$. Dann existiert ein $y \in C_G(H)$ mit $A^x = A^y$. (Benütze 7.8.a)

5. Beweise das Thompson-Lemma 7.15 mit Hilfe des Drei-Untergruppen-Lemmas 1.22.

6. Die nilpotente Gruppe H operiere auf der auflösbaren Gruppe G; es gelte $C_G(H) = 1$. Dann gilt auch $C_{G/N}(H) = 1$ für jede H-invariante Faktorgruppe G/N.
   Hinweis: Ein minimales Gegenbeispiel hat folgende Gestalt: Es existiert ein Primteiler p von $|G|$, so daß $O_p(G)$ ein minimaler Normalteiler von G ist; $G/O_p(G)$ ist zyklisch von Primzahlordnung und wird von H zentralisiert.

---

*) Siehe z.B. D. GOLDSCHMIDT: Solvable signalizer functors on finite groups, Journal of Algebra 21 (1972), 137-148.

7. Sei die Gruppe G p-auflösbar und A ein maximaler abelscher Normalteiler von $P \in Syl_p G$. Dann liegt jede A-invariante p'-Untergruppe K von G in $O_{p'}(G)$.
Hinweis : Führe den allgemeinen Fall mit Hilfe von 7.12 auf die Fälle $[A,K] = 1$ und $[A,K] = K$ zurück. Behandle den ersten mit Aufgabe 3, S. 88 und 7.16; zeige im zweiten $O_{p'}(G) = 1$ sowie

$$[K, A \cap O_p(G)] = 1 = [K, (O_p(G)/O_p(G) \cap A)]$$

und benütze 7.10, 6.12.

§ 3 Die Fixpunktgruppe eines Automorphismus

Wir betrachten in diesem Paragraphen die Operation einer zyklischen Gruppe $H = \langle h \rangle$ auf der Gruppe G, d.h. uns interessiert hier nur der von h induzierte Automorphismus α von G.

Die Untergruppe $C_G(\alpha) = \{x \in G \mid x^\alpha = x\}$ heißt die *Fixpunktgruppe* von α. Wir stellen ein paar einfache Aussagen zusammen.

7.17 *Sei* α *ein Automorphismus der Gruppe* G. *Für* $x,y \in G$ *gilt* $xy^{-1} \in C_G(\alpha)$ *genau dann, wenn* $[x,\alpha] = [y,\alpha]$ *gilt. Insbesondere ist die Anzahl der Kommutatoren* $[x,\alpha]$, $x \in G$, *gleich* $|G:C_G(\alpha)|$.

BEWEIS: $x^{-1}x^\alpha = y^{-1}y^\alpha \iff yx^{-1} = y^\alpha x^{-\alpha} \iff yx^{-1} = (yx^{-1})^\alpha$
$\iff yx^{-1} \in C_G(\alpha)$. □

Der Automorphismus α der Gruppe G operiert *fixpunktfrei* auf G, falls $C_G(\alpha) = 1$ gilt. Die Existenz eines solchen Automorphismus kann die Struktur von G sehr stark einschränken. So ist G zum Beispiel nilpotent, wenn die Ordnung von α eine Primzahl ist (siehe Kap. XII, 12.9).

7.18 *Sei* α *ein fixpunktfreier Automorphismus der Gruppe* G *und* n *die Ordnung von* α. *Dann gilt:*

a) Zu jedem $x \in G$ *gibt es genau ein* $y \in G$ *mit* $x = [y,\alpha]$.

b) $xx^\alpha x^{\alpha^2} \cdots x^{\alpha^{n-1}} = 1$ *für alle* $x \in G$.

c) G *ist eine* p'*-Gruppe, wenn* n *eine Primzahlpotenz* p^e *ist.*

BEWEIS: a) folgt mit $C_G(\alpha) = 1$ aus 7.17.
b) Nach a) existiert ein $y \in G$ mit $y^{-1}y^\alpha = x$, daher gilt

$$xx^\alpha x^{\alpha^2} \cdots x^{\alpha^{n-1}} = y^{-1}y^\alpha(y^{-\alpha}y^{\alpha^2})(y^{-\alpha^2}y^{\alpha^3})\cdots(y^{-\alpha^{n-1}}y^{\alpha^n}) = y^{-1}y^{\alpha^n} = 1.$$

c) Falls G keine p'-Gruppe ist, normalisiert α nach 7.4 eine (nicht-triviale) p-Sylowgruppe N von G. Die p-Gruppe $\langle\alpha\rangle$ operiert also auf der p-Gruppe $N \neq 1$, und daher gilt wegen 7.3

$$1 \neq C_N(\alpha) \subseteq C_G(\alpha),$$

im Widerspruch zur Fixpunktfreiheit von α. □

Wenn die Ordnung von α teilerfremd zu der von G ist, also z.B. eine p-Potenz (7.18.c), ist folgende Aussage ein Spezialfall von 7.6.

7.19 *Sei α ein fixpunktfreier Automorphismus der Gruppe G:*

a) Ist N ein α-invarianter Normalteiler von G, so operiert α auch fixpunktfrei auf G/N.

b) Zu jeder Primzahl p existiert genau eine α-invariante p-Sylowgruppe von G.

BEWEIS: a) Sei $yN \in G/N$ ein Fixpunkt von α, gelte also $(yN)^\alpha = y^\alpha N = yN$; dann liegt $y^{-1}y^\alpha$ in N. Nach 7.18.a (α operiert auch auf N fixpunktfrei) existiert ein $z \in N$ mit $[z,\alpha] = [y,\alpha]$, und die Eindeutigkeit von z erzwingt $y = z$, also $yN = N$.
b) Sei $P \in \mathcal{Syl}_p G$ und $x \in G$ ein Element, das $P^\alpha = P^x$ erfüllt (3.10.d, 3.11.b). Dann existiert nach 7.18.a ein $y \in G$ mit $x = y^{-1}y^\alpha$ und wegen

$$(P^{y^{-1}})^\alpha = P^{\alpha y^{-\alpha}} = P^{xy^{-\alpha}} = P^{y^{-1}}$$

ist $R := P^{y^{-1}}$ eine α-invariante p-Sylowgruppe von G.
Sei $R^{g^{-1}}$ für ein $g \in G$ eine weitere α-invariante p-Sylowgruppe von G, gelte also

$$R^{g^{-1}} = (R^{g^{-1}})^\alpha = R^{\alpha g^{-\alpha}} = R^{g^{-\alpha}}.$$

Dann normalisiert $[g,\alpha]$ die Gruppe R. Wegen 7.18.a existiert aber ein z aus der α-invarianten Untergruppe $N_G(R)$ von G mit $[z,\alpha] = [g,\alpha]$, also $z = g$ (7.18.b) und somit $R = R^{g^{-1}}$. □

Ein Automorphismus der Gruppe G heißt *involutorisch*, falls er Ordnung 2 hat. Involutorische Automorphismen von Gruppen ungerader Ordnung haben bemerkenswerte Eigenschaften; wir notieren die wichtigste (andere findet man in den Übungsaufgaben):

7.20 *Sei G eine Gruppe ungerader Ordnung und α ein involutorischer Automorphismus von G. Dann ist $I := \{x \in G \mid x^\alpha = x^{-1}\}$ gleich* *der Menge* K = $\{[y,\alpha] \mid y \in G\}$ *und jede Nebenklasse von* $C_G(\alpha)$ *in* G *enthält genau ein Element von* I.

BEWEIS: Zunächst gilt für einen Kommutator $[x,\alpha]$ wegen $o(\alpha) = 2$

$$[x,\alpha]^\alpha = (x^{-1}x^\alpha)^\alpha = x^{-\alpha}x^{\alpha^2} = x^{-\alpha}x = [x,\alpha]^{-1},$$

also $[x,\alpha] \in I$. Die Behauptung folgt nun aus 7.17, wenn wir zeigen, daß jede Nebenklasse von $C_G(\alpha)$ höchstens ein Element aus I enthält: Seien x und xa zwei Elemente aus I, die in der Nebenklasse $xC_G(\alpha)$ liegen, also $x^\alpha = x^{-1}$, $(xa)^\alpha = (xa)^{-1}$ und $a^\alpha = a$. Dann gilt

$$a^{-1}x^{-1} = (xa)^\alpha = x^\alpha a^\alpha = x^{-1}a,$$

somit

$$a^x = a^{-1} \text{ und } a^{x^2} = a.$$

Weil x und a nach Voraussetzung aber Elemente ungerader Ordnung sind (also $\langle x^2\rangle = \langle x\rangle$ und $a \neq a^{-1}$), folgt hieraus $a = 1$. □

ÜBUNGEN

1. Sei V isomorph zu $Z_2 \times Z_2$, und es operiere V auf der auflösbaren Gruppe $G \neq 1$ ungerader Ordnung. Zeige:
   a) $C_G(\alpha) \neq 1$ für jedes $\alpha \in V$.
   b) Zu jedem V-invarianten Normalteiler $N \neq G$ von G existiert ein $1 \neq \alpha \in V$ mit $C_G(\alpha) \not\subseteq N$.
   c) G besitzt einen V-invarianten Normalteiler M vom Primzahlindex in G.
   d) Sei $V = \{1,\alpha_1,\alpha_2,\alpha_3\}$, $f_i := |C_G(\alpha_i)|$ $(i = 1,2,3)$ und $f_o := |C_G(V)|$. Dann gilt
   $$|G| = \frac{f_1 \cdot f_2 \cdot f_3}{f_o^2}.$$
   Hinweis: Vermöge Induktion sei dies richtig für M wie in c), benütze b).

2. In der Gruppe G sei $O_2(G)$ die 2-Sylowgruppe von G. Ist α ein involutorischer Automorphismus von G, der fixpunktfrei auf $G/O_2(G)$ operiert (nach Aufgabe 6, S. 14 ist daher $G/O_2(G)$ abelsch), so besitzt $O_2(G)$ ein α-invariantes Komplement in G.

3. Ist G eine Gruppe mit einem fixpunktfreien Automorphismus α der Ordnung 3, so ist G nilpotent. Hinweis: Aus 7.18.b folgt $xx^\alpha = x^\alpha x$ für alle $x \in G$.

§ 4 ABELSCHE AUTOMORPHISMENGRUPPEN

Wir untersuchen hier die Operation einer *abelschen* π-Gruppe H auf einer π'-Gruppe G. Dazu benötigen wir zunächst das Schur'sche Lemma, eine elementare Aussage der Algebra.

Es sei V eine additiv geschriebene abelsche Gruppe und *Hom* V die Menge aller Homomorphismen von V in sich (Endomorphismen). Definiert man für $\alpha,\beta \in Hom\ V$ eine Addition durch

$$\alpha + \beta : v \to \alpha v + \beta v$$

und eine Multiplikation

$$\alpha\beta := v \to \alpha(\beta v),$$

so ist *Hom* V bekanntlich ein Ring, der *Endomorphismenring* von V. Jedes Element und jede Untermenge von *Hom* V operiert dann in natürlicher Weise auf V. Eine Untermenge A von *Hom* V operiert *irreduzibel* auf V, falls O und V die einzigen A-invarianten Untergruppen von V sind. Für $B \subseteq Hom\ V$ ist

$$C_{Hom\ V}(B) := \{\alpha \in Hom\ V \mid \alpha\beta = \beta\alpha \quad \forall\ \beta \in B\}$$

offenbar ein Unterring.

7.21 SCHURsche LEMMA: *Operiert* $A \subseteq Hom\ V$ *irreduzibel auf* V, *so ist* $C_{Hom\ V}(A)$ *ein Körper.*

BEWEIS: Weil $K := C_{Hom\ V}(A)$ ein Unterring von *Hom* V ist, genügt es zu zeigen, daß jedes $O \neq \beta \in K$ invertierbar, also ein Automorphismus von V ist. Aus $\beta\alpha = \alpha\beta$ für alle $\alpha \in A$ folgt

$$\alpha(\beta V) = \alpha\beta V = \beta\alpha V = \beta(\alpha V) \leq \beta V,$$

und $\beta(\alpha(Kern\ \beta)) = \alpha(\beta(Kern\ \beta)) = O$, also

$$\alpha(Kern\ \beta) \leq Kern\ \beta$$

für alle $\alpha \in A$. Somit sind βV und $Kern\ \beta$ zwei A-invariante Untergruppen von V, wegen $\beta \neq O$ gilt daher nach Voraussetzung

$$\beta V = V \text{ und } Kern\ \beta = O;$$

somit existiert β^{-1}. □

Das Schur'sche Lemma ist der Kern des folgenden Satzes:

7.22 SATZ: *Operiert die abelsche* π*-Gruppe* H *auf der* π'*-Gruppe* G, *so gilt*

$$G = \langle C_G(A) \mid A \leq H,\ r(H/A) = 1\rangle.\ ^{*)}$$

BEWEIS: Ohne Einschränkung können wir offenbar annehmen, daß H treu auf G operiert. Wir beweisen den Satz, indem wir zeigen, daß ein minimales Gegenbeispiel zu der Aussage des Satzes nicht existieren kann. Sei G also ein Gegenbeispiel und der Satz für Gruppen kleinerer Ordnung richtig. Dann gilt:

(i) $G_1 := \langle C_G(A) \mid A \leq H,\ r(H/A) = 1\rangle \lneqq G$.

(ii) *Ist* $U \lneqq G$ *mit* $U^H = U$, *so* $U \leq G_1$.

(iii) *Ist* $1 \neq N \trianglelefteq G$ *mit* $N^H = N$, *so* $N = G$.

(i) und (ii) folgen direkt aus der Induktionsannahme. Zum Beweis von (iii) nehmen wir $N \neq G$ an. Dann liegt N in G_1, und nach Induktionsannahme gilt

$$G/N = \langle C_{G/N}(A) \mid A \leq H,\ r(H/A) = 1\rangle.$$

Satz 7.8.b liefert aber $C_{G/N}(A) = C_G(A)N/N$, also

$$G/N = \langle C_G(A)N/N \mid A \leq H,\ r(H/A) = 1\rangle = G_1/N,$$

und somit den Widerspruch $G = G_1$.

Seien nun $p_1,\dots,p_n$ die verschiedenen Primteiler von $|G|$ und für jedes $i \in \{1,\dots,n\}$ sei P_i nach 7.6 eine H-invariante p_i-Sylowgruppe von G. Falls G keine p-Gruppe, also $n \geq 2$ ist, sind die P_i für alle $i \in \{1,\dots,n\}$ von G verschieden und liegen nach (ii) in G_1. Mit 3.13.a folgt der Widerspruch $G = \langle P_1,\dots,P_n\rangle \leq G_1$. Somit ist doch $n = 1$ und G eine p-Gruppe für eine Primzahl p. Wegen 4.2.b folgt aus (iii) sogar $G' = 1$. Die abelsche Gruppe H operiert also irreduzibel (iii) und treu auf der abelschen Gruppe G, und nach dem Schur'schen Lemma 7.21 ist $K := C_{Hom\,G}(H)$ ein Körper K, der endlich ist, da G endlich ist. Da H eine abelsche Gruppe ist, liegt H in K und ist somit eine Untergruppe der multiplikativen Gruppe K* des Körpers K, die bekanntlich zyklisch ist (siehe Aufgabe 3, S. 32). Es ist also H zyklisch und mit $A := 1 \leq H$ folgt $G = C_G(A) = G_1$ im Widerspruch zu (i). □

Eine direkte Folgerung von 7.22 ist:

7.23 *Operiert die abelsche, nicht-zyklische* π*-Gruppe* H *auf der* π'*-Gruppe* G, *so gilt*

$$G = \langle C_G(x) \mid 1 \neq x \in H\rangle.$$

---

*) $r(H/A) = 1$ bedeutet, daß H/A zyklisch ist (siehe Kap. II, § 2, S. 29).

BEWEIS: Weil H nicht zyklisch ist, gilt $1 \neq A \leq H$, falls H/A zyklisch ist, und für $1 \neq x \in A$ ist $C_G(A)$ enthalten in $C_G(x)$. Die Behauptung folgt somit aus 7.22. □

Mit 4.13 erhält man:

7.24 *Die Gruppe* H *operiere auf der Gruppe* $G \neq 1$, *so daß jedes Element* $x \neq 1$ *aus* H *fixpunktfrei auf* G *operiert. Dann ist jede* p-*Sylowgruppe von* H *zyklisch für* $p \neq 2$, *zyklisch oder eine verallgemeinerte Quaternionengruppe für* $p = 2$.

BEWEIS: Sei $A \neq 1$ eine abelsche Untergruppe einer p-Sylowgruppe P von H und $x \neq 1$ ein p-Element von A. Wegen der fixpunktfreien Operation von x folgt aus 7.18.c, daß G eine p'-Gruppe und aus 7.23, daß A zyklisch ist. Jede abelsche Untergruppe der p-Gruppe P ist daher zyklisch, die Behauptung folgt daher aus 4.13. □

Wir weisen darauf hin, daß eine Gruppe H, die die Voraussetzungen von 7.24 erfüllt, nicht auflösbar zu sein braucht; sind dagegen alle Sylowgruppen von H zyklisch, so ist H auflösbar und hat eine recht übersichtliche Struktur (siehe Übungsaufgabe Nr. 3, S. 96, Satz 9.10, sowie den auf S. 76 zitierten Satz von BRAUER-SUZUKI); vergleiche auch Kap. X, 10.6, S. 151.

ÜBUNGEN

1. Die Quaternionengruppe Q operiert auf $G := Z_3 \times Z_3$, so daß $C_G(x) = 1$ für alle $1 \neq x \in Q$ gilt.

2. Sei H wie in 7.24. Hat H gerade Ordnung, so ist auch $|Z(H)|$ gerade.

3. Auf der p-Gruppe P operiere die abelsche, nicht-zyklische p'-Gruppe H. Dann gilt
$$P = \prod_{1 \neq x \in H} C_P(x) .$$

4. (Vergleiche Aufgabe 6, S. 176) Die Gruppe G sei p-auflösbar und besitze einen Automorphismus α der Ordnung p, so daß für alle $x \in G$ gilt:
$$xx^{\alpha} \dots x^{\alpha^{p-1}} = 1.$$
Sei $A := \langle\alpha\rangle$ und AG das semidirekte Produkt von A mit G.
   a) Es sei $N \trianglelefteq U \leq G$, $N^A = N$, $U^A = U$, und U/N eine p'-Gruppe. Dann gilt $C_{U/N}(a) = 1$ für alle $a \in AU \setminus U$.
   b) Nach 7.4, 7.3 existiert ein $y \in G$ mit $o(y) = p$ und $y^{\alpha} = y$. Dann ist $H := \langle y\rangle \times A$ isomorph zu $Z_p \times Z_p$. Operiert H auf einer p'-Faktorgruppe $\bar{G}$ von G, so operiert y trivial auf $\bar{G}$ (benütze 7.23).
   c) $O_p(G) \in Syl_p G$ (benütze 6.12 und b)).

§ 5 Die Hall-Higman-Reduktion

Operiert die π-Gruppe H auf der π'-Gruppe P_1 nicht trivial, so existiert eine kleinste H-invariante Untergruppe P von P_1, die von H nicht-zentralisiert wird. Offenbar zentralisiert H jede echte H-invariante Untergruppe von P. Eine Gruppe mit dieser Eigenschaft beschreibt folgender Satz:

7.25 SATZ (HALL-HIGMAN-REDUKTION): *Die π-Gruppe H operiere nicht-trivial auf der π'-Gruppe P, aber trivial auf jeder echten H-invarianten Untergruppe von P. Dann ist P eine p-Gruppe und es gilt:*

a) H operiert irreduzibel auf P/P'; es ist
$P = [P,H]$, $C_P(H) = P'$, und $C_{P/P'}(H) = 1$.

b) Ist P nicht abelsch, so ist $P' = Z(P) = \phi(P)$.

c) Das Zentrum $Z(P)$ ist elementarabelsch.

d) Im Falle $p \neq 2$ gilt $x^p = 1$ für alle $x \in P$.

BEWEIS: Seien $p_1,\ldots,p_n$ die verschiedenen Primteiler von $|P|$ und für jedes $i \in \{1,\ldots,n\}$ sei P_i die nach 7.6 existierende H-invariante p_i-Sylowgruppe von P. Falls P keine p-Gruppe, also $n \geq 2$ ist, sind die P_i für alle $i \in \{1,\ldots,n\}$ von P verschieden und werden nach Voraussetzung von H zentralisiert. Wegen 3.13.a wird dann auch $P = \langle P_1,\ldots,P_n\rangle$ von H zentralisiert entgegen der Voraussetzung. Also ist $n = 1$ und P eine p-Gruppe.

Wir beweisen nun a): Die Untergruppe $B := [P,H]$ ist nach Voraussetzung eine nicht-triviale, H-invariante Untergruppe von P; wäre B verschieden von P, so würde $[B,H] = 1$ gelten im Widerspruch zu $[B,H] = B$ (7.12.b). Also gilt $[P,H] = P$ und $[\bar{P},H] = \bar{P}$ für $\bar{P} := P/P'$. Aus 7.13 folgt nun $C_{\bar{P}}(H) = 1$ und daher $C_P(H) = P'$. Für eine echte H-invariante Untergruppe N von P gilt nach Voraussetzung $N \subseteq C_P(H)$, also $N \leq P'$; die Operation von H auf $\bar{P}$ ist daher irreduzibel.
b) und c): Wegen $P' \leq \phi(P) \lneq P$ (4.2.b) und $\phi(P)$ *char* P gilt $\phi(P) = P'$ nach a). Im Falle $P' = 1$ ist damit alles bewiesen. Sei daher im folgenden $P' \neq 1$, also P nicht-abelsch. Dann ist $Z(P) \neq P$, also wegen $Z(P)$ *char* P

$$Z(P) \leq C_P(H) \leq P' = \phi(P) \,\iota\, P$$

Falls $Z(P)$ echt in $\phi(P)$ liegt, ist $D := C_P(\phi(P))$ eine echte (charakteristische) Untergruppe von P, die somit von H zentralisiert wird. Offenbar operiert das direkte Produkt $D \times H$ auf P. Aus 7.15 (mit H und $D \times H$ statt A und H) folgt nun, daß H trivial auf P operiert im Widerspruch zur Voraussetzung. Also gilt auch $Z(P) = \phi(P)$.

Für $x,y \in P$ gilt wegen $y^p \in \phi(P) = Z(P)$ und $z := [x,y] \in P' = Z(P)$ nach 1.20.b

$$1 = [x,y^p] = z^p;$$

die abelsche Gruppe $Z(P) = P'$ wird somit von Elementen der Ordnung p erzeugt, ist also elementarabelsch. Damit sind b) und c) vollständig bewiesen.

d) Nach 4.8.b gilt für alle $x,y \in P$

$$(xy)^p = x^p y^p.$$

Da $x^p \in \phi(P)$ von H zentralisiert wird, erhält man hieraus für alle $h \in H$

$$[x,h]^p = (x^{-1}x^h)^p = x^{-p}(x^h)^p = x^{-p}(x^p)^h = x^{-p}x^p = 1,$$

also mit a)

$$P = [P,H] = \Omega_1(P).$$

Die Behauptung folgt nun aus 4.8.a. □

Eine nicht-abelsche p-Gruppe P, in der

$$P' = Z(P) = \phi(P)$$

elementarabelsch ist, heißt *speziell*. Ist überdies $Z(P)$ zyklisch, so heißt P *extraspeziell*. Zum Beispiel sind die in 4.10 aufgeführten nicht-abelschen Gruppen der Ordnung p^3 alle extraspeziell. Eine beliebige extraspezielle p-Gruppe setzt sich in einfacher Weise (nämlich als zentrales Produkt) aus diesen kleinsten extraspeziellen Gruppen zusammen. Wir verweisen auf [G] 5.5.2, S. 204 oder [H] III, 13.8, S. 355 (siehe Übungsaufgabe 7, S. 63). Im Beweis des Satzes 7.27 findet man eine typische Situation, in der die Hall-Higman-Reduktion auf eine extraspezielle p-Gruppe führt.

Wir schließen den Paragraphen mit einer einfachen Anwendung der Hall-Higman-Reduktion:

7.26 *Die* p'-*Gruppe* H *operiere auf der* p-*Gruppe* P. *Operiert* H *trivial auf* $\Omega_1(P)$ *für* $p \neq 2$ *bzw. auf* $\Omega_2(P)$ *für* $p = 2$, *so operiert* H *trivial auf ganz* P.

BEWEIS: Weil für jede Untergruppe U von P die Inklusion $\Omega_i(U) \subseteq \Omega_i(P)$ gilt $(i = 1,2)$, können wir vermittels Induktion nach $|P|$ annehmen, daß jede echte H-invariante Untergruppe U von P bereits von H zentralisiert wird. Dann folgt für ungerades p aus 7.25.d, daß $P = \Omega_1(P)$, also die Behauptung; im Falle p = 2 folgt $P = \Omega_2(P)$ aus 7.25.b,c. □

Es gibt noch andere "kleine" charakteristische Untergruppen einer p-Gruppe P, an denen man entscheiden kann, ob die p'-Operatorgruppe H trivial auf P operiert. So gibt es z.B. nach THOMPSON eine solche der Nilpotenzklasse ≤ 2; wir verweisen auf [G] 5.3.11, S. 185.

ÜBUNGEN

1. Die Gruppe $H := Z_2$ operiere nicht-trivial auf der 2'-Gruppe $G \neq 1$, trivial aber auf jeder echten H-invarianten Untergruppe von G. Dann ist G von Primzahlordnung.
2. Die π-Gruppe H operiere nicht-trivial auf der π'-Gruppe $G \neq 1$, trivial aber auf jeder echten Untergruppe von G. Dann ist G von Primzahlordnung.
3. Operiert die spezielle p-Gruppe P irreduzibel und treu auf der p'-Gruppe $G \neq 1$, so ist P extraspeziell (benütze 7.23).
4. (Vergleiche Aufgabe 5, S. 145) Die auflösbare Gruppe G sei nicht nilpotent, wohl aber jede echte Untergruppe von G. Dann gilt

$$G = F(G)\langle a\rangle \text{ und } F(G) = \langle a^p\rangle \times R;$$

dabei ist a ein p-Element und R eine elementarabelsche oder spezielle r-Gruppe für eine Primzahl $r \neq p$.

§ 6 p-STABILITÄT

Operiert die Gruppe H treu auf der p-Gruppe V und ist $x \neq 1$ ein p-Element von H, so gilt sicherlich $[V,x] \neq 1$. Unter bestimmten Voraussetzungen gilt sogar die schärfere Aussage $[V,x,x] \neq 1$. Solche liefert der folgende Satz, ein wichtiger Spezialfall des berühmten Theorem B von HALL-HIGMAN (siehe Schluß dieses Paragraphen). Sein Beweis, den ich Herrn BENDER verdanke, zeigt, wie die in diesem Kapitel bis jetzt bewiesenen Sätze angewandt werden.

Wir nennen eine Gruppe *quaternionenfrei*, falls keine Faktorgruppe einer Untergruppe eine Quaternionengruppe ist.

7.27 SATZ: *Auf der abelschen* p-*Gruppe* V *operiere treu die* p-*auflösbare Gruppe* H. *Es sei* $p \neq 2$, $O_p(H) = 1$ *und* H *quaternionenfrei.*

Ist dann x *ein* p-*Element aus* H, *für das*

$$[V,x,x] = 1$$

gilt, so ist $x = 1$.

BEWEIS: Sei das Paar V,H ein minimales Gegenbeispiel, d.h. das Paar V,H erfülle die Voraussetzungen des Satzes, nicht aber die Behauptung, und es sei unter allen solchen Paaren dadurch ausgezeichnet, daß $|V|+|H|$ minimal ist. Dann ist $x \neq 1$ und es gilt:

(i) *Ist* A *eine* p'-*Untergruppe von* H *mit* $A^x = A$ *und* $A\langle x\rangle \not\leq H$, *so gilt* $x \in C_H(A)$.

Zum Beweis von (i) sei $H_1 := A\langle x\rangle$ und $B := O_p(H_1)$. Wegen $\langle x\rangle \in Syl_p H_1$ existiert ein $k \in \mathbb{N}$ mit $B = \langle x^k\rangle$. Wegen $[A,x^k] \leq A \cap B = 1$ operiert A, also auch $H_2 := H_1/B$ auf $V_2 := C_V(B)$. Wir zeigen, daß für das Tripel $V_2, H_2, x_2 := xB$ die Induktionsvoraussetzungen gelten: Zunächst gilt $O_p(H_2) = 1$ (6.1) und wegen $[V,x,x] = 1$ auch $[V_2,x_2,x_2] = 1$. Operiert eine Untergruppe von A trivial auf $V_2 = C_V(B)$, so operiert sie nach 7.15 trivial auf ganz V. Weil nach Voraussetzung A treu auf V operiert, ist daher $C_{H_2}(V_2)$ eine p-Gruppe, wegen $O_p(H_2) = 1$ sogar trivial, d.h. H_2 operiert treu auf V_2. Damit sind wegen $|V_2| \leq |V|$ und $|H_2| \leq |H_1| < |H|$ die Induktionsvoraussetzungen für V_2,H_2,x_2 erfüllt. Es folgt $x_2 = 1$, d.h. $x \in \langle x^k\rangle$, also $x \in C_H(A)$, die Behauptung (i).

Wegen (i) hat H eine sehr eingeschränkte Struktur. Wir zeigen:

(ii) $H = Q\langle x\rangle$ *mit* $Q := O_{p'}(G)$. *Dabei ist* Q *entweder elementarabelsch oder eine spezielle* q-*Gruppe für eine Primzahl* $q \neq p$; *außerdem gilt* $C_H(Q) = Z(Q)$.

(iii) $C_Q(x) = \phi(Q)$, $[Q,x] = Q$ *und* $\langle x\rangle$ *operiert irreduzibel auf* $Q/\phi(Q)$.

(iv) *In jeder Nebenklasse von* $\phi(Q)$ *in* Q *liegt ein Kommutator* $[b,x]$, $b \in Q$.

(v) *Für* $a \in Q\setminus\phi(Q)$ *gilt* $H = \langle x,a\rangle = \langle x,x^a\rangle$.

Nach Voraussetzung ist H p-auflösbar und $O_p(H) = 1$. Deswegen folgt aus 6.12 $C_H(Q) \leq Q$, daher $C_H(Q) = Z(Q)$ für $Q = O_{p'}(H)$, also wegen (i) und $x \notin C_H(Q)$

$$H = Q\langle x\rangle.$$

Nach (i) wird jede echte $\langle x\rangle$-invariante Untergruppe von Q von x zentralisiert. Aus der Hall-Higman-Reduktion 7.25.a,b folgen nun (ii) und (iii). Wegen $[Q,x] = Q$ gilt auch $[\bar{Q},x] = \bar{Q}$ für $\bar{Q} := Q/\phi(Q)$. Da das

Produkt zweier Kommutatoren $[\bar{b},x]$, $\bar{b} \in \bar{Q}$, in der abelschen Gruppe $\bar{Q}$ wieder ein solcher Kommutator ist, gilt

$$\bar{Q} = [\bar{Q},x] = \langle [\bar{b},x] \mid \bar{b} \in Q\rangle = \{[\bar{b},x] \mid \bar{b} \in Q\}$$
$$= \{[b,x]\phi(Q) \mid b \in Q\}.$$

Es folgt (iv). Für $a \in Q \setminus \phi(Q)$ ist $\langle x,a\rangle \cap Q$ eine x-invariante Untergruppe von Q, die wegen $a^x \neq a$ (iii) nicht von x zentralisiert wird. Aus (i) folgt $\langle x,a\rangle \cap Q = Q$, also $H = \langle x,a\rangle$. Da mit a auch a^x und wegen $C_Q(x) = \phi(Q)$ (iii) sogar $[a,x] = a^{-1}x^{-1}ax$ nicht in $\phi(Q)$ liegt (7.8.b), folgt aus dem schon Bewiesenen

$$H = \langle [a,x],x\rangle \leq \langle x^a,x\rangle \leq H,$$

also $H = \langle x^a,x\rangle$. Damit ist auch (v) bewiesen.

Nachdem wir H "minimalisiert" haben, wollen wir dies auch für V tun. Wir zeigen:

(vi) H *operiert irreduzibel auf* V.

Weil Q treu auf V operiert, operiert Q auch treu auf $[V,Q]$ (7.12.a). Wegen $Q^H = Q$ und $V^H = V$, also $[V,Q]^H = [V,Q]$ findet man in $[V,Q]$ eine minimale H-invariante Untergruppe V_3. Dann operiert H irreduzibel auf V_3. Aus 7.13 und $V_3 \leq [V,Q]$ folgt $Q \nleq K := C_H(V_3)$. Wegen (iii) liegt nun die x-invariante Untergruppe $K \cap Q$ in $\phi(Q)$. Falls $x^i \in K$ $(i \in \mathbb{N})$, so folgt

$$[Q,x^i] \leq Q \cap K \leq \phi(Q) \overset{(iii)}{\leq} C_Q(x^i),$$

aus 7.10 daher $x^i \in C_H(Q) \overset{(ii)}{=} Z(Q)$, also $x^i = 1$. Somit gilt $K \leq \phi(Q)$. Sei $H_3 := H/K$ und $O_p(H_3) = \langle x^iK\rangle$; dann ist $[Q,x^i] \leq K \leq \phi(Q)$ und wie eben folgt $x^i = 1$, also $O_p(H_3) = 1$. Damit sind für das Tripel $V_3,H_3,x_3 := xK \in H_3$ alle Induktionsvoraussetzungen erfüllt. Im Falle $V_3 \neq V$ folgt $x_3 = 1$, d.h. $x \in K$, also $x = 1$. Dies beweist (vi).

Eine unmittelbare Folgerung von (vi) ist

(vii) *Für* $1 \neq N \trianglelefteq H$ *gilt* $C_V(N) = 1$.

Aus $V^H = V$ und $N^H = N$ folgt nämlich $(C_V(N))^H = C_V(N)$ (3.7). Wegen (vi) gilt also entweder $C_V(N) = 1$ oder $C_V(N) = V$. Weil N treu auf V operiert, ist der zweite Fall auszuschließen.

Nach Voraussetzung gilt

$$(v^{-1}v^x)^{-1}v^{-x}v^{x^2} = [v,x,x] = 1$$

für alle $v \in V$. Wegen $[v,x]^{-1} = [v,x^{-1}]$ (1.20.b), also $[V,x^{-1},x^{-1}] = 1$, gilt dieselbe Gleichung auch für x^{-1} und wegen $V^H = V$ auch für alle Konjugierte von x und x^{-1}. Weil V als abelsch vorausgesetzt ist, folgt

(viii) $v^{y^2} = (v^y)^2 v^{-1}$ *für alle* $v \in V$ *und alle* $y \in H$, *die zu* x *oder zu* x^{-1} *konjugiert sind.*

Wir behandeln zunächst den Fall $\phi(Q) = 1$. Nach (iv) existiert zu $1 \neq a^{-1} \in Q$ ein $b \in Q$ mit $[b,x] = a^{-1}$, also $a = x^{-1}b^{-1}xb$ und somit $xa = x^b$. Genauso ist $x^{-1}a$ zu x^{-1} konjugiert. Aus (viii) folgen die Gleichungen

$$v^{(xa)^2} = (v^{xa})^2\, v^{-1}$$

$$v^{(x^{-1}a)^2} = (v^{x^{-1}a})^2\, v^{-1}.$$

Wegen 7.3 ist $C_V(x) \neq 1$. Für $1 \neq v \in C_V(x)$ folgt aus den beiden Gleichungen wegen $v^x = v$

$$(v^a)^{-2}\, v^{axa} = v^{-1} = (v^a)^{-2}\, v^{ax^{-1}a}$$

$$v^{axa} = v^{ax^{-1}a}$$

$$v^{ax^2a^{-1}} = v,$$

also

$$\langle x, ax^2a^{-1}\rangle \in C_G(v) \neq 1.$$

Da $p \neq 2$ vorausgesetzt ist, gilt $o(x^{a^{-1}}) = o(x) \equiv 1 \pmod 2$, mit 2.4.c daher

$$\langle ax^2a^{-1}\rangle = \langle axa^{-1}\rangle.$$

Mit (v) folgt

$$H = \langle x, x^{a^{-1}}\rangle \leq C_G(v) \neq 1$$

im Widerspruch zu (vii).

Sei nun Q nicht-abelsch, also Q eine spezielle q-Gruppe (ii): Wegen (iii) gilt $\phi(Q) = Q' = Z(Q)$. Sei $z \in Z(Q)$. Aus $z^H = z$ folgt $(C_V(z))^H = C_V(z)$ und aus (vii) $C_V(z) = 1$ oder $C_V(z) = V$. Weil $Z(Q)$ treu auf V operiert, gilt daher

(ix) $C_V(z) = 1$ *für* $1 \neq z \in Z(Q)$.

Aus 7.24 folgt nun, daß $Z(Q)$ zyklisch (Q also extraspeziell) ist. Sei $Z(Q) = \langle z\rangle$. Weil nach Voraussetzung Q keine Quaternionengruppe ist, können wir nun zeigen:

(x) *Es gibt ein Element* $d \in Q \setminus \phi(Q)$ *mit* $C_V(dy) \neq 1$ *für alle* $y \in \phi(Q)$.

Zum Beweis von (x) nehmen wir zunächst an, kein Element von $Q \setminus \phi(Q)$ habe die Ordnung q. Dann ist $\langle a\rangle \cap \langle z\rangle \neq 1$, also $\langle z\rangle \leq \langle a\rangle$ für alle $a \neq 1$ aus Q. Weil nun $\langle z\rangle$ die einzige minimale Untergruppe von Q ist. folgt aus 4.12, daß Q eine verallgemeinerte Quaternionengruppe ist, die wegen (ii) Ordnung 8 hat, entgegen der Voraussetzung. Also gibt es ein $a \in Q\setminus\phi(Q)$ der Ordnung q. Dann ist $D := \langle a,\phi(Q)\rangle = \langle a\rangle \times \langle z\rangle$ ein elementarabelscher Normalteiler der Ordnung q^2 von Q, der treu auf V operiert. Nach 7.23 existiert ein $1 \neq d \in D$ mit $C_V(d) \neq 1$ und wegen (ix) liegt d nicht in $\langle z\rangle$. Aus $Z(Q) \lneq D$ und $Q' = Z(Q)$ folgt $D \trianglelefteq Q$. Satz 4.9 liefert nun, daß alle Untergruppen der Form $\langle dy\rangle, y \in \langle z\rangle = \phi(Q)$, unter Q zueinander konjugiert sind. Zu dy existiert also ein $w \in Q$ mit $\langle d\rangle^w = \langle dy\rangle$. Mit 3.7 folgt

$$1 \neq (C_V(d))^w = (C_V(\langle d\rangle))^w = C_V(\langle d\rangle^w) = C_V(\langle dy\rangle) = C_V(dy),$$

also die Behauptung (x).

Sei nun d wie in (x). Nach (iv) enthält $d\phi(Q)$ einen Kommutator $a := [b,x] = b^{-1}x^{-1}bx$, $b \in Q$. Dann gilt (viii) sowohl für $ax^{-1} = b^{-1}x^{-1}b$, wie für x^{-1}:

$$v^{(ax^{-1})^2} = (v^{ax^{-1}})^2\, v^{-1}$$

$$v^{x^{-2}} = (v^{x^{-1}})^2\, v^{-1}.$$

Sei $1 \neq v \in C_V(a)$ (nach (x)). Wegen $v^a = v$ folgt aus beiden Gleichungen

$$v^{x^{-1}ax^{-1}} = v^{x^{-2}}$$

$$v^{x^{-1}a} = v^{x^{-1}}$$

und somit

$$(C_V(a))^{x^{-1}} \leq C_V(a).$$

Also wird $C_V(a)$ von $\langle a,x\rangle$ normalisiert, nach (v) also von H. Nun widersprechen sich $C_H(a) \neq 1$ und (vii). Damit ist 7.27 vollständig bewiesen. □

Wir formulieren 7.27 etwas anders:

7.28 *Sei* G *eine* p-*auflösbare Gruppe,* $p \neq 2$, $O_{p'}(G) = 1$ *und* G *quaternionenfrei. Dann gilt*

a) Ist x *ein* p-*Element von* G *mit* $[O_p(G),x,x] = 1$, *so liegt* x *in* $O_p(G)$.

b) Jede abelsche p-*Untergruppe von* G, *die normal in einer* p-*Sylowgruppe von* G *ist, liegt in* $O_p(G)$.

BEWEIS: a) Sei $V := O_p(G)/\phi(O_p(G)) \neq 1$, und H die von G auf V durch Konjugation induzierte Automorphismengruppe (3.8). Aus 6.14 folgt $H \cong G/O_p(G)$, und wegen 6.1 gilt $O_p(H) = 1$. Damit erfüllt das Tripel V, H, $\bar{x} := xO_p(G)$ die Voraussetzungen von 7.27 (mit $\bar{x}$ statt x). Es folgt $\bar{x} = 1$, also $x \in O_p(G)$.
b) Sei $A \trianglelefteq P \in Syl_p G$ und $A' = 1$. Aus $R := O_p(G) \leq P$ folgt $A^R = A$, also $[R,x] \leq A$ für jedes $x \in A$. Weil A abelsch ist, gilt nun $[R,x,x] = 1$. Die Behauptung folgt aus a). □

In einem Spezialfall von 7.27 gewinnen wir nun eine etwas genauere Aussage, indem wir die in Kap. XI behandelte Gruppe $GL_2(p)$ heranziehen:

7.29 *Die Gruppe* H *besitze ein* p-*Element* $x \neq 1$, *so daß* $O_p(H) = 1$, $Q := O_{p'}(H) \neq 1$ *und* $H = Q\langle x\rangle$ *gilt. Es operiere* H *treu auf der abelschen* p-*Gruppe* V *und es sei*

$$|V : C_V(x)| \leq p$$

Dann ist entweder $p = 3$ *und* Q *eine Quaternionengruppe oder* $p = 2$ *und* $|Q| = 3$.

BEWEIS: Zunächst bemerken wir, daß die Voraussetzung $|V : C_V(x)| \leq p$ offenbar $[V,x] \subseteq C_V(x)$ also $[V,x,x] = 1$ erzwingt (7.3). Damit folgt 7.29 aus 7.27, falls H quaternionenfrei und $p \neq 2$ ist.

Wir beweisen aber 7.29 direkt und übernehmen nur Teile der Reduktion im Beweis von 7.27. Wie dort sei das Paar V,H ein minimales Gegenbeispiel.
Ganz analog zu den Beweisschritten (ii) und (v) von 7.27 folgt:

Q *ist eine spezielle* q-*Gruppe und* $H = \langle x,x^a\rangle$ *für* $a \in Q$.

Wegen $(C_V(x))^a = C_V(x^a)$ gilt auch $|V : C_V(x^a)| \leq p$, also für $W := C_V(x) \cap C_V(x^a)$

$$|V : W| \leq p^2.$$

Da W von $H = \langle x,x^a\rangle$ zentralisiert wird, operiert die p'-Gruppe Q treu auf $\bar{V} := V/W$ (7.10). Danach ist $C_{\bar{V}}(W)$ ein p-Normalteiler von H, wegen $O_p(H) = 1$ daher trivial; bis auf Isomorphie gilt demnach

$$H \leq Aut\ \bar{V}.$$

Weil H nicht-abelsch ist, kann $\bar{V}$ nicht zyklisch sein (2.17). Somit ist $\bar{V}$ elementarabelsch der Ordnung p^2, wegen 4.5 gilt daher

$$Aut\ \bar{V} \leq GL_2(p).$$

Nun liefert 11.9 aus Kap. IX die Behauptung, im Widerspruch zur Wahl von G,V. □

Zum Schluß noch eine Bemerkung zu Satz 7.27 und zur Überschrift dieses Paragraphen. Seien V und H wie in 7.27. Ist V zudem noch elementar-abelsch, so ist V - additiv geschrieben - ein Vektorraum über dem Körper $\mathbb{Z}/p\mathbb{Z}$, und H eine Untergruppe der linearen Gruppe dieses Vektorraumes (4.5). Die Bedingung $[V,x,x] = 1$ lautet nun

$$V(x-1)^2 = 0,$$

wobei $x-1 \in \mathit{Hom}_K(V,V)$. Nach 7.27 gilt also für ein p-Element $x \neq 1$ aus H

$$V(x-1)^2 \neq 0.$$

Weil das Minimalpolynom von x über V die Form $(X-1)^n$ hat (alle Eigenwerte von x sind = 1), ist der Grad des Minimalpolynoms von x größer als 2. Diese Eigenschaft des Paares V,H heißt in der englischsprachigen Literatur "p-stability" (siehe [G] 3.8, S. 102 und 8.1, S. 268).

Das berühmte Theorem B von HALL-HIGMAN (siehe [G] Kap. 11) verschärft 7.27 unter leicht geänderten Voraussetzungen: Sind V und H wie in 7.27 und ist etwa die 2-Sylowgruppe von H abelsch, so besitzt ein p-Element x von H der Ordnung p^n ein Minimalpolynom vom Grade n. Im Beweis dieses Satzes wurde zum ersten Mal die in 7.27 benützte (Hall-Higman-) Reduktion vorgeführt.

ÜBUNGEN

1. Sei die Gruppe G p-auflösbar und quaternionenfrei, sei $P \in \mathit{Syl}_p G$. Ist P' zyklisch und $p \neq 2$, so gilt $G = O_{p'pp}(G)$.

   Hinweis: In einem minimalen Gegenbeispiel G gilt

   $O_{p'}(G) = 1 = \phi(O_p(G))$; benütze 7.28.b und 7.27.

2. Anstatt $|V : C_V(x)| \leq p$ sei in 7.29 nur $r(V/C_V(x)) = 1$ vorausgesetzt. Dann gilt dieselbe Aussage.

3. Sei G eine p-auflösbare Gruppe und $p \neq 2$. Für $P \in \mathit{Syl}_p G$ gilt $Z_2(P) \leq O_{p'p}(G)$.

4. Die Gruppe G sei 3-auflösbar und quaternionen-frei. Ist $O_{3'33'}(G)$ eine echte Untergruppe von G, so besitzt G Elemente der Ordnung 9.

Kapitel VIII. Der $p^a q^b$-Satz

In diesem Kapitel wollen wir den schon in 6.3 zitierten Satz beweisen:

SATZ (BURNSIDE): *Eine Gruppe der Ordnung* $p^a q^b$, *wobei* p *und* q *zwei Primzahlen sind, ist auflösbar.*

Der Beweis von BURNSIDE beinhaltet eine elegante Anwendung der Charaktertheorie endlicher Gruppen (siehe [G] 4.3.3, S. 331 oder [H] V. 7.3, S. 492). Weil diese Beweismethode, gemessen an der Einfachheit der Aussage, etwas künstlich erscheinen kann, und weil sie keinerlei Einsicht in die Struktur eines minimalen Gegenbeispiels vermittelt, wurde lange Zeit ein konstruktiver Beweis vermißt, der nur "elementare" gruppentheoretische Begriffe verwendet. Ein solcher Beweis wurde vor einigen Jahren von BENDER angegeben, der später von MATSUYAMA noch verkürzt wurde. Wir wollen ihn hier als Beispiel für die Effektivität der in den vorigen Kapiteln entwickelten Methoden vorführen.

Wir nehmen an, der Satz wäre falsch; sei daher die Gruppe G ein Gegenbeispiel minimaler Ordnung. Dann ist jede echte Untergruppe, sowie jede Faktorgruppe G/N, $N \neq 1$, der nicht auflösbaren Gruppe G auflösbar, also G nach 6.4.3 einfach. In 11 Beweisschritten (1) - (11) untersuchen wir die Struktur der einfachen Gruppe G und leiten aus ihr einen Widerspruch ab.

Sei $\mathcal{M}$ die Menge aller maximalen Untergruppen von G. Zunächst bewirkt unsere Wahl von G:

(1) *Für* $1 \neq U \lneq G$, *ist* $N_G(U)$ *eine auflösbare Untergruppe von* G. *Ist* $M \in \mathcal{M}$ *und* $1 \neq N \trianglelefteq M$, *so gilt* $M = N_G(N)$ *und* $C_G(N) = C_M(N)$.

BEWEIS: Die erste Behauptung ist nach dem oben Gesagten trivial. Aus $1 \neq N \trianglelefteq M \in \mathcal{M}$ folgt $M \leq N_G(N) \lneq G$, also $M = N_G(N)$. Wegen $C_G(N) \leq N_G(N) = M$ gilt schließlich auch $C_G(N) = C_M(N)$. □

Wir betrachten nun die Sylowstruktur von G. Es sei U_p bzw. U_q stets eine p- bzw. q-Sylowgruppe der Untergruppe U von G. Statt

"U ist p-Gruppe" bzw. "U ist q-Gruppe" schreiben wir oft $U = U_p$ bzw. $U = U_q$.
Weil die nicht-auflösbare Gruppe G weder eine p-Gruppe noch eine q-Gruppe ist, gilt

$$G \neq G_p \neq 1 \neq G_q \neq G.$$

(2) a) $G = G_pG_q$.

b) *Aus* $U \leq G_q$ *und* $U^{G_p} = U$ *folgt* $U = 1$.

c) *Aus* $1 \neq Y \trianglelefteq G_q$ *folgt* $G = \langle G_p, Y\rangle$.

BEWEIS: a) Aus 1.4 und $G_p \cap G_q = 1$ folgt $|G_p|\cdot|G_q| = |G_pG_q|$.
b) Sei $U \leq G_q$. Mit a) folgt

$$U^G = U^{G_pG_q} = (U^{G_p})^{G_q} = U^{G_q} \leq G_q,$$

also $\langle U^G\rangle \trianglelefteq G$, wegen der Einfachheit von G sogar $\langle U^G\rangle = 1 = U$.

c) Aus $1 \neq Y^G = Y^{G_qG_p} = Y^{G_p} \leq \langle G_p, Y\rangle$ und $\langle Y^G\rangle \trianglelefteq G$ folgt wegen der Einfachheit von G

$$G = \langle Y^G\rangle = \langle G_p, Y\rangle. \qquad \square$$

Wir erinnern daran, daß jede nilpotente Untergruppe U von G die Form $U = U_p \times U_q$ hat. Für die Fittinggruppe $F(U)$ einer echten, also nach (1) auflösbaren, Untergruppe U von G gilt somit $F(U) = O_p(U) \times O_q(U)$; nach 6.16 ist $C_U(F(U)) = Z(F(U))$.

(3) *Sei* $M \in \mathcal{M}$. *Ist* $A = A_p \times A_q$ *ein nilpotenter Normalteiler von* M *mit* $A_p \neq 1 \neq A_q$, *so ist* M *die einzige maximale Untergruppe von* G, *die* A *enthält.*

BEWEIS: Offenbar sind A_p und A_q normal in M, also $A_p \leq O_p(M)$ und $A_q \leq O_q(M)$. Mit (1) folgt $C_G(A_p) = C_M(A_p)$, also

$$A_q \leq O_q(M) \cap C_M(A_p) \leq O_q(C_M(A_p)) = O_q(C_G(A_p)).$$

Sei nun $H \in \mathcal{M}$ mit $A \leq H$. Wir zeigen $M = H$. Aus

$$A_q \leq C_H(A_p) \cap O_q(C_G(A_p)) \leq O_q(C_H(A_p))$$

und der Auflösbarkeit von H folgt mit 7.16

$$A_q \leq O_{p'}(H) = O_q(H),$$

also mit (1)

$$O_p(H) \leq C_G(O_q(H)) \leq C_G(A_q) \leq M.$$

Genauso gilt, wenn man p und q vertauscht

$$A_p \leq O_p(H) \text{ und } O_q(H) \leq M.$$

Damit ist

$$A \leq F(H) \text{ und } F(H) \leq M.$$

Insbesondere gelten die Voraussetzungen von (3) für H und F(H) statt M und A. Wenn man also im bisherigen Argument M, A und H mit H, F(H) und M vertauscht ($F(H) \leq M \in \mathcal{M}$), so folgt

$$F(H) \leq F(M) \text{ und } F(M) \leq H.$$

Weil nun auch der nilpotente Normalteiler F(M) von M in H liegt, gilt genauso mit F(M) anstelle von A

$$F(M) \leq F(H),$$

also $F(M) = F(H)$ und somit

$$H = N_G(F(H)) = N_G(F(M)) = M. \qquad \square$$

BEMERKUNG: Der Beweis von (3) benützt nicht die Voraussetzung $|G| = p^a q^b$. Setzt man deswegen nur voraus, daß die Gruppe A in (3) keine p-Gruppe ist, so gilt eine zu (3) ähnliche Aussage für alle einfachen Gruppen, in denen jede echte Untergruppe auflösbar ist.*) Ersetzt man F(M) in (3) durch die verallgemeinerte Fittinggruppe F*(M), so kann (3) auch noch für größere Klassen von einfachen Gruppen bewiesen werden.**)

Wie stark (3) ist, zeigt sich im Beweis von:

(4) *Für* $M \in \mathcal{M}$ *gilt entweder* $F(M) = O_p(M)$ *oder* $F(M) = O_q(M)$.

BEWEIS: Wir nehmen $O_p(M) \neq 1 \neq O_q(M)$ an und führen dies zum Widerspruch. Nach (3) ist M die einzige maximale Untergruppe von G, die

$$A := Z(F(M)) = Z(O_p(M)) \times Z(O_q(M))$$

enthält. Wegen $A \leq C_G(a)$, $a \in A$, folgt

(i) $C_G(a) \leq M$ für alle $1 \neq a \in A$.

---

*) Diese sind von THOMPSON alle klassifiziert worden.

**) Siehe z.B. die auf S. 96 in der Fußnote zitierte Arbeit von BENDER, sowie den dort zitierten Text von GAGEN.

Sei $M_p \leq G_p$. Weil $O_q(M) \neq 1$ von M_p normalisiert wird, gilt $M_p \nleq G_p$ wegen (2.b). Nach 4.2.a existiert also ein $g \in N_{G_p}(M_p) \setminus M_p \subseteq G \setminus M$ mit

(ii) $M_p^g = M_p$ und $M^{g^{-1}} \neq M$.

Wir zeigen nun, daß A zyklisch ist und nehmen dazu an, A_p wäre nichtzyklisch. Da A_p wegen $A_p \leq M_p \leq M^g$ auf $K := O_q(M^g) \trianglelefteq M^g$ operiert, folgt aus 7.23 $K = \langle C_K(a) \mid 1 \neq a \in A \rangle$ und daher mit (i) $K \leq M$. Wegen $O_p(M^g) \leq M_p^g = M_p \leq M$ liegt nun ganz $F(M^g) = O_p(M^g) \times K$ in M, und somit $F(M)$ in $M^{g^{-1}}$. Aus (3) (mit $A = F(M)$) folgt nun $M = M^{g^{-1}}$ im Widerspruch zu (ii); also ist A_p zyklisch. Vertauscht man im bisherigen Argument p mit q, so folgt, daß auch A_q zyklisch ist.

Sei nun $q < p$. Da die zyklische Gruppe $A_q^g = Z(O_q(F(M^g))) =: B$ von $A_p \leq M_p \leq M^g$ normalisiert wird, folgt aus 3.8, $q < p$ und 2.18.a, daß $B \subseteq C_G(A_p) \leq M$, und daher

$$Z(F(M^g)) = A^g = A_p^g \times A_q^g \leq M.$$

Es liegt also $A = Z(F(M))^{g^{-1}}$ in $M^{g^{-1}}$. Wieder erzwingt (3) den Widerspruch $M = M^{g^{-1}}$. □

Folgende Aussage ist zentral. Sie stammt von MATSUYAMA und bedeutet eine wesentliche Verkürzung des ursprünglichen BENDERschen Beweises.

(5) *Sei* $M \in \mathcal{M}$ *und* $Z(G_q) \cap M \neq 1$ *für ein* $G_q \in Syl_q G$. *Dann ist* $F(M)$ *eine* q-*Gruppe. Dasselbe gilt mit* p *und* q *vertauscht.*

BEWEIS: Andernfalls ist $F(M)$ eine p-Gruppe (4). Mit $F(M) = O_p(M) \leq G_p$, $Z := Z(G_p)$ und $Y := Z(G_q) \cap M$ folgt

$$Z \leq C_G(G_p) \leq C_G(F(M)) \overset{(1)}{=} C_M(F(M)) \overset{6.16}{\leq} F(M),$$

also

$$\langle Z^Y \rangle \leq O_p(M).$$

Somit liegt $\langle Z^Y \rangle$ in der Menge $\mathcal{X}$ derjenigen Untergruppen $X \neq 1$ von G, für die gilt:

$$X = X^Y = X_p = \langle Z^g \mid Z^g \leq X \rangle.$$

Sei X ein maximales Element (bzgl. $\leq$) aus $\mathcal{X}$ und $X \leq P \in Syl_p G$. Wegen $G = \langle P,Y \rangle$ (2.c) folgt aus $X^P = X$ auch $X^G = X$ im Widerspruch zur Einfachheit von G. Somit gilt $N_P(X) \nleq P$. Nach 4.2.a existiert daher ein

$u \in N_P(N_P(X)) \setminus N_P(X)$. Es folgt

$$X \neq X^u \leq \langle X, N_P(X)\rangle \leq N_G(X).$$

Wegen $X = \langle Z^g \mid Z^g \leq X\rangle$ gibt es also ein $a \in G$ mit $Z^a \nleq X$, aber $Z^a \leq N_G(X)$.

Sei $A := \langle (Z^a)^Y\rangle$. Wir zeigen $XA \in \mathcal{X}$, was wegen $X \lneq XA$ der Maximalität von X widerspricht.

Zunächst gilt

$$(AX)^Y = A^Y X^Y = AX = \langle Z^{aY}\rangle\langle Z^g \mid Z^g \leq X\rangle = \langle Z^g \mid Z^g \leq AX\rangle.$$

Somit bleibt nur zu zeigen, daß AX eine p-Gruppe ist. Wegen $A \leq \langle Z^a, Y\rangle \leq N_G(X)$ genügt es, dies für A nachzuweisen: Nach (2.a) gilt $G = G_pG_q$ und somit $a = bc$ mit $b \in G_p$, $c \in G_q$. Aus $Z = Z(G_p)$ und $Y \leq Z(G_q)$ folgt

$$Z^{aY} = Z^{bcY} = Z^{cY} = Z^{Yc},$$

also $A = \langle Z^Y\rangle^c$. Mit $\langle Z^Y\rangle$ ist daher auch A eine p-Untergruppe. □

Drei einfache Folgerungen von (5) sind:

(6) *Für eine* p-*Untergruppe* $X \neq 1$ *von* G *gilt:*

a) $N_G(X) \cap Z(G_q) = 1$ *für alle* $G_q \in \mathit{Syl}_q G$

b) $F(C_G(X))$ *ist eine* p-*Untergruppe.*

c) $C_G(\Omega_1(Z(F(C_G(X)))))$ *ist eine* p-*Untergruppe.*

Dasselbe gilt auch mit p *und* q *vertauscht.*

BEWEIS: a) Sei $X \leq G_p$ und $N_G(X) \leq M \in \mathcal{M}$. Dann gilt $Z(G_p) \leq N_G(X) \leq M$, also wegen (5)

$$F(M) = O_p(M).$$

Im Falle $N_G(X) \cap Z(G_q) \neq 1$, also $M \cap Z(G_q) \neq 1$, folgt aus (5), daß F(M) auch eine q-Gruppe ist, somit $F(M) = 1$ im Widerspruch zur Auflösbarkeit von $M \neq 1$.

b) Da $Y := O_q(C_G(X))$ von $Z(G_p) \leq C_G(X)$ normalisiert wird, folgt aus a) mit p und Y statt q und X, daß $Y = 1$, also

$$F(C_G(X)) = O_p(C_G(X)).$$

c) Wegen b) ist $A := F(C_G(X))$, also auch AX, eine p-Gruppe. Mit $AX \leq P \in \mathit{Syl}_p G$ folgt wegen (1) aus 6.16

$$Z(P) \leq C_{C_G(X)}(A) \leq A,$$

sogar $Z(P) \leq Z(A)$, und schließlich

$$Z := \Omega_1(Z(P)) \leq \Omega_1(Z(A)).$$

Eine q-Untergruppe $Q \neq 1$ von $C_G(\Omega_1(Z(A)))$ wird deshalb von $Z \neq 1$ normalisiert. Aus a) mit q und Q anstatt p und X folgt $Q = 1$ und damit die Behauptung. □

Wie stark (6.a) zusammen mit 5.5 ist, zeigt:

(7) *Die Ordnung von* G *ist ungerade.*

BEWEIS: Sei andernfalls $q = 2$, $G_2 \in Syl_2G$ und t eine Involution aus $Z(G_2)$ (4.1). Weil G einfach ist, folgt aus 5.5, daß ein $x \in G$ existiert mit

$$1 \neq o(x) \equiv 1 \pmod 2 \text{ und } x^t = x^{-1}.$$

Wegen $|G| = p^a q^b$ ist $X := \langle x \rangle$ eine p-Gruppe mit $1 \neq t \in N_G(X) \cap Z(G_2)$ im Widerspruch zu (6.a). □

Wir benötigen nun die schon am Ende von § 4 aus Kap. VI erwähnte *Thompson-Untergruppe* J(P) einer p-Gruppe P. Für unsere Zwecke definieren wir J(P) etwas anders: Es sei $\mathcal{A}$ die Menge aller elementarabelschen Untergruppen von P, $a := max\ \{|A| \mid A \in \mathcal{A}\}$ und

$$J(P) := \langle A \in \mathcal{A} \mid |A| = a \rangle.$$

Offenbar ist J(P) charakteristisch in jeder Untergruppe U von P, die J(P) enthält. Wenn P eine Untergruppe einer Gruppe H ist, so gilt für $x \in H$

$$J(P)^x = J(P^x).$$

Wegen (7) kann man nun Folgendes beweisen:

(8) *Sei* $M \in \mathcal{M}$ *mit* $F(M) = O_p(M)$. *Dann liegt* J(P) *für jedes* $P \in Syl_pM$ *in* $O_p(M)$. *Dasselbe gilt auch für* q *anstatt* p.

Den längeren und recht diffizilen Beweis von (8) stellen wir zurück und zeigen zunächst, wie mit Hilfe von (8) der Beweis des p^aq^b-Satzes in 3 Beweisschritten beendet werden kann.
Eine leichte Folgerung von (8) ist:

(9) *Sei* $M \in \mathcal{M}$ *mit* $F(M) = O_p(M)$. *Dann gilt*

a) $M = N_G(J(P))$ *für* $P \in Syl_pM$

b) $Syl_pM \subseteq Syl_pG$

Dasselbe gilt auch für q *anstatt* p.

BEWEIS: Aus $J(P) \overset{(8)}{\leq} O_p(M) \leq P$ folgt $J(P)$ *char* $O_p(M)$, also $J(P)$ *char* M und mit (1) $M = N_G(J(P))$.
Sei $P \leq G_p$. Aus $J(P)$ *char* P folgt

$$P \leq N_{G_p}(P) \leq N_{G_p}(J(P)) \leq M,$$

wegen $P \in Syl_pM$ sogar $P = N_{G_p}(P)$, mit 4.2.a dann $P = G_p$ und somit auch die zweite Behauptung $Syl_pM \subseteq Syl_pG$. □

(10) *Sei* $M \in \mathcal{M}$ *und* $F(M)$ *eine* p-*Gruppe. Dann ist* $M \cap M^g$ *eine* q-*Gruppe für jedes* $g \in G \setminus M$. *Dasselbe gilt auch mit* p *und* q *vertauscht.*

BEWEIS: Wir wählen $g \in G \setminus M$ so, daß eine p-Sylowgruppe P von $M \cap M^g$ möglichst große Ordnung hat und führen die Annahme $P \neq 1$ zu einem Widerspruch. Sei $H \in \mathcal{M}$ mit $N_G(P) \leq H$. Aus (5) folgt $F(H) = O_p(H)$ und somit aus (9) mit H statt M

$$Syl_pH \subseteq Syl_pG \text{ und } H = N_G(J(H_p)).$$

Nach dem Satz von Sylow existiert zu den p-Sylowgruppen M_p und H_p von G ein $x \in G$ mit $M_p{}^x = H_p$, also $J(M_p)^x = J(M_p{}^x) = J(H_p)$.
Aus (9) folgt (mit M_p statt P)

$$M^x = N_G(J(M_p))^x = N_G(J(M_p)^x) = N_G(J(H_p)) = H.$$

Sei $P \leq M_p$. Wir nehmen zunächst $P \not\leq M_p$ an. Mit 4.2.a folgt

$$P \not\leq N_{M_p}(P) \leq H \cap M = M^x \cap M.$$

Wegen der maximalen Wahl von P ist x aus M, also $H = M^x = M$ und somit $N_G(P) \leq M$. Sei $P \leq R \in Syl_pM^g$. Im Falle $R \not\leq P$ gilt wegen 4.2.a

$$P \not\leq N_R(P) \leq M^g \cap M$$

im Widerspruch zu $P \in Syl_p(M \cap M^g)$. Also ist P eine p-Sylowgruppe von M^g, und damit auch eine von M im Widerspruch zur Annahme $P \neq M_p$. Insgesamt ist P doch eine p-Sylowgruppe von M und auch eine von M^g. Aus (9.a), angewandt auf M und M^g, folgt nun der Widerspruch
$M = N_G(J(P)) = M^g$. □

BEWEISABSCHLUß: Sei $1 \neq P \in Syl_pG$ und $N_G(P) \leq M \in \mathcal{M}$. Aus (5) und (10) folgen $F(M) = O_p(M)$ und $P \cap P^g \leq (M \cap M^g)_p = 1$ für $g \in G \setminus M$. Nach 1.4 gilt

$$|G| \geq |PP^g| = \frac{|P| \cdot |P^g|}{|P \cap P^g|} = |P|^2.$$

Vertauscht man p und q, so ergibt sich für $Q \in Syl_q G$ genauso

$$|G| \geq |Q|^2.$$

Die Aussage $|P|^2 \leq |G| \geq |Q|^2$ widerspricht aber $|G| = |P||Q|$ und $|P| \neq |Q|$. □

Damit ist der Beweis des $p^a q^b$-Satzes auf den Beweis von (8) zurückgeführt. Für diesen Beweis benötigen wir eine weitere Zwischenaussage:

(11) *Sei* $q < p$ *und* V *eine* q-*Untergruppe* $\neq 1$ *von* G. *Dann sind die* p-*Sylowgruppen von* $N_G(V)$ *zyklisch.*

BEWEIS: Wir nehmen an, daß $P \in Syl_p(N_G(V))$ nicht zyklisch ist und führen dies zu einem Widerspruch. Wegen $2 \leq q < p$ ist p ungerade, nach 4.13 besitzt P daher eine elementarabelsche Untergruppe $\tilde{A}$ der Ordnung p^2. Aus $V \neq 1$ und $V^{\tilde{A}} = V$ folgt, daß die elementarabelsche q-Gruppe $\tilde{X} := \Omega_1(Z(V)) \neq 1$ (4.1) von $\tilde{A}$ normalisiert wird. Wir betrachten nun alle Paare $X \leq G$, $A \leq G$, wobei A eine elementarabelsche p-Gruppe der Ordnung p^2 und X eine elementarabelsche q-Gruppe $\neq 1$ ist, für die $X^A = X$ gilt. Nach dem Obigen ist $\tilde{X}, \tilde{A}$ ein solches Paar. Unter all diesen Paaren X, A wählen wir nun X, A so, daß $|C_X(A)|$ maximal ist.

Nach (6.b) ist $X_o := \Omega_1(Z(F(C_G(X))))$ eine q-Gruppe. Wegen $X \leq X_o$ und $X_o{}^A = X_o$ können wir im folgenden $X = X_o$ annehmen, also

$$X = \Omega_1(Z(F(C_G(X)))).$$

Aus (6.c) folgt nun, daß $C_G(X)$ eine q-Gruppe ist, also

$$C_X(A) \lneq X.$$

Wegen $X = \langle C_X(a) \mid 1 \neq a \in A\rangle$ (7.27) existiert ein $1 \neq a \in A$ mit

$$C_X(A) \lneq C_X(a) =: X_1.$$

Weil A abelsch ist, also $a^A = a$ gilt, operiert A auf X_1 und dann auch auf $\bar{X}_1 := X_1/C_X(A)$. Die Annahme $|\bar{X}_1| = q$ führt mit $A/C_A(\bar{X}_1) \leq Aut\, \bar{X}_1$ (3.8), $|Aut\, \bar{X}_1| = q - 1$ (2.18.b) und $q < p$ zu $\bar{X}_1 = C_{\bar{X}_1}(A)$, und dann mit 7.10 zu dem Widerspruch $X_1 \leq C_X(A)$. Also gilt $|X_1 : C_X(A)| \geq q^2$ und daher

(i) $$\frac{|X_1|}{q^2} \geq |C_X(A)|.$$

Sei $A_o := \langle a\rangle$. Offenbar gilt $A_o \leq A_1 := \Omega_1(Z(F(C_G(A_o))))$. Weil $C_G(A_1)$ nach (6.c) eine p-Gruppe ist und A_o von der q-Gruppe X_1 zentralisiert wird, gilt sogar $A_o \lneq A_1$. Da A_o und dann auch A_1 von X_1 normalisiert wird, operiert die q-Gruppe X_1 auf der p-Gruppe $\bar{A}_1 := A_1/A_o \neq 1$. Nach 7.22 gilt

$$\bar{A}_1 = \langle C_{\bar{A}_1}(X_2) \mid X_2 \leq X_1,\ r(X_1/X_2) = 1\rangle.$$

Es existiert also ein $X_2 \leq X_1$ mit

(ii) $\dfrac{|X_1|}{|X_2|} = q,$

und $1 \neq C_{\bar{A}_1}(X_2)$. Aus 7.8.b folgt $A_o \not\leq C_{A_1}(X_2)$, wegen $1 \neq A_o$ daher $|C_{A_1}(X_2)| \geq p^2$. Somit enthält A_1 eine elementarabelsche p-Untergruppe A_2 der Ordnung p^2, die die elementarabelsche q-Untergruppe X_2 zentralisiert, also auch normalisiert. Außerdem folgt

$$|C_{X_2}(A_2)| = |X_2| \overset{(ii)}{=} \frac{|X_1|}{q} > \frac{|X_1|}{q^2} \overset{(i)}{\geq} |C_X(A)|,$$

im Widerspruch zur maximalen Wahl von $|C_X(A)|$. □

Insgesamt muß jetzt noch (8) bewiesen werden:

BEWEIS von (8): Sei $R := O_p(M)$. Das Bild einer Untergruppe U von M in $\bar{M} := M/R$ sei $\bar{U}$. Zunächst zeigen wir

(i) $\bar{M}$ *hat zyklische* p-*Sylowgruppen.*

Sei B das Urbild von $O_{p'}(\bar{M}) = O_q(\bar{M})$ in M, also $B = O_{pp'}(M)$. Für $Q \in Syl_q B$ ergibt das Frattiniargument 3.14

$$M = B\, N_M(Q) = RQ\, N_M(Q) = R\, N_M(Q),$$

also

$$\bar{M} = \overline{N_M(Q)}.$$

Es gilt also (i), falls $N_M(Q)$ zyklische p-Sylowgruppen hat. Dies folgt aber aus (11), falls $q < p$. Im Falle $p < q$ sind dagegen alle q-Sylowgruppen von $M = N_G(R)$ zyklisch (11), also auch Q und $\bar{Q} = O_{p'}(\bar{M})$. Nach 3.8 und 2.18.c sind nun die p-Sylowgruppen von $\bar{M}/C_{\bar{M}}(\bar{Q})$ zyklisch. Wegen $C_{\bar{M}}(\bar{Q}) \leq \bar{Q}$ (6.12) gilt dies auch für $\bar{M}/\bar{Q}$ und somit für $\bar{M}$. Damit ist (i) gezeigt.

Wegen $O_{p'}(M) = 1$ gilt $C_M(R) = Z(R)$ (6.12), und dann sogar $Z(F(C_M(R))) = Z(R)$. Für $V := \Omega_1(Z(R))$ folgt aus (6.c) und $C_M(V) \trianglelefteq M$

(ii) $C_M(V) = R.$

Wir nehmen nun $J(P) \not\leq R$ an ($P \in Syl_p M$) und führen dies zu einem Widerspruch. Nach Definition von J(P) (siehe S. 126) existiert dann eine elementarabelsche Untergruppe A größtmöglicher Ordnung von P mit $A \nleq R$. Nach (i) ist $AR/A \cong A/A \cap R$ zyklisch, also

$$|A : A \cap R| = p.$$

Weil $(R \cap A)V$ eine elementarabelsche Untergruppe von R ist, folgt aus der Maximalität von $|A|$ mit 1.4

$$\frac{|R \cap A| \cdot |V|}{|V \cap A|} = |(R \cap A)V| \leq |A| = p|A \cap R|,$$

also $|V : V \cap A| \leq p$ und damit für $x \in A \setminus R$

$$|V : C_V(x)| \leq p.$$

Sei $\bar{x} := x R \in \bar{M}$. Nach (ii) operiert $H := O_q(\bar{M})\langle\bar{x}\rangle$ treu auf der abelschen p-Gruppe V. Wegen

$$|V : C_V(\bar{x})| \leq p$$

und $C_{\bar{M}}(O_q(\bar{M})) \leq O_q(\bar{M})$ erfüllt das Paar V,H die Voraussetzungen von 7.29 (vergleiche auch 7.27); es folgt $2 \in \{p,q\}$ im Widerspruch zu (7). □

Damit ist der $p^a q^b$-Satz vollständig bewiesen.

Kapitel IX. Verlagerung und p-Faktorgruppen

Sei P eine p-Sylowgruppe der Gruppe G. Wir gehen hier der Frage nach, inwieweit eine "lokale" Einbettung von P in G die Existenz eines Normalteilers $N \neq G$ impliziert, dessen Faktorgruppe eine p-Gruppe ist. Dazu entwickeln wir zunächst die Technik der Verlagerung.

§ 1 Verlagerung und π-Faktorgruppen

Im folgenden sei H eine echte Untergruppe der Gruppe G. Wir konstruieren einen Homomorphismus von G in die Kommutatorfaktorgruppe H/H' von H. Dazu seien

$$Hy_1, Hy_2, \ldots, Hy_n, \qquad n := |G:H|$$

sämtliche Rechtsnebenklassen von H in G. Die Gruppe G operiert auf der Menge dieser Nebenklassen vermöge

$$Hy_i \overset{x}{\to} Hy_i x, \qquad x \in G.$$

Zu $i \in \{1,\ldots,n\}$ existiert also ein $i^x \in \{1,\ldots,n\}$ und ein $h_i(x) \in H$, so daß gilt

(*) $$(Hy_i)x = Hy_{i^x}$$

$$y_i x = h_i(x)\, y_{i^x}$$

H *operiert auf* $\{1,\ldots,n\}$ *vermöge* $i \to i^x$.

Es sei φ der kanonische Epimorphismus von H auf die abelsche Gruppe H/H'. Die Abbildung

$$x \to \prod_{i=1}^{n} h_i(x)^{\varphi}$$

von G in H/H' heißt die *Verlagerung* der Gruppe G in die abelsche Gruppe H/H', wir bezeichnen sie mit $V_{G\to H}$ (genauer müßte es $V_{G\to H/H'}$ heißen).

9.1 SATZ: *a) Die Verlagerung* $V_{G\to H}$ *ist ein Homomorphismus von* G *in* H/H'.

b) $V_{G\to H}$ *ist unabhängig von der Wahl des Rechtsvertretersystems* $\{y_1,\dots,y_n\}$ *von* H *in* G.

BEWEIS: a) Da H/H' abelsch ist, gilt für $x,z \in G$ und $V := V_{G\to H}$

$$V(x)V(z) = (\prod_i h_i(x)^{\varphi})\ (\prod_i h_i(z)^{\varphi}) = \prod_i h_i(x)^{\varphi}\ h_i(z)^{\varphi}.$$

Aus (*) folgt andererseits

$$h_i(xz)y_{i^{xz}} = y_i(xz) = (y_ix)z = (h_i(x)y_{i^x})z$$

$$= h_i(x)(y_{i^x}z) = h_i(x)(h_{i^x}(z)y_{(i^x)^z}) = h_i(x)\ h_{i^x}(z)\ y_{i^{xz}},$$

also

$$V(xz) = \prod_i h_i(xz)^{\varphi} = \prod_i (h_i(x)\ h_{i^x}(z))^{\varphi} = \prod_i h_i(x)^{\varphi}\ h_{i^x}(z)^{\varphi}$$

Da φ ein Homomorphismus in die abelsche Gruppe H/H' ist, und mit i auch i^x alle Ziffern $1,\dots,n$ durchläuft (*), folgt daraus die Behauptung $V(xz) = V(x)V(z)$.

b) Seien $w_1,\dots,w_n \in H$ und sei

$$y_1' := w_1y_1,\dots,\ y_n' := w_ny_n$$

ein weiteres Rechtsvertretersystem von H in G. Wir bilden die zu (*) analogen Gleichungen

$$y_i'x = h_i'(x)\ y'_{i^x}$$

für gewisse $h_i'(x) \in H$ $(i = 1,\dots,n)$. Es gilt

$$y_i'x = w_i(y_ix) = w_ih_i(x)y_{i^x} = w_ih_i(x)w_{i^x}^{-1}\ w_{i^x}\ y_{i^x}$$

$$= w_ih_i(x)\ w_{i^x}^{-1}\ y'_{i^x},$$

also

$$h_i'(x) = w_ih_i(x)\ w_{i^x}^{-1}.$$

Da H/H' abelsch ist, folgt hieraus

$$\prod_i h_i'(x)^{\varphi} = \prod_i (w_ih_i(x)\ w_{i^x}^{-1})^{\varphi} = \prod_i w_i^{\varphi}\ h_i(x)^{\varphi}\ w_{i^x}^{-\varphi}$$

$$= \prod_i h_i(x)^{\varphi} = V(x),$$

also die Behauptung. □

Wir berechnen $V_{G\to H}$ folgendermaßen:

9.2 *Sei* $x \in G$. *Die Permutation* $i \to i^x$ *von* $\{1,\dots,n\}$ *sei das Produkt von* t *Zykeln*

$(i_k, i_k^{\,x}, i_k^{\,x^2}, \ldots, i_k^{\,x^{r_k-1}})$ *der Länge* r_k $\quad k = 1,\ldots,t.$

Dann gilt:

a) $V_{G\to H}(x) = \prod_{k=1}^{t} (y_{i_k} x^{r_k} y_{i_k}^{-1})^{\varphi},$

b) $y_{i_k} x^{r_k} y_{i_k}^{-1} \in H, \quad i = 1,\ldots,k,$

c) $\sum_{k=1}^{t} r_k = |G : H|,$

d) r_k *ist ein Teiler der Ordnung von* x, $\quad k = 1,\ldots,t.$

BEWEIS: Weil die angegebenen Zykeln von x den Bahnen von $\langle x\rangle$ in der Operation auf $\{1,\ldots,n\}$ entsprechen, gelten c) und d) (siehe Kap. III, §§ 1, 5). Wegen

$$Hy_{i_k} x^j = Hy_{i_k^{\,x^j}} \qquad (j \in \mathbb{Z})$$

ist auch

$$\bigcup_{k=1}^{t} \{y_{i_k}, y_{i_k}x, \ldots, y_{i_k}x^{r_k-1}\}$$

ein Rechtsvertretersystem $\{y_1', \ldots, y_n'\}$ von H in G (9.1.b). Für dieses bilden wir die (*) entsprechenden Gleichungen

$$y_i'x = h_i'(x)\, y_{ix}' .$$

Es folgt

$$h_i'(x) = \begin{cases} 1 & y_i' \neq y_{i_k}x^{r_k-1} \text{ für alle } k = 1,\ldots,t \\ & \text{falls} \\ a_{i_k} & y_i' = y_{i_k}x^{r_k-1} \text{ sonst,} \end{cases}$$

dabei ist $a_{i_k} \in H$ definiert durch

$$y_{i_k} x^{r_k} = a_{i_k} y_{i_k},$$

es liegt also $a_{i_k} = y_{i_k} x^{r_k} y_{i_k}^{-1}$ in H, die Behauptung b); wegen

$$V_{G\to H}(x) = \prod_{i=1}^{n} h_i'(x)^{\varphi} = \prod_{k=1}^{t} (y_{i_k} x^{r_k} y_{i_k}^{-1})^{\varphi}$$

gilt auch a). $\square$

Aus 9.2 folgt:

9.3 *Sei* H *eine Untergruppe der Gruppe* G, *sei*

$$H^* := \langle [x,g] \in H \mid x \in H,\ g \in G \rangle \qquad (\supseteq H'),$$

und $\bar{\varphi}$ *der kanonische Epimorphismus von* H/H' *auf* H/H*. *Dann gilt für* $x \in H$*:*

a) $(V_{G\to H}(x))^{\bar{\varphi}} = (x^{\bar{\varphi}})^{|G:H|}$.

b) Ist H *eine Hallgruppe von* G *und liegt* x *nicht in* H*, *so liegt* $V_{G\to H}(x)$ *nicht in* H*/H'.

BEWEIS: a) Wir berechnen $V(x) := V_{G\to H}(x)$ mit Hilfe von 9.2 und behalten alle Bezeichnungen von vorher. Es gilt also

$$V(x) = \prod_k (y_{i_k} x^{r_k} y_{i_k}^{-1})^{\varphi} = \prod_k (x^{r_k} x^{-r_k} y_{i_k} x^{r_k} y_{i_k}^{-1})^{\varphi}$$

$$= (\prod_k (x^{\varphi})^{r_k}) (\prod_k [x^{r_k}, y_{i_k}^{-1}]^{\varphi}).$$

Nach 9.2.b liegt $y_{i_k} x^{r_k} y_{i_k}^{-1}$ in H, also $[x^{r_k}, y_{i_k}^{-1}]$ in H*. Somit folgt

$$(V(x))^{\bar{\varphi}} = \prod_k (x^{\bar{\varphi}})^{r_k} = (x^{\bar{\varphi}})^{\sum_k r_k} \overset{9.2.c}{=} (x^{\bar{\varphi}})^{|G:H|}. \qquad \square$$

b) Wenn H eine Hallgruppe von G ist, also Index und Ordnung von H teilerfremd sind, ist mit $x^{\bar{\varphi}}$ auch $(x^{\bar{\varphi}})^{|G:H|}$ von 1 verschieden. Die Behauptung folgt somit aus a). □

Sei π eine Menge von Primzahlen und G'(π) der kleinste Normalteiler der Gruppe G mit abelscher π-Faktorgruppe (nach 1.15). Offenbar ist G'(π)/G' die π'-Hallgruppe der abelschen Gruppe G/G'. Wir zeigen, daß G'(π) der Kern der Verlagerung $V_{G\to H}$ ist, wenn H eine π-Hallgruppe von G ist. Dazu benötigen wir folgende elementare Aussage:

9.4 *Ist* H *eine* π*-Hallgruppe der Gruppe* G, *so gilt*

$$H \cap G' = H \cap G'(\pi) \quad \textit{und} \quad G/G'(\pi) \cong H/H \cap G'.$$

BEWEIS: Weil G/G'(π) eine π-Gruppe ist, gilt HG'(π) = G, also mit 1.8

$$G/G'(\pi) \cong H/H \cap G'(\pi).$$

G'(π)/G' ist eine π'-Gruppe, somit gilt $G'(\pi) \cap H \subseteq G'$, also $G'(\pi) \cap H = G' \cap H$, es folgt die Behauptung. □

9.5 SATZ: *Ist* H *eine* π-*Hallgruppe der Gruppe* G, *so gilt*

$G'(\pi) = \mathit{Kern}\ V_{G\to H}$ *und*

$$H \cap G' = \langle [x,g] \in H \mid x \in H,\ g \in G \rangle = H \cap \mathit{Kern}\ (V_{G\to H}).$$

BEWEIS: Weil $V_{G\to H}$ ein Homomorphismus von G in die abelsche π-Gruppe H/H' ist, gilt zunächst (nach 1.7)

$$G'(\pi) \leq \mathit{Kern}\ (V_{G\to H}) =: K.$$

Aus 9.3.b folgt

$$H \cap K \leq \langle [x,g] \in H \mid x \in H,\ g \in G \rangle =: H^*.$$

Wegen $H \cap K \leq H^* \leq H \cap G'$, $G = HK$ und $G'(\pi) \leq K$ erhalten wir die Ungleichungen

$$|H/H \cap G'| \leq |H/H^*| \leq |H/H \cap K| \overset{1.8}{=} |HK/K| = |G/K| \leq |G/G'(\pi)| \overset{9.4}{=} |H/H \cap G'|,$$

und aus ihnen die Behauptung. □

Nach 9.4 besitzt G genau dann eine nicht-triviale abelsche π-Faktorgruppe, wenn $H \cap G'$ von H verschieden ist. Die Untergruppe $H \cap G'$ wird deswegen eine π-*fokale Untergruppe* genannt. Im Falle $\pi = \{p\}$ also $H \in \mathit{Syl}_p G$ sind die p-fokalen Untergruppen bis auf Konjugiertheit bestimmt.

Die Bedeutung von 9.5 besteht darin, daß $H \cap G'$ in H berechnet werden kann, wenn man weiß, welche Elemente von H in G zueinander konjugiert sind. Im Falle $\pi = \{p\}$ kann man dies nach einem Satz von ALPERIN allein aus der Kenntnis der Normalisatoren gewisser nicht-trivialer p-Untergruppen von G entscheiden (siehe [G] 7.2.6, S. 244). In einem Spezialfall reduziert sich ALPERINs Satz auf folgenden schon lang bekannten Sachverhalt:

9.6 LEMMA VON BURNSIDE: *Sei* P *eine* p-*Sylowgruppe der Gruppe* G *und* $N := N_G(P)$. *Dann gilt:*

a) Sind A_1, A_2 *zwei normale Untermengen von* P *(also* $A_i^x = A_i$ *für alle* $x \in P$*), die in* G *zueinander konjugiert sind, so findet man ein* $y \in N$ *mit* $A_1^y = A_2$.

b) Ist P *abelsch und sind* $a_1, a_2 \in P$ *in* G *konjugiert, so findet man ein* $y \in N$ *mit* $a_1^y = a_2$.

BEWEIS: a) Sei $A_1^g = A_2$ für $g \in G$. Aus $P \subseteq N_G(A_1)$ folgt $P^g \subseteq N_G(A_1^g) = N_G(A_2)$. Somit sind P und P^g zwei p-Sylowgruppen von $N_G(A_2)$, sind also in $N_G(A_2)$ zueinander konjugiert (3.11):

$(P^g)^h = P$ für $h \in N_G(A_2)$. Es folgt $gh \in N_G(P) = N$ und $A_1{}^{gh} = A_2{}^h = A_2$, somit leistet $y := gh \in N_G(P)$ das Gewünschte.
b) folgt mit $A_i = \{a_i\}$, $i = 1,2$, aus a). □

Mit Hilfe von 9.6 ergibt sich nun aus 9.5:

9.7 SATZ (BURNSIDE): *Sei die* p-*Sylowgruppe* P *der Gruppe* G *abelsch. Dann gilt für* $N := N_G(P)$

$$P \cap N' = P \cap G' \text{ und } N/N'(p) \cong G/G'(p).$$

BEWEIS: Nach 9.4 und 9.5 (setze P für H) genügt es,

$$\langle [x,g] \in P \mid x \in P,\ g \in G\rangle = \langle [x,n] \in P \mid x \in P,\ n \in N\rangle$$

nachzuweisen. Doch aus $[x,g] = x^{-1}(g^{-1}xg) \in P$, $x \in P$, $g \in G$ folgt mit Hilfe von 9.6 die Existenz eines $n \in N$ mit $[x,g] = [x,n]$. □

Sind $Z \leq P \leq G$ Untergruppen der Gruppe G, so heißt Z *schwach abgeschlossen* in P, falls aus $Z^g \leq P$, $g \in G$ stets $Z^g = Z$ folgt. Der nächste Satz verallgemeinert 9.7:

9.8 SATZ (GRÜN): *Sei* P *eine* p-*Sylowgruppe der Gruppe* G *und* Z *eine Untergruppe von* Z(P), *die schwach abgeschlossen in* P *ist.**) *Dann gilt für* $N := N_G(Z)$

$$P \cap G' = P \cap N' \text{ und } G/G'(p) \cong N/N'(p).$$

BEWEIS: Nach 9.4 und 9.5 genügt es, $P \cap N' = P \cap G'$ nachzuweisen. Ist dies falsch, so finden wir wegen $P \cap N' \subseteq P \cap G'$ unter den Elementen aus $(P \cap G') \setminus (P \cap N')$ ein x mit minimaler Ordnung. Sei dieses x fest gewählt.
Wegen $Z \subseteq Z(P)$ ist P eine Untergruppe von N, wir können also die Verlagerung $V_{N\to P}$ bilden. Aus 9.3.b folgt, da P eine p-Hallgruppe von G ist

(i) $V_{N\to P}(x) \notin (N' \cap P)/P'$,

und wegen $x \in G' \cap P$ aus 9.5

$$V_{G\to P}(x) = 1.$$

Wir erreichen also den gewünschten Widerspruch, wenn wir $V(x) := V_{G\to P}(x) \notin (N' \cap P)/P'$ zeigen können. Dazu berechnen wir V(x) mit Hilfe von 9.2, wobei wir H = P und

---

*) Ist Z = Z(P) schwach abgeschlossen in P, so heißt G p-*normal*.

$$g_k := y_{i_k}$$

$$a_k := y_{i_k} \, x^{r_k} \, y_{i_k}^{-1} = (x^{r_k})^{g_k^{-1}}, \quad k = 1,\dots,t$$

setzen. Es gilt also

$$V(x) = \prod_{k=1}^{t} a_k^{\varphi} \quad \text{und} \quad a_k \in P.$$

Seien $Py_1,\dots,Py_m$ die Nebenklassen von P, die in N liegen ($m := |N:P|$). Weil diese von x durch Rechtsmultiplikation untereinander permutiert werden, folgt aus der Definition von $V_{G\to P}$

$$\text{(ii)} \quad V(x) = \prod_{g_k \in N} (a^k)^{\varphi} \prod_{\substack{g_k \notin N \\ r_k = 1}} (a^k)^{\varphi} \prod_{\substack{g_k \in N \\ r_k > 1}} (a^k)^{\varphi}.$$

Da der erste Faktor gleich $V_{N\to P}(x)$ ist, genügt es wegen (i) zu zeigen, daß die beiden anderen Faktoren in

$$\bar{P} := (N' \cap P)/P'$$

liegen. Dabei können wir offenbar $Z \neq 1$ annehmen. Im Falle $r_k > 1$ hat $a_k = g_k x^{r_k} g_k^{-1} \in P$ wegen (9.2.d) eine kleinere Ordnung als x; aus der minimalen Wahl von x folgt also $a_k^{\varphi} \in \bar{P}$; der dritte Faktor von (ii) liegt somit, wie gewünscht, in $\bar{P}$.

Es bleibt noch zu zeigen, daß auch der mittlere Faktor von (ii) in $\bar{P}$ liegt: Sei Ω die Menge der Nebenklassen Pg_k mit $g_k \notin N$ und $r_k = 1$, für die also $P_k g_k x = Pg_k$ gilt. Aus $Z \subseteq Z(P)$ und $x \in P$ folgt für alle $z \in Z$

$$(Pg_k z)x = Pg_k xz = Pg_k z,$$

es operiert also Z durch Rechtsmultiplikation auf der Menge Ω. Wir zeigen, daß alle Bahnen von Z auf Ω eine Länge > 1 haben: Andernfalls existiert ein $Pg_k \in \Omega$ mit $Pg_k Z = Pg_k$, also $g_k Z g_k^{-1} \subseteq P$; wegen der schwachen Abgeschlossenheit von Z in P zieht dies $g_k \in N$ nach sich im Widerspruch zu $g_k \notin N$. Sei nun

$$Pg_k Z = \{Pg_k z \mid z \in Z\} \subseteq \Omega$$

eine Bahn der Länge s von Z. Nach dem eben Bewiesenen ist $s > 1$, als Teiler von $|Z|$ (3.4) somit eine p-Potenz $\neq 1$ (hier benützen wir $P \in \mathcal{Syl}_p G$). Aus der minimalen Wahl von x folgt

$$\text{(iii)} \quad (g_k \, x \, g_k^{-1})^s = g_k x^s g_k^{-1} \in P \cap N'.$$

Wir wählen nun zu der Bahn $Pg_k Z$ Elemente $z_j \in Z$ mit

$$Pg_k Z = \{Pg_k z_1,\dots,Pg_k z_s\}.$$

Dann können wir nach 9.1.b auch die Elemente $g_k z_j$ als Rechtsvertreter der Nebenklassen $Pg_k z_j$ nehmen. Somit ist der mittlere Faktor von (ii) ein Produkt von Faktoren der Form

$$\prod_{j=1}^{s} (g_k z_j\, x\, z_j^{-1} g_k^{-1})^{\varphi},$$

für die wegen $xz_j = z_j x$

$$\prod_{j=1}^{s} (g_k z_j x z_j^{-1} g_k^{-1})^{\varphi} = \prod_{j=1}^{s} (g_k x g_k^{-1})^{\varphi} = (g_k x^s g_k^{-1})^{\varphi} \overset{(iii)}{\in} \bar{P}$$

gilt. Nach dem oben Gesagten ist damit 9.8 vollständig bewiesen. □

Ähnlich wie 9.8 läßt sich auch ein zweiter Satz von GRÜN beweisen (siehe [H] IV, 3.4, S. 423 oder [G] 7.4.2, S. 252).

SATZ (GRÜN): *Sei* P *eine* p-*Sylowgruppe der Gruppe* G. *Dann gilt für* $N := N_G(P)$

$$P \cap G' = \langle P \cap N_G(P)',\ P \cap Q' \mid Q \in \mathcal{Syl}_p G\rangle.$$

ÜBUNGEN

Es sei H eine Untergruppe der Gruppe G.

1. Für $x \in Z(G) \cap H$ gilt $V_{G\to H}(x) = x^{|G:H|}H'$.
2. Ist H eine abelsche Hallgruppe von G, so gilt $H \cap G' \cap Z(G) = 1$ (benütze Aufg. 1).
3. Sind alle Sylowgruppen von G abelsch, so gilt $G' \cap Z(G) = 1$ (benütze Aufgabe 2).
4. Sei $H \leq K \leq G$ und für $x \in G$ sei $V_{G\to K}(x) = yK'$, $y \in K$. Dann gilt $V_{G\to H}(x) = V_{K\to H}(y)$.
5. Sei $P \in \mathcal{Syl}_p G$ abelsch. Dann besitzt G eine Faktorgruppe, die zu $Z(N_G(P)) \cap P$ isomorph ist (vergleiche 9.9, benütze 7.13).
6. In $P \in \mathcal{Syl}_p G$ gelte $\Omega_1(P) \subseteq Z(P)$ und es sei $N := N_G(\Omega_1(P))$. Dann gilt

   $$N'(p) \neq N \Leftrightarrow G'(p) \neq G$$

   (benütze 9.8).

§ 2 NORMALE P-KOMPLEMENTE

Sei G eine Gruppe und p ein fest gewählter Primteiler von $|G|$. Nach 1.15 besitzt G einen kleinsten Normalteiler mit p-Faktorgruppe; wir bezeichnen ihn mit $O^p(G)$. Offenbar gilt $O^p(G) \leq G'(p) \leq G$ und die Aussagen $O^p(G) \neq G$ und $G'(p) \neq G$ sind äquivalent (4.2.b). Somit liefern 9.7 und 9.8 Kriterien, wann $O^p(G)$ von G verschieden ist. Wir interessieren uns hier für den Fall, in dem $O^p(G)$ kleinstmögliche Ordnung hat, also eine p'-Untergruppe von G ist. In diesem Fall ist $O^p(G) = O_{p'}(G) =: K$ und für $P \in \mathcal{S}yl_p G$ gilt

$$G = PK \quad \text{und} \quad P \cap K = 1,$$

es ist also K ein normales Komplement von P in G; man sagt: G besitzt ein *normales* p-*Komplement* (oder G ist p-*nilpotent*).

Wir erwähnen zunächst einen Spezialfall von 9.7:

9.9 *Sei die* p-*Sylowgruppe* P *der Gruppe* G *abelsch. Dann besitzt* G *ein normales* p-*Komplement, falls* P *im Zentrum von* $N_G(P)$ *liegt.*

BEWEIS: Nach 6.7.a besitzt P ein Komplement H in $N := N_G(P)$; wegen $[H,P] = 1$ gilt $N = H \times P$, also

$$P \cong N/H = N/N'(p) \overset{9.7}{\cong} G/G'(p).$$

Somit ist $G'(p) = O^p(G)$ eine p'-Hallgruppe von G. □

Eine einfache Folgerung aus 9.9 ist (vergleiche 5.7):

9.10 *Sind die* p-*Sylowgruppen der Gruppe* G *für den kleinsten Primteiler* p *von* $|G|$ *zyklisch, so besitzt* G *ein normales* p-*Komplement.*

BEWEIS: Sei P eine p-Sylowgruppe zum kleinsten Primteiler von $|G|$. Dann gilt

$$N_G(P) = C_G(P),$$

denn wir können $N_G(P)$ homomorph in *Aut* P einbetten (3.8), und, da die Primteiler von *Aut* P kleiner als p sind (P zyklisch, 2.18.a), liegt $N_G(P)$ im Kern dieses Homomorphismus. Es folgt $P \subseteq Z(N)$ und mit 9.9 die Behauptung. □

Wir entwickeln nun tiefliegende Kriterien für die Existenz von normalen p-Komplementen und beginnen mit einigen einfachen Aussagen:

9.11 *Die Gruppe* G *besitze ein normales* p-*Komplement* K. *Dann gilt*

a) K *besteht aus den* p'-*Elementen von* G.

b) Jede Untergruppe U *von* G *besitzt ein normales* p-*Komplement, nämlich* $K \cap U$.

c) Für jede p-*Untergruppe* S *von* G *ist* $N_G(S)/C_G(S)$ *eine* p-*Gruppe.*

d) Sei P *eine* p-*Sylowgruppe von* G *und* Z *ein Normalteiler von* P. *Dann ist* Z *normal in jeder* p-*Sylowgruppe von* G, *die* Z *enthält.*

BEWEIS: a) folgt unmittelbar aus der Definition eines normalen p-Komplements.
b) Nach a) besteht die normale Untergruppe $U \cap K$ von U aus allen p'-Elementen von U, ist also ein normales p-Komplement von U (vergleiche 6.6).
c) Nach a) und b) besteht das normale p-Komplement $L := K \cap N_G(S)$ von $N_G(S)$ aus allen p'-Elementen von $N_G(S)$. Aus $[L,S] \subseteq L \cap S = 1$ folgt somit die Behauptung $L \subseteq C_G(S)$.
d) Wegen $G = PK$ und dem Satz von Sylow 3.11 gilt

$$\mathcal{Syl}_p G = \{P^k \mid k \in K\}.$$

Aus $Z \subseteq P^k \in \mathcal{Syl}_p G$, $k \in K$, folgt $Z, Z^{k^{-1}} \subseteq P$, also

$$[Z,k^{-1}] \subseteq P \cap K = 1,$$

und damit die Behauptung $Z^{k^{-1}Pk} = Z^{Pk} = Z^k = Z$. □

Folgender Satz zeigt, daß 9.11.c auch hinreichend für die Existenz eines normalen p-Komplements von G ist.

9.12 SATZ (FROBENIUS): *Die Gruppe* G *besitzt ein normales* p-*Komplement genau dann, wenn sie eine der beiden folgenden Eigenschaften besitzt:*

a) $N_G(S)$ *besitzt ein normales* p-*Komplement für jede* p-*Untergruppe* $S \neq 1$ *von* G.

b) Für jede p-*Untergruppe* $S \neq 1$ *von* G *ist* $N_G(S)/C_G(S)$ *eine* p-*Gruppe.*

BEWEIS: Wegen 9.11.b,c bleibt zu zeigen, daß aus a) oder b) die Existenz eines normalen p-Komplements von G folgt. Dies beweisen wir durch Induktion nach $|G|$. Weil mit G auch jeder Untergruppe von G die Eigenschaft a) bzw. b) zukommt (9.11.b), gilt zunächst wegen der Induktionsannahme:

(i) *Jede echte Untergruppe von* G *besitzt ein normales* p-*Komplement.*

Wir zeigen nun, daß die Eigenschaft a) aus b) folgt: Sei $S \neq 1$ eine p-Untergruppe von G; dann besitzt $N_G(S)$ nach (i) ein normales p-Komple-

ment, falls $N_G(S) \subsetneqq G$ gilt; ansonsten besitzt G/S nach Induktion ein normales p-Komplement L/S mit $S \leq L \leq G$, weil auch G/S offenbar die Eigenschaft b) besitzt. Die Untergruppe S hat wegen 6.7.b ein Komplement K in L, das wegen $K \subseteq C_G(S)$ charakteristisch in L, also normal in G, und damit ein normales p-Komplement von $G = N_G(S)$ ist.
Somit können wir im weiteren Verlauf des Beweises stets a) voraussetzen. Sei $P \in \mathcal{Syl}_p G$ und $Z \neq 1$ eine Untergruppe von $Z(P)$; sei $N := N_G(Z)$. Wir werden 9.8 anwenden und müssen dazu beweisen, daß Z schwach abgeschlossen in P ist. Dazu zeigen wir zunächst:

(ii) *Aus* $Z \subseteq R \in \mathcal{Syl}_p G$ *folgt* $R \subseteq N$.

Wir nehmen an, (ii) wäre falsch, und wählen unter den p-Sylowgruppen R von G mit $Z \subseteq R \not\subseteq N$ die Sylowgruppe R so, daß $S := N \cap R$ größtmögliche Ordnung hat. Dann existiert ein $P_1 \in \mathcal{Syl}_p N$ mit $S \subsetneqq P_1$, nach 4.2.b gilt sogar

$$S \subsetneqq N_{P_1}(S) \quad \text{und} \quad S \subsetneqq N_R(S).$$

Wegen der maximalen Wahl von $S = R \cap N$ liegt jede p-Sylowgruppe von $N_G(S)$, die $N_{P_1}(S)$ enthält, in N, jede solche Sylowgruppe normalisiert also Z. Weil $N_G(S)$ nach Voraussetzung ein normales p-Komplement besitzt, wird Z infolge 9.11.d sogar von jeder p-Sylowgruppe aus $N_G(S)$, also auch von $N_R(S)$ normalisiert, im Widerspruch zu $R \cap N = S \subsetneqq N_R(S)$. Damit ist (ii) bewiesen.

Sei nun mit Z auch Z^g, $g \in G$ in P. Wie Z ist natürlich auch Z^g normal in jeder p-Sylowgruppe, die Z^g enthält, also insbesondere in P. Nach Burnside's Lemma 9.6.a existiert ein $y \in N_G(P)$ mit $Z^y = Z^g$. Weil $N_G(P)$ nach Voraussetzung ein normales p-Komplement L besitzt, können wir y aus P wählen, es gilt also $Z^g = Z^y = Z$. Damit ist Z schwach abgeschlossen in P.
Da $N = N_G(Z)$ nach Voraussetzung ein normales p-Komplement besitzt, gilt $N'(p) \neq N$, aus 9.8 folgt daher $G'(p) \neq G$. Nach (i) besitzt $G'(p)$ ein normales p-Komplement, das offenbar auch ein normales p-Komplement von G ist. □

Für $p \neq 2$ wurde 9.13 von THOMPSON wesentlich verschärft. Wie auf S. 126 in Kap. VIII definieren wir die Thompson-Untergruppe $J(P)$ einer p-Gruppe P durch

$$\mathcal{A} := \{A \leq P \mid A \text{ elementarabelsch}\}$$

$$p^n := \mathit{max}\ \{|A| \mid A \in \mathcal{A}\}$$

$$J(P) := \langle A \in \mathcal{A} \mid |A| = p^n \rangle,$$

und bemerken, daß $J(P)$ charakteristisch in jeder Untergruppe von P ist, die $J(P)$ enthält.

9.13 SATZ (THOMPSON): *Sei P eine p-Sylowgruppe der Gruppe G. Im Falle $p = 2$ sei 3 kein Teiler von $|G|$. Dann besitzt G ein normales p-Komplement, falls die beiden Untergruppen $C_G(Z(P))$ und $N_G(J(P))$ ein solches besitzen.*

BEWEIS: Zur Vereinfachung schreiben wir $X \in K$ bzw. $X \notin K$, falls die Gruppe X ein bzw. kein normales p-Komplement besitzt.
Sei G ein minimales Gegenbeispiel, also die Behauptung für G falsch, aber für kleinere Gruppen richtig. Daraus folgt zunächst

(i) $O_{p'}(G) = 1$.

Sei andernfalls N ein p'-Normalteiler $\neq 1$ von G; es sei $\tilde{G} := G/N$ und $\tilde{U} := UN/N$ das Bild von $U \leq G$ in $\tilde{G}$. Dann folgt $P \cong \tilde{P} \in Syl_p\tilde{G}$, also

$$Z(\tilde{P}) \cong Z(P) \quad \text{und} \quad J(\tilde{P}) \cong J(P),$$

sowie

$$C_{\tilde{G}}(Z(\tilde{P})) \overset{7.9}{=} \widetilde{C_G(Z(P))} \quad \text{und} \quad N_{\tilde{G}}(J(\tilde{P})) \overset{3.16}{=} \widetilde{N_G(J(P))};$$

es gilt also $C_{\tilde{G}}(Z(\tilde{P})), N_{\tilde{G}}(J(\tilde{P})) \in K$. Nach Induktionsannahme besitzt daher auch $\tilde{G}$ ein normales p-Komplement K/N, $N \leq K \leq G$, aber K ist offenbar auch ein normales p-Komplement von G im Widerspruch zur Wahl von G. Damit ist (i) bewiesen.

Sei $|X|_p$ die größte p-Potenz, welche die Ordnung von $X \leq G$ teilt. Wir definieren:

$$R_1 := \{R \leq G \mid 1 \neq |R| = |R|_p,\ N_G(R) \notin K\}$$

$$p^e := max\ \{|N_G(R)|_p \mid R \in R_1\}$$

$$R := \{H \in R_1 \mid |N_G(R)|_p = p^e\}.$$

Offenbar sind R_1 und R unter Konjugation mit Elementen von G invariant. Wegen 9.12.a und $G \notin K$ ist R_1, also auch R, nicht leer. Es gilt:

(ii) *Jedes $R \in R$ ist ein Normalteiler von G.*

Sei andernfalls $R \in R$ mit $L := N_G(R) \neq G$. Wegen $L \notin K$ und der Induktionsannahme erreichen wir einen Widerspruch, wenn wir zeigen, daß die Voraussetzungen des Satzes für L zutreffen. Indem wir L durch eine geeignete konjugierte Untergruppe ersetzen, können wir o.B.d.A. annehmen, daß $S := P \cap L$ eine p-Sylowgruppe von L ist. Da im Falle $S = P$ wegen

$$C_L(Z(P)) \leq C_G(Z(P)) \in \mathcal{K} \quad \text{und} \quad N_L(J(P)) \leq N_G(J(P)) \in \mathcal{K}$$

die Induktionsvoraussetzungen für L erfüllt sind, folgt $S \lneq P$, mit 4.2.a sogar

$$S \lneq N_P(S) =: A,$$

also $|N_G(X)|_p > |S| = p^e$ für jeden Normalteiler X von A. Ein solches X liegt daher nicht in $\mathcal{R}$, mit anderen Worten $N_G(X) \in \mathcal{K}$, falls $X \neq 1$. Insbesondere folgt $N_L(J(S)) \in \mathcal{K}$, $N_L(J(S)) \in \mathcal{K}$, also auch $C_L(Z(S)) \in \mathcal{K}$, und nach unserer Vorbemerkung ist damit (ii) bewiesen.

Im weiteren Verlauf des Beweises sei R ein fest gewähltes maximales Element von $\mathcal{R}$ (bez. Inklusion); wegen (ii) haben wir also:

(iii) $R = O_p(G)$ *und* $N_G(B) \in \mathcal{K}$ *für* $R \lneq B \leq P$.

In der Gruppe $\bar{G} := G/R$ gilt somit für jede p-Untergruppe $\bar{B} := B/R \neq 1$

$$N_{\bar{G}}(\bar{B}) = N_G(B)/R \in \mathcal{K},$$

nach 9.12.b besitzt daher $\bar{G}$ ein normales p-Komplement K/R, $R \leq K \leq G$. Zusammenfassend gilt also:

(iv) G *ist* p-*auflösbar von folgender Struktur:*
1 *char* R *char* K *char* G; *es ist* $O_{p'}(G) = 1$, $R = O_p(G)$, $K/R = O_{p'}(G/R)$, und $G = PK$.

Satz 6.12 besagt nun:

(v) $C_G(R) \subseteq R$.

Aus (v) folgt

(vi) *Sei* $R \leq M \leq G$ *und* $M \in \mathcal{K}$. *Dann ist* M *eine* p-*Gruppe*.

Für ein normales p-Komplement D von M gilt nämlich

$[D,R] \subseteq D \cap R = 1$, also $D \subseteq C_G(R) \overset{(v)}{\subseteq} R$, somit $D = 1$ und daher (vi).

Aus (vi) ergeben sich nun einschneidende Aussagen über $\bar{G} = G/R$; es sei $\bar{U} := UR/R$ das Bild von $U \subseteq G$ in $\bar{G}$.

(vii) $\bar{K}$ *ist elementarabelsch, jedes Element* $\neq 1$ *von* $\bar{P}$ *operiert fixpunktfrei auf* $\bar{K}$, *und jede abelsche Untergruppe von* $\bar{P}$ *ist zyklisch.*

Nach 7.7 ist $\bar{K}$ elementarabelsch, wenn $\bar{P}$ irreduzibel auf der p'-Gruppe $\bar{K}$ operiert (durch Konjugation). Sei daher K_1/R, $R \leq K_1 \lneq K$, eine echte $\bar{P}$-invariante Untergruppe von $\bar{K} = K/R$, es gelte also $K_1^{\,P} = K_1$ und $M := K_1P \lneq G$.

Wegen

$$C_M(Z(P)) \leq C_G(Z(P)) \in K \quad \text{und} \quad N_M(J(P)) \leq N_G(J(P)) \in K,$$

und $P \in Syl_p M$ besitzt M nach Induktionsvoraussetzung ein normales p-Komplement, das isomorph zu K_1/R ist; nach (vi) ist es trivial, also gilt $K_1 = R$ und $\bar{P}$ operiert irreduzibel auf $\bar{K}$.

Zum Beweis der beiden letzten Behauptungen von (vii) genügt es nach 7.23 zu zeigen, daß jedes $\bar{x} \in \bar{P}$, $1 \neq \bar{x}$, fixpunktfrei auf der p'-Gruppe $\bar{K} \neq 1$ operiert: Es gebe ein $\bar{y} = Ry \in \bar{K}$, das von $\bar{x} = xR$ zentralisiert wird; dann folgt $\langle y\rangle \leq N_G(R\langle x\rangle)$, also aus (iii) und (vi) $y \in R$ und somit $\bar{y} = 1$. Damit ist (vii) vollständig bewiesen.

Sei $V := \Omega_1(Z(R))$. Eine andere Folgerung von (vi) ist:

(viii) $C_G(V) = R$.

Dies ist sicherlich richtig, wenn der Normalteiler $C_G(V)$ eine p-Gruppe ist. Wir müssen also zeigen, daß eine p'-Untergruppe F trivial ist, wenn sie V zentralisiert: Ein solches F operiert auch auf dem Normalteiler $Z(R)$ und aus 7.13 folgt $F \subseteq C_G(Z(R))$; wegen (v) gilt $Z(P) \subseteq Z(R)$, also sogar $F \subseteq C_G(Z(P))$. Nach Voraussetzung gilt $C_G(Z(P)) \in K$ (dies wird nur hier benötigt), somit folgt aus (vi) $F = 1$.
Auch die Voraussetzung $N_G(J(P)) \in K$ kommt erst jetzt ins Spiel: Aus ihr folgt nämlich $J(P) \not\subseteq R$; andernfalls wäre $J(P) = J(R)$ charakteristisch in R, also normal in G und $G = N_G(J(P)) \in K$. Es existiert also ein $A \in A$ mit $|A| = p^n$ und $A \not\subseteq R$ (Bezeichnungen wie auf S. 141). Sei $A_o := A \cap R$. Weil $AR/R \cong A/A_o$ zyklisch ist (vii), gilt $|A_o| = p^{n-1}$. Aus $VA_o \in A$ folgt daher $p^{n-1} \leq |VA_o| \leq p^n$, also

$$|V/A_o \cap V| = |VA_o/A_o| \leq p.$$

Weil $V \cap A_o \subseteq A$ von $x \in A$ zentralisiert wird, gilt

$$|V : C_V(x)| \leq p \qquad (x \in A).$$

Sei nun $x \in A \setminus R$ und $\bar{x} = xR \in G/R$. Nach (viii) operiert die Gruppe $H := \bar{K}\langle\bar{x}\rangle$ treu auf V, und nach (vii) gilt $O_p(H) = 1$ und $O_{p'}(H) = \bar{K}$. Außerdem haben wir

$$|V : C_V(\bar{x})| \leq p$$

nachgewiesen. Daher folgt aus 7.29, daß p = 3 und K eine Quaternionengruppe oder p = 2 und |K| = 3 ist. Nach (vii) ist aber K elementarabelsch und nach Voraussetzung 3 kein Teiler von |G| für p = 2. Dieser Widerspruch beweist 9.13. □

Für $p \neq 2$ existiert eine etwas schärfere Version von 9.14:

SATZ (GLAUBERMAN): *Ist* P *eine* p-*Sylowgruppe der Gruppe* G, $p \neq 2$, *und besitzt* $N_G(Z(J(P)))$ *ein normales* p-*Komplement, so besitzt auch* G *ein normales* p-*Komplement.*

Wir weisen darauf hin, daß hier J(P) etwas anders definiert ist, nämlich als das Erzeugnis aller abelschen Untergruppen maximaler Ordnung von P (wie in Kap. VI, § 4, S. 93). Einen Beweis dieses Satzes findet man in [G] 8.2.1, S. 279.

Für $p > 5$ ist dieser Satz ein Spezialfall eines anderen Satzes von GLAUBERMAN.

SATZ (GLAUBERMAN): *Sei* P *eine* p-*Sylowgruppe der Gruppe* G *und sei* $p > 5$. *Dann gilt für* $N := N_G(J(P))$

$$G/O^p(G) \cong N/O^p(N).$$

Für einen Beweis dieses Satzes siehe G. GLAUBERMAN, Prime power factor groups of finite order, Math. Zeitschrift 107 (1968), S. 15 - 172.

ÜBUNGEN

Es sei G eine Gruppe.

1. (Vergleiche Aufgabe 3, S. 96) Sind alle Sylowgruppen von G zyklisch, so ist G auflösbar.

2. Sei H eine Hallgruppe von G. Gilt $H \subseteq Z(N_G(H))$, so besitzt H ein normales Komplement in G.

3. Sei p der kleinste Primteiler von $|G|$
   a) Ist $p \neq 2$, sowie $P \in Syl_p G$ abelsch vom Range ≤ 2, so besitzt G ein normales p-Komplement (bestimme *Aut* P).
   b) Ist G einfach und nicht-abelsch, so ist p^3 ein Teiler von $|G|$ oder es ist $p = 2$ und 12 ein Teiler von $|G|$.

4. Die 2-Sylowgruppen von G seien Diedergruppen der Ordnung 8 und es sei $G = O^2(G)$. Dann besitzt G eine Untergruppe isomorph zu S_4 (benütze 9.12).

5. (Vergleiche Aufgabe 4, S. 114) Ist jede echte Untergruppe von G nilpotent, so ist G auflösbar.

6. Besitzt G eine nilpotente π-Hallgruppe H, so gilt in G der π-Sylowsatz.
   Hinweis: Zeige zunächst mit Induktion und Aufgabe 5, daß eine π-Untergruppe von G auflösbar ist.

7. Sei $p \neq 2$ und $P \in \mathcal{Syl}_p G$. Dann besitzt G ein normales p-Komplement, falls $N_G(S)/C_G(S)$ eine p-Gruppe für jede charakteristische Untergruppe S von P ist (benütze 9.13).

8. Die Gruppe G ist auflösbar, falls sie eine maximale Untergruppe H besitzt, die nilpotent und von ungerader Ordnung ist.

   Hinweis: Für ein minimales Gegenbeispiel G gilt:

   a) $N_G(X) = H$ für $1 \neq X \trianglelefteq H$

   b) H ist eine Hallgruppe von G

   c) G besitzt ein normales p-Komplement für jeden Primteiler p von $|H|$ (benütze 9.13)

   d) H besitzt ein normales Komplement M

   e) H operiert irreduzibel auf M.

9. Sei $\Omega_1(P) \leq Z(G)$ für $P \in \mathcal{Syl}_p G$ und sei $p \neq 2$. Dann besitzt G eine zu P isomorphe Faktorgruppe. (Benütze 9.12 und 7.26)

Kapitel X. Frobeniusgruppen

Wir behandeln eine wichtige Klasse von Gruppen, deren Struktur sehr genau bekannt ist. Eine Gruppe G heißt *Frobeniusgruppe*, falls G eine Untergruppe H besitzt, so daß $1 \neq H \neq G$ und

$$H \cap H^x = 1 \quad \text{für alle } x \in G \setminus H$$

gilt. Die Untergruppe H heißt ein *Frobeniuskomplement* von G; mit H sind natürlich auch alle zu H konjugierten Untergruppen Frobeniuskomplemente.

Zum Beispiel ist eine Diedergruppe der Ordnung 2n für ungerades n eine Frobeniusgruppe; das dazugehörige Frobeniuskomplement ist eine 2-Sylowgruppe. Das semidirekte Produkt der multiplikativen Gruppe K^* eines endlichen Körpers K mit der additiven Gruppe K^+ (die Operation von K^* auf K^+ sei die Multiplikation) ist ebenfalls eine Frobeniusgruppe mit Frobeniuskomplement K^*.

Frobeniusgruppen kann man als Permutationsgruppen definieren:

10.1 *Es operiere die Gruppe* G *transitiv auf einer Menge* Ω *mit* $|\Omega| > 1$, *so daß* $G_\alpha \neq 1$, $\alpha \in \Omega$, *und* $G_\alpha \cap G_\beta = 1$ *für* $\alpha \neq \beta \in \Omega$ *gilt. Dann ist* G *eine Frobeniusgruppe mit Frobeniuskomplement* G_α. *Ist umgekehrt* G *eine Frobeniusgruppe mit Frobeniuskomplement* H, *so operiert* G *auf der Menge* Ω *der Rechtsnebenklassen von* H *in* G *durch Rechtsmultiplikation in der beschriebenen Art.*

BEWEIS: Es operiere zunächst G in der angegebenen Weise auf Ω. Es sei $H := G_\alpha$ für ein $\alpha \in \Omega$; für $x \in G \setminus H$ folgt wegen $\beta := \alpha^x \neq \alpha$ aus 3.2,

$$H \cap H^x = G_\alpha \cap G_\beta = 1.$$

Damit ist G eine Frobeniusgruppe mit dem Frobeniuskomplement H.
Sei umgekehrt G eine Frobeniusgruppe mit Frobeniuskern H und Ω die Menge aller Rechtsnebenklassen Hx von H in G. Durch Rechtsmultiplikation operiert G transitiv auf Ω (siehe Kap. III, § 4) und für

$\alpha = Hx \in \Omega$ gilt $G_\alpha = H^x$. Für $\alpha \neq \beta = Hy \in \Omega$, also $yx^{-1} \notin H$ ergibt sich

$$G_\alpha \cap G_\beta = H^x \cap H^y = (H \cap H^{yx^{-1}})^x = 1. \qquad \square$$

10.2 *Das Frobeniuskomplement* H *einer Frobeniusgruppe* G *ist eine Hallgruppe von* G.

BEWEIS: Ist H keine Hallgruppe von G, so existiert ein Primteiler p von $|H|$, ein $R \in Syl_p H$ und ein $P \in Syl_p G$ mit

$$1 \neq R \subsetneqq P.$$

Nach 4.2.a gilt sogar $R \subsetneqq N_P(R)$. Man findet also ein $x \in P \setminus R \subseteq G \setminus H$ mit $R^x = R$ im Widerspruch zu $H \cap H^x = 1$. $\square$

10.3 *Sei* G *eine Frobeniusgruppe mit Frobeniuskomplement* H *und sei*

$$K := G \setminus \bigcup_{x \in G} (H^x \setminus \{1\}).$$

Genau dann ist K *eine Untergruppe von* G, *wenn* H *ein normales Komplement* K_1 *in* G *besitzt; in diesem Fall ist* $K = K_1$.

BEWEIS: Aus $H^x \neq H^y$ folgt in der Frobeniusgruppe G

$$H^x \cap H^y = 1,$$

wegen $N_G(H) = H$ also

$$|K| = |G| - |G:H| \, (|H|-1) \overset{1.5}{=} |G:H|.$$

Falls K eine Untergruppe von G ist, folgt hieraus wegen $K^x = K$, $x \in G$, und $K \cap H = 1$, daß K ein normales Komplement zu H ist. Als normale Hallgruppe ist K das einzige Komplement zu H in G.
Sei umgekehrt K_1 ein normales Komplement von H in G. Dann gilt für alle $x \in G$

$$K_1 \cap H^x = (K_1 \cap H)^x = 1,$$

also $K_1 \subseteq K$, und wegen $|K_1| = |G:H| = |K|$ die Gleichheit. $\square$

Die in 10.3 definierte Untermenge K der Frobeniusgruppe G heißt der *Frobeniuskern* von G. Ist G wie 10.1 als Permutationsgruppe gegeben, so besteht K aus den Permutationen von G, die fixpunktfrei auf Ω operieren.

Der zentrale Satz über Frobeniusgruppen lautet:

10.4 SATZ (FROBENIUS): *Sei* G *eine Frobeniusgruppe mit Frobeniuskern* K *und Frobeniuskomplement* H. *Dann ist* K *eine Untergruppe von* G, *also ein normales Komplement von* H *in* G.

Der Beweis von 10.4 ist bis heute nur mit Hilfe der Charaktertheorie möglich (siehe [G] 4.5.1, S. 140 oder [H] V.7.6, S. 495). In Spezialfällen sind jedoch elementare Beweise verfügbar. Wenn das Frobeniuskomplement H auflösbar ist, führt die Anwendung des Verlagerungshomomorphismus $V_{G\to H}$ zum Ziel, dies zeigen wir unter a). Wenn H gerade Ordnung hat, ist der Beweis nach BENDER eine einfache Involutionenrechnung, dies zeigen wir unter b).*)

a) *Sei* H *auflösbar* und π die Menge der Primteiler von H, also H eine auflösbare π-Hallgruppe von G (10.2). Nach 9.5 gilt für den kleinsten Normalteiler $G_1 := G'(\pi)$ von G mit abelscher π-Faktorgruppe

$$G/G_1 \cong H/H^*,$$

wobei $H^* = \langle [h,g] \in H \mid h \in H,\ g \in G\rangle$ ist. Weil H ein Frobeniuskomplement ist, liegt $[h,g] = h^{-1}g^{-1}hg = h^{-1}h^g$ nur dann in H, wenn g in H liegt, es ist also $H^* = H'$. Daher folgt

$$G/G_1 \cong H/H' \quad \text{und} \quad H \cap G_1 = H'.$$

Im Falle $H' = 1$ ist somit G_1 das Frobeniuskomplement, während im Falle $H' \neq 1$ wegen

$$(H')^x \cap H' = 1 \qquad \forall\, x \in G_1 \setminus H' = G_1 \setminus (H \cap G_1)$$

die Gruppe G_1 ebenfalls eine Frobeniusgruppe mit Frobeniuskomplement H' ist. Weil H als auflösbar vorausgesetzt ist, gilt $H' \subsetneq H$ und Induktion nach $|H|$ verschafft uns ein Frobeniuskomplement K_1 von G_1, das aus Ordnungsgründen auch ein Komplement von H in G ist. Als normale Hallgruppe von G_1 ist K_1 charakteristisch in G_1, also normal in G und somit gleich K (10.3). □

b) *Es gelte* $|H| \equiv 0 \pmod 2$: Sei t ein Element der Ordnung 2 in H (3.9) und $g \in G \setminus H$. Dann liegt $a := tt^g = [t,g]$ in K oder es gibt ein $x \in G$ mit $a \in H^x$. Im zweiten Fall liegt a wegen $a^t = a^{-1} = a^{t^g}$ in $H^x \cap H^{xt} \cap H^{xt^g}$, und daher folgt aus der Frobeniuseigenschaft die Identität $H^x = H^{xt} = H^{xt^g}$, also $t, t^g \in H^x$, somit $H^x = H$, im Widerspruch zu $t \in H$, $t^g \notin H$. Es gilt also

(i) $tt^g \in K$ *falls* $g \in G \setminus H$.

Sei $n := |G:H|$ und $\{g_1, \ldots, g_n\}$ ein Vertretersystem der Rechtsnebenklassen von H in G.

---

*) Aufgrund des FEIT-THOMPSONschen Satzes (Kap. VI, § 1) sind zwar alle Fälle abgedeckt; doch damit ist nichts gewonnen.

Wegen

$$tt^{g_i} = tt^{g_j} \Leftrightarrow t^{g_i} = t^{g_j} \Leftrightarrow t^{g_i g_j^{-1}} = t \Leftrightarrow g_i g_j^{-1} \in H$$

sind $tt^{g_1},\dots,tt^{g_n}$ paarweise verschiedene Elemente von K; wegen $|K| = n$ gilt sogar

$$K = \{tt^{g_1},\dots,tt^{g_n}\}.$$

Genauso folgt, indem man oben $a := t^g t$ setzt,

$$K = \{t^{g_1}t,\dots,t^{g_n}t\}.$$

Nach 10.3 genügt es zu zeigen, daß K eine Untergruppe von G ist, also $(tt^{g_i})(tt^{g_j})$ wieder in K liegt: Zu $t^{g_i}t$ gibt es ein g_s mit $t^{g_i}t = tt^{g_s}$. Es folgt

$$(tt^{g_i})(tt^{g_j}) = t(t^{g_i}t)t^{g_j} = t(tt^{g_s})t^{g_j}$$

$$= t^{g_s}t^{g_j} = (tt^{g_j g_s^{-1}})^{g_s} \overset{(i)}{\in} K^{g_s} = K,$$

also die Behauptung. □

Zwei Charakterisierungen für Frobeniusgruppen sind:

10.5 *Sei* K *ein Normalteiler einer Gruppe* G *mit* $1 \neq K \neq G$. *Dann sind äquivalent:*

1) G *ist Frobeniusgruppe mit Frobeniuskern* K.

2) $C_G(y) \leq K$ *für alle* $y \in K$, $y \neq 1$.

3) Es existiert ein Komplement H *von* K *in* G, *mit* $C_K(d) = 1$ *für alle* $d \in H$, $d \neq 1$.

BEWEIS: 1) ⇒ 2): Sei $1 \neq y \in K$ und $a \in C_G(y)$, $a \notin K$. Wegen 10.3 können wir annehmen, daß a im Frobeniuskomplement H von K liegt. Es folgt $a \in H \cap H^y$ im Widerspruch zu $H \cap H^y = 1$.

2) ⇒ 3): Sei p ein Primteiler von $|K|$ und $P \in \mathcal{Syl}_p G$. Dann gilt $P \cap K \in \mathcal{Syl}_p K$ (3.12) und wegen 4.1

$$Z(P) \cap (P \cap K) \neq 1,$$

nach 2) liegt also P in K. Somit ist K eine normale Hallgruppe von G. Nach dem Satz von SCHUR-ZASSENHAUS 6.7.a existiert ein Komplement H von K in G. Ist $1 \neq x \in H$ und $y \in C_K(x)$, so gilt $x \in C_K(y)$, also $y = 1$.

3) ⇒ 1): Wir zeigen, daß H ein Frobeniuskomplement ist. Zu $x \in G \setminus H$ existieren $1 \neq y \in K$ und $h \in H$ mit $x = hy$. Sei $d \in H \cap H^x$, wegen $H^x = H^y$ folgt

$$[d,y] = (d^{-1}y^{-1}d)y = d^{-1}(y^{-1}dy) \in K \cap H^y = 1,$$

also $1 \neq y \in C_K(d)$. Nach Voraussetzung ist $d = 1$, also $H \cap H^x = 1$. □

Aus 7.24 folgen nun starke Aussagen über die Struktur des Frobeniuskomplements und des Frobeniuskerns.

10.6 *Sei* H *ein Frobeniuskomplement einer Frobeniusgruppe* G. *Dann sind die* p-*Sylowgruppen von* H *für* $p \neq 2$ *zyklisch, für* $p = 2$ *zyklisch oder auch verallgemeinerte Quaternionengruppen.*

BEWEIS: Dies folgt aus 10.5.3 und 7.24. □

Zu 10.6 vergleiche man die Bemerkung nach 7.24 auf S. 111, sowie die Aufgaben 1, S. 145 und 3, S. 96. Es existieren auch nicht auflösbare Frobeniuskomplemente (siehe Aufgabe 9, S. 163); ein solches H besitzt nach 10.6 verallgemeinerte Quaternionengruppen als 2-Sylowgruppen, nach dem auf S. 76 zitierten Satz von BRAUER-SUZUKI sind daher die 2-Sylowgruppen von $H/Z^*(H)$ Diedergruppen. Die Gruppe, deren 2-Sylowgruppen Diedergruppen, sind aber nach einem Satz von GORENSTEIN-WALTER bekannt (siehe S. 162).

Aus 10.5.3 folgt weiter, daß jede Untergruppe U einer Frobeniusgruppe G mit Frobeniuskern K wieder eine Frobeniusgruppe ist, falls $1 \neq U \cap K \neq U$ gilt. Man überlegt sich leicht (mit Hilfe von 7.8.b, 10.2 und 10.5.3), daß auch eine Faktorgruppe G/N von G eine Frobeniusgruppe ist, falls $K \neq K \cap N$ und $KN \neq G$ gilt.

Weil jedes nicht-triviale Element des Frobeniuskomplements H fixpunktfrei auf dem Frobeniuskern K operiert, besitzt K einen fixpunktfreien Automorphismus von Primzahlordnung p. Eine Gruppe mit einem fixpunktfreien Automorphismus der Ordnung p ist aber, wie schon in Kap. VIII, § 3 erwähnt, nilpotent (siehe 12.7). Also gilt:

SATZ (THOMPSON): *Der Frobeniuskern einer Frobeniusgruppe ist nilpotent.*

Wir beschließen dieses Kapitel mit einer Eigenschaft von Frobeniusgruppen, die wir im nächsten Kapitel benötigen, und die ohne 10.4 bewiesen werden kann.

10.7 *Ist* G *eine Frobeniusgruppe mit Frobeniuskomplement* H, *so gilt* $G = \langle H^x \mid x \in G \rangle$.

BEWEIS: Es operiere G wie in 10.2 auf der Menge Ω; es ist also $H = G_\alpha$ für ein $\alpha \in \Omega$. Operiert der Normalteiler

$$N := \langle H^x \mid x \in G\rangle = \langle G_\beta \mid \beta \in \Omega\rangle$$

transitiv auf G, so folgt aus dem Frattiniargument 3.3, daß $G = NG_\alpha$, also wegen $G_\alpha \leq N$ die Behauptung $G = N$.
Wir nehmen daher an, daß ein $\Omega_1 \subsetneqq \Omega$ existiert mit $\Omega_1^N = \Omega_1 \neq \emptyset$ und führen dies zu einem Widerspruch: Sei $\beta \in \Omega_1$ und $1 \neq x \in G_\beta$ ein Element von Primzahlordnung p. Nach 10.1 ist β das einzige Element von Ω, das unter $\langle x\rangle$ festbleibt. Weil $\langle x\rangle$ eine p-Gruppe ist, die auf Ω_1 und $\Omega_2 := \Omega \setminus \Omega_1$ operiert, folgt aus 3.5

$$|\Omega_1| \equiv 1 \pmod p \text{ und } |\Omega_2| \equiv 0 \pmod p.$$

Sei $\gamma \in \Omega_2$ und $y \in G$ mit $\beta^y = \gamma$, es liegt also $z := x^y$ in G_γ (3.2). Ähnlich wie $\langle x\rangle$ operiert $\langle z\rangle$ auf Ω_2 und Ω_1 mit γ als einzigem Fixpunkt. Damit erhält man aus 3.5 den Widerspruch

$$|\Omega_2| \equiv 1 \pmod p \text{ und } |\Omega_1| \equiv 0 \pmod p. \quad \square$$

ÜBUNGEN

Sei G eine Frobeniusgruppe mit Frobeniuskomplement H und Frobeniuskern K.

1. $F(G) = K$.

2. $|K| - 1 \equiv 0 \pmod{H}$.

3. Im Falle $|H| \equiv 1 \pmod 2$ ist H auflösbar.

4. H ist niemals eine einfache, nicht-abelsche Gruppe.

5. Aus $|H| \equiv 0 \pmod 2$ folgt $K' = 1$ und $|Z(H)| \equiv 0 \pmod 2$.

6. G operiere gemäß 10.1 auf der Menge Ω. Genau dann operiert G primitiv auf Ω, wenn K ein minimaler Normalteiler von G ist. In diesem Fall ist $|\Omega| = |K|$ eine p-Potenz (vergleiche Aufgabe 4, S. 50).

7. Eine Faktorgruppe G/N ist Frobeniusgruppe mit Frobeniuskomplement HN/N, falls $N \neq KN \neq G$ gilt.

8. Beweise unabhängig von den Beweisen unter 10.4 die Existenz des Frobeniuskerns unter einer der Voraussetzungen
   a) $|G:H|$ ist eine p-Potenz
   b) $|G:H| = 1 + |H|$
   c) $|G:H| = 2 \cdot |H| + 1$.
   In den Fällen b) und c) ist H elementarabelsch.

9. Eine nicht-abelsche Gruppe der Ordnung $p \cdot q$ (p,q Primzahlen) ist eine Frobeniusgruppe.

Kapitel XI. Die Gruppe $GL_2(q)$

Wir untersuchen die Struktur der Automorphismengruppe eines 2-dimensionalen Vektorraums über einem endlichen Körper und ihre projektive Permutationsdarstellung. Manches davon kann ohne Schwierigkeit auf die Automorphismengruppen n-dimensionaler Vektorräume verallgemeinert werden.

§ 1 Die Untergruppen der Gruppe $GL_2(q)$

Im folgenden sei

$q = p^n$ eine Potenz der Primzahl p,
$K = GF(q)$ ein endlicher Körper der Ordnung q,
K^+ die additive Gruppe von K,
K^* die multiplikative Gruppe von K,
V ein 2-dimensionaler Vektorraum über K,
$GL_2(q)$ (genauer $GL_2(V)$) die Gruppe der Automorphismen von V, also die *volle lineare Gruppe* von V.

Wir identifizieren $GL_2(q)$ mit der Gruppe der invertierbaren 2×2-Matrizen über K. Den von $v \in V$ aufgespannten Unterraum Kv von V bezeichnen wir mit $\langle v \rangle$.

11.1 $|GL_2(q)| = q(q-1)^2(q+1)$.

BEWEIS: Der Vektorraum V besitzt genau $(q^2-1)(q^2-q)$ verschiedene geordnete Paare von linear unabhängigen Vektoren. Die Anzahl dieser Paare von V ist offensichtlich gleich der Ordnung der Automorphismengruppe von V. □

Folgende Untergruppen ergeben sich sofort aus der Definition:

11.2 *Für jeden Teiler* m *von* n *ist* $GL_2(p^m)$ *eine Untergruppe von* $GL_2(p^n)$.

BEWEIS: Ist L ein Teilkörper von K, so bilden die invertierbaren 2×2-Matrizen über L eine Untergruppe von $GL_2(q)$. Bekanntlich existieren zu jedem Teiler m von n ein Teilkörper der Ordnung p^m von $K = GF(p^n)$ $(q = p^n)$. □

Die *spezielle lineare Gruppe* besteht aus den Elementen g von $GL_2(q)$, deren Determinante *det* g gleich 1 ist. $SL_2(q)$ ist als Kern des Homomorphismus

$$g \to \det g$$

von G in K* ein Normalteiler von $GL_2(q)$.

11.3 *a) Die Gruppe* $SL_2(q)$ *ist ein Normalteiler von* $GL_2(q)$ *und* $GL_2(q)/SL_2(q)$ *ist isomorph zu* K*.

b) $|SL_2(q)| = q(q+1)(q-1)$

c) $Z(GL_2(q)) = \left\{\begin{pmatrix} k & 0 \\ 0 & k \end{pmatrix} \mid k \in K^*\right\} \cong K^*$.

d) Für $G := GL_2(q)$, $S := SL_2(q)$, $Z := Z(GL_2(q))$ *und* $z = \begin{pmatrix} -1 & 0 \\ 0 & -1 \end{pmatrix} \in Z$ *gilt im Falle* $p = 2$

$$G = S \times Z,$$

und im Falle $p \neq 2$

$$S \cap Z = \langle z \rangle, \quad |G:SZ| = 2, \quad G = SZ \cup SZy$$

mit $y = \begin{pmatrix} k & 0 \\ 0 & 1 \end{pmatrix}$, *wobei* k *ein Nichtquadrat von* K *ist.*

BEWEIS: a) Wegen

$$\det \begin{pmatrix} k & 0 \\ 0 & 1 \end{pmatrix} = k, \quad (k \in K)$$

ist $g \to \det g$ ein Epimorphismus von $GL_2(q)$ auf K*.

b) folgt aus a) und 11.1.

c) ist direkt zu verifizieren.

d) Die Quadrate k^2, $k \in K^*$, bilden eine Untergruppe Q von K*. Weil $k \to k^2$ ein Epimorphismus von K* auf Q ist, gilt $Q = K^*$, falls $|K^*| = q - 1$ ungerade, also $p = 2$, und $|K^*:Q| = 2$, falls $p \neq 2$ ist. Die Behauptung folgt nun aus c) und $Q = \{\det x \mid x \in Z\}$. □

11.4 *a) Die Gruppe* $GL_2(q)$ *enthält eine zyklische Untergruppe* B *der Ordnung* $q^2 - 1$, *die das Zentrum* Z *von* $GL_2(q)$ *enthält.*

b) Für $0 \neq v \in V$ *gilt* $Z = \{x \in B \mid \langle v \rangle^x = \langle v \rangle\}$.

c) $D := B \cap SL_2(q)$ *ist eine zyklische Untergruppe der Ordnung* $q + 1$ *von* $SL_2(q)$. *Im Falle* $p = 2$ *gilt* $B = D \times Z$; *im Falle* $p \neq 2$ *dagegen* $D \cap Z = \langle z \rangle$ (z wie in 11.3.d).

BEWEIS: a) Wir betten K in einen Körper F mit q^2 Elementen ein, fassen F als 2-dimensionalen Vektorraum über K auf und identifizieren F mit V. Weil K kommutativ ist, erklärt jedes $a \in F$, $a \neq 0$, eine bijektive K-lineare Abbildung

$$\bar{a} : v \to av \qquad \text{(Multiplikation in F)}$$

von V. Offenbar ist $B := \{\bar{a} \mid 0 \neq a \in F\}$ isomorph zu der multiplikativen Gruppe von F, ist also zyklisch der Ordnung $q^2 - 1$, und enthält $Z = \{\bar{k} \in K^*\}$.

b) Nach a) kann man jeden 1-dimensionalen Unterraum $\langle v \rangle$ von V mit K identifizieren. Somit ist $\langle v \rangle^a = \langle v \rangle$, $a \in B$, gleichwertig mit $aK = K$, also mit $a \in K^*$.

c) Sei $F^* = \langle b \rangle$, also $K^* = \langle b^{q+1} \rangle$ und $B = \langle \bar{b} \rangle$. In dem K-Vektorraum F wird die lineare Abbildung $\bar{b}$ durch die K-Matrix

$$\begin{pmatrix} b+b^q & -1 \\ b^{q+1} & 0 \end{pmatrix}$$

dargestellt, es ist also $det\, \bar{b} = b^{q+1}$ und daher

$$|B \cap SL_2(q)| \overset{1.7}{=} \frac{q^2-1}{q-1} = q + 1.$$

Die restlichen Aussagen folgen aus 11.3.c. □

11.5 *Die* p-*Sylowgruppen von* $SL_2(q)$ *(und von* $GL_2(q)$*) haben die Ordnung* $q = p^n$, *sind elementarabelsch und isomorph zu* K^+. *Es sind*

$$P_1 := \left\{\begin{pmatrix} 1 & k \\ 0 & 1 \end{pmatrix} \mid k \in K\right\} \quad \textit{und} \quad P_2 = \left\{\begin{pmatrix} 1 & 0 \\ k & 1 \end{pmatrix} \mid k \in K\right\}$$

zwei verschiedene p-*Sylowgruppen von* $SL_2(q)$.

BEWEIS: Wegen

$$\begin{pmatrix} 1 & k_1 \\ 0 & 1 \end{pmatrix}\begin{pmatrix} 1 & k_2 \\ 0 & 1 \end{pmatrix} = \begin{pmatrix} 1 & k_1+k_2 \\ 0 & 1 \end{pmatrix} \quad \text{und} \quad \begin{pmatrix} 1 & 0 \\ k_1 & 1 \end{pmatrix}\begin{pmatrix} 1 & 0 \\ k_2 & 1 \end{pmatrix} = \begin{pmatrix} 1 & 0 \\ k_1+k_2 & 1 \end{pmatrix}$$

sind P_1 und P_2 isomorph zu K^+, sind also elementarabelsch der Ordnung q, nach 11.1 p-Sylowgruppen der Gruppen $SL_2(q)$ und $GL_2(q)$. Die übrigen p-Sylowgruppen sind nach dem Satz von Sylow 3.11 zu diesen konjugiert. □

11.6 *a) Es ist* $E := \left\{\begin{pmatrix} k & 0 \\ 0 & k^{-1} \end{pmatrix} \mid k \in K^*\right\}$ *eine zu* K^* *isomorphe Untergruppe von* $SL_2(q)$, *also zyklisch der Ordnung* $q - 1$.

b) Für $N := N_{SL_2(q)}(P_1)$ $(P_1$ *wie in* 11.5) *gilt* $N = P_1E$ *und* $P_1 \cap E = 1$.

c) Für jedes $x \in E$, $x \notin \langle z\rangle$ (z *wie in* 11.3.d) *gilt* $C_{P_1}(x) = 1$.

BEWEIS: Die Behauptungen können durch einfachste Matrixmultiplikationen bestätigt werden. □

Eine Gruppe G heißt *perfekt*, falls $G = G'$ gilt.

11.7 SATZ: *Die Gruppe* $SL_2(q)$ *ist für* $q \geq 4$ *perfekt.*

BEWEIS: Sei $G := SL_2(q)$, $P_1 \in Syl_pG$ wie in 11.5 und $G_1 := \langle P_1^g \mid g \in G\rangle$. Wir zeigen zunächst $G_1 \leq G'$ und dann $G_1 = G$.
Wegen $q \geq 4$ existiert ein $x \in E$ mit $x \notin \langle z\rangle$ (E wie in 11.6). Weil x nach 11.6.c fixpunktfrei auf P_1 operiert, gilt nach 7.17

$$P_1 = \{[y,x] \mid y \in P_1\} \leq G',$$

und somit $G_1 \leq G'$.
Wir zeigen nun, daß es zu $g \in GL_2(q)$ Elemente $x,y \in G_1$ und ein $k \in K$ gibt mit

$$xgy = \begin{pmatrix}1 & 0\\ 0 & k\end{pmatrix}.$$

Für $g \in G = SL_2(q)$ folgt wegen *det* $(xgy) = 1 \in K$ daraus $xgy = 1 \in G$, also $g = x^{-1}y^{-1}$ und damit die Behauptung $G = G_1$. Sei $g = \begin{pmatrix}i & j\\ m & n\end{pmatrix}$ mit $i,j,m,n \in K$. Wegen

$$g\begin{pmatrix}1 & k\\ 0 & 1\end{pmatrix} = \begin{pmatrix}i & ki+j\\ m & km+n\end{pmatrix},\quad g\begin{pmatrix}1 & 0\\ k & 1\end{pmatrix} = \begin{pmatrix}i+kj & j\\ m+kn & n\end{pmatrix},$$

$$\begin{pmatrix}1 & k\\ 0 & 1\end{pmatrix}g = \begin{pmatrix}i+km & j+kn\\ m & n\end{pmatrix},\quad \begin{pmatrix}1 & 0\\ k & 1\end{pmatrix}g = \begin{pmatrix}i & j\\ m+ki & n+kj\end{pmatrix}$$

kann man durch sukzessive Multiplikation mit geeigneten Elementen x und y aus P_1 und P_2 (P_i wie in 11.5) das Element g in ein Element der Form $\begin{pmatrix}1 & 0\\ 0 & k\end{pmatrix}$, $k \in K$, überführen. Wegen $\langle P_1,P_2\rangle \leq G_1$ folgt daraus, wie oben ausgeführt, die Behauptung (sogar $G = \langle P_1,P_2\rangle$). □

Wir werden im nächsten Paragraphen zeigen, daß die Gruppe $SL_2(q)/Z(SL_2(q))$ für $q \geq 4$ sogar einfach ist.
Für $q \leq 3$ sind die Gruppen $SL_2(q)$ nicht perfekt, sondern auflösbar: Die Gruppe $SL_2(2)$ ist eine Diedergruppe der Ordnung 6; während die Gruppe $SL_2(3)$ das semidirekte Produkt der Quaternionengruppe mit einem Automorphismus der Ordnung 3 ist.

Wir bestimmen noch die Sylowgruppen von $SL_2(q)$:

11.8 SATZ: *Sei* r *ein Primteiler von* $|SL_2(q)|$ *und* R *eine* r-*Sylowgruppe von* $SL_2(q)$. *Dann ist* R *zyklisch für* $2 \neq r \neq p$, *eine verallgemeinerte Quaternionengruppe für* $r = 2 \neq p$, *und elementarabelsch für* $r = p$.

BEWEIS: Nach 11.3.b ist $|R|$ $(= r^i)$ Teiler von $(q-1)(q+1)q$. Im Falle $r \neq 2$ folgt, daß $|R|$ entweder $q-1$ oder $q+1$ oder q teilt. Im ersten Fall enthält die zyklische Untergruppe E aus 11.6.a und im zweiten Fall die zyklische Gruppe D aus 11.4.c eine r-Sylowgruppe, und nach Sylow 3.11 ist auch R zyklisch. Im dritten Fall $(r = p)$ ist R nach 11.5 zu K^+ isomorph. Dies gilt auch im Falle $r = 2 = p$.

Es bleibt also noch zu zeigen, daß R im Falle $r = 2 \neq p$ eine verallgemeinerte Quaternionengruppe ist. Sei zunächst $q \equiv 1 \pmod 4$. Dann ist 2 die höchste 2-Potenz, die $q + 1$ teilt. Sei 2^a die höchste 2-Potenz, die $q - 1$ teilt, also $|R| = 2^{a+1}$. Weil K^* zyklisch ist, gibt es ein Element k der Ordnung 2^a in K^*. Für

$$x = \begin{pmatrix} k & 0 \\ 0 & k^{-1} \end{pmatrix}, \quad y = \begin{pmatrix} 0 & 1 \\ -1 & 0 \end{pmatrix}$$

folgt

$$o(x) = 2^a, \quad y^2 = x^{2^{a-1}}, \quad y^{-1}xy = x^{-1}.$$

Somit ist $\langle x,y \rangle$ eine verallgemeinerte Quaternionengruppe der Ordnung 2^{a+1}; die 2-Sylowgruppen von $SL_2(q)$ sind also verallgemeinerte Quaternionengruppen.
Sei nun $q \equiv -1 \pmod 4$, also $q^2 \equiv 1 \pmod 4$. Nach dem schon Bewiesenen ist eine 2-Sylowgruppe von $SL_2(q^2)$ eine verallgemeinerte Quaternionengruppe. Weil $SL_2(q)$ eine Untergruppe von $SL_2(q^2)$ (11.2), also die 2-Sylowgruppe R von $SL_2(q)$ Untergruppe einer verallgemeinerten Quaternionengruppe ist, kann R nur zyklisch oder eine verallgemeinerte Quaternionengruppe sein. Ist R zyklisch, so besitzt $SL_2(q)$ nach 5.7 ein normales 2-Komplement T. Für $q > 3$ widerspricht dies Satz 11.7. Für $q = 3$ wäre T eine (normale) 3-Sylowgruppe von $SL_2(q)$ (11.3.b), also $T = P_1$ im Widerspruch zu 11.5. □

Folgende Aussage haben wir beim Beweis von 7.29 schon benützt:

11.9 *Sei* $1 \neq x \in GL_2(p)$ *ein* p-*Element, das eine* p'-*Untergruppe* $Q \neq 1$ *von* $GL_2(p)$ *normalisiert, aber nicht zentralisiert. Dann ist* $p = 3$ *und* Q *eine Quaternionengruppe oder* $p = 2$ *und* $|Q| = 3$.

BEWEIS: Sei S eine Untergruppe von Q kleinster Ordnung, die von x normalisiert, aber nicht zentralisiert wird. Nach 7.25 ist S eine r-Gruppe für eine Primzahl $r \neq p$. Die Primzahl r ist nach 11.1 ein Teiler von $(p - 1)$ oder $(p + 1)$, also entweder r kleiner als p oder es ist $p = 2$ und $r = 3$. Im zweiten Fall ist $GL_2(p)$ die nicht-abelsche Gruppe der Ordnung 6, also $|S| = |Q| = 3$.

Sei $r < p$ und $r \neq 2$. Nach 11.3.d und 11.8 ist S zyklisch, also p kein Teiler von $|Aut\ S|$ (2.18.a); somit wird S von x zentralisiert entgegen der Voraussetzung.

Sei schließlich $r = 2$; nach 11.8 ist S also entweder zyklisch oder eine verallgemeinerte Quaternionengruppe. Der zyklische Fall führt wie vorher zum Widerspruch. Im Quaternionen-Fall ist S nach 7.25.b.c sogar die Quaternionengruppe der Ordnung 8; der einzige nicht-triviale p'-Automorphismus von S hat somit Ordnung 3. Es folgt $p = 3$ und aus der Struktur von $GL_2(3)$ die Behauptung $S = Q$. □

Wir weisen darauf hin, daß man eine vollständige Liste der Untergruppen der Gruppe $SL_2(q)$ (genauer $PSL_2(q)$) in [H] II, 8.27, S. 213 findet.

Die Übungen dieses Paragraphen findet man zusammen mit denen des Nächsten auf S. 162.

§ 2 Die Gruppe $PGL_2(q)$

Die Bezeichnungen seien wie im vorigen Paragraphen und es sei $\Omega = \{\alpha, \beta, \gamma, \ldots\}$ die Menge der 1-dimensionalen Unterräume von V, die *projektive Gerade* über K. Offenbar ist

$$|\Omega| = \frac{q^2 - 1}{q - 1} = q + 1.$$

Weil Automorphismen des Vektorraums V Unterräume von V wieder in Unterräume der gleichen Dimension überführen, operiert die Gruppe $GL_2(q)$ auf der Menge Ω. Sei ψ der zugehörige Homomorphismus von $GL_2(q)$ in S_Ω.

11.10 *Kern* $\psi = Z(GL_2(q))$.

BEWEIS: Offenbar liegt $Z := Z(GL_2(q))$ in *Kern* ψ (11.3.c). Sei umgekehrt $x \in$ *Kern* ψ und $\{v_1, v_2\}$ eine Basis von V. Da $\langle v\rangle^x = \langle v\rangle$ für alle $v \in V$ gilt, existieren Körperelemente $k_i \in K$ $(i = 1,2,3)$ mit

$$v_1^x = k_1 v_1, \quad v_2^x = k_2 v_2 \quad \text{und} \quad (v_1 + v_2)^x = k_3(v_1 + v_2).$$

Es folgt

$$k_1v_1 + k_2v_2 = v_1^x + v_2^x = (v_1 + v_2)^x = k_3v_1 + k_3v_3,$$

also $k_1 = k_3 = k_2$ und darum $x = \begin{pmatrix} k & 0 \\ 0 & k \end{pmatrix} \in Z$. □

Die Gruppe $PGL_2(q) := GL_2(q)/Kern\ \psi$ heißt die *projektive lineare Gruppe* und die Gruppe $PSL_2(q) := SL_2(q)/(Kern\ \psi \cap SL_2(q))$ die *projektive spezielle Gruppe* über K. Aus 11.10 und 11.3.d folgt für p = 2

$$PGL_2(q) = PSL_2(q) = SL_2(q),$$

und für $p \neq 2$

$$|PGL_2(q) : PSL_2(q)| = 2, \quad PSL_2(q) = SL_2(q)/\langle z\rangle,$$

dabei ist $z = \begin{pmatrix} -1 & 0 \\ 0 & -1 \end{pmatrix}$ wie in 11.3.d.

Wir untersuchen nun die Operation von $GL_2(q)$ und somit auch die von $PGL_2(q)$ auf Ω. Dabei seien Z, D, B, E, P_1 und $\langle z\rangle$ die im vorigen Paragraphen eingeführten Untergruppen von $GL_2(q)$. Wir benützen die Bezeichnungen aus Kap. III, § 1 und § 4; für $\alpha \in \Omega$ sei $\Omega_\alpha := \Omega \setminus \{\alpha\}$.

11.11 *Die Gruppe* B *operiert transitiv auf* Ω.

BEWEIS: Nach 11.4.b gilt für $0 \neq v \in V$

$$Z = \{x \in B \mid \langle v\rangle^x = \langle v\rangle\},$$

also $B_\alpha = Z$ für $\alpha := \langle v\rangle \in \Omega$. Mit 3.4 folgt

$$|\alpha^B| = \frac{|B|}{|Z|} = q + 1 = |\Omega|,$$

also die Behauptung $\alpha^B = \Omega$. □

11.12 *Zu jedem* $\alpha \in \Omega$ *existiert eine* p-*Sylowgruppe* P *von* $SL_2(q)$, *so daß gilt:*

$$\alpha^P = \alpha \ \textit{und} \ \beta^P = \Omega_\alpha \ \textit{für} \ \beta \in \Omega_\alpha.$$

Insbesondere operiert jedes $x \neq 1$ *aus* P *fixpunktfrei auf* Ω_α.

BEWEIS: Sei P eine p-Sylowgruppe der $SL_2(q)$. Weil $B \leq GL_2(q)$ transitiv auf Ω operiert (11.11) und $(Syl_p(SL_2(q)))^B = Syl_p(SL_2(q))$ gilt, genügt es zu zeigen, daß P einen Fixpunkt $\alpha \in \Omega$ mit den angegebenen Eigenschaften besitzt. Da P auf der p-Gruppe V operiert, existiert nach 7.3 ein $v \in V$ mit $v^P = v \neq 0$, also $\alpha^P = \alpha$ für $\alpha = \langle v\rangle$. Sei $\langle w\rangle = \beta \in \Omega_\alpha$ ein weiterer Fixpunkt von $x \in P$, also $\langle w\rangle^x = \langle w\rangle$. Aus 7.3 (oder aus $|Aut\ \langle w\rangle| = p - 1$) folgt $w^x = w$, wegen $V = \langle v\rangle + \langle w\rangle$

also x = 1. Nun besagt 3.4

$$|\beta^P| = |P| = q = |\Omega_\alpha|,$$

es gilt also $\beta^P = \Omega_\alpha$. □

11.13 *Die Gruppe* $SL_2(q)$ *operiert 2-transitiv auf* Ω.

BEWEIS: Sei $G := SL_2(q)$. Wegen $q \geq 2$ ist $|\Omega| \geq 3$. Zu $\beta,\gamma \in \Omega$ existiert ein $\alpha \in \Omega \setminus \{\beta,\gamma\}$ und ein $x \in P \in Syl_p G$ mit $\alpha^P = \alpha$ und $\beta^x = \gamma$ (11.12). Also operiert G transitiv auf Ω und G_α transitiv auf Ω_α; die Behauptung folgt aus 3.21.2. □

11.14 *Sei* $G := SL_2(q)$ *und* α,β,γ *drei verschiedene Punkte von* Ω. *Es sei* $\Omega_{\alpha\beta} := \Omega\setminus\{\alpha,\beta\}$, $G_{\alpha\beta} := G_\alpha \cap G_\beta$ *und* $G_{\alpha\beta\gamma} := G_{\alpha\beta} \cap G_\gamma$. *Dann gilt:*

a) $G_{\alpha\beta\gamma} = \langle z \rangle$ (z *wie in* 11.3.d).

b) $G_{\alpha\beta}$ *ist zu* E *konjugiert* (E *wie in* 11.6.a).

c) $G_{\alpha\beta}$ *operiert transitiv auf* $\Omega_{\alpha\beta}$, *falls* $p = 2$. *Im Falle* $p \neq 2$ *zerfällt* $\Omega_{\alpha\beta}$ *unter* $G_{\alpha\beta}$ *in zwei Bahnen der Länge* $\frac{q-1}{2}$.

d) Ist $\alpha \in \Omega$ *ein Fixpunkt von* P_1, *so gilt* $G_\alpha = P_1E$.

BEWEIS: a) Wie im Beweis von 11.10 schließt man, daß ein $x \in G$, das die drei verschiedenen Unterräume $\alpha = \langle v_1\rangle$, $\beta = \langle v_2\rangle$ und $\gamma = \langle v_3\rangle$ fest läßt, bereits in $S \cap Z = \langle z\rangle$ liegt.
b) Ein Automorphismus von V, der zwei verschiedene 1-dimensionale Unterräume von V fest läßt, ist bei geeigneter Basiswahl von der Form

$$\begin{pmatrix} k_1 & 0 \\ 0 & k_2 \end{pmatrix}.$$

Besitzt er überdies Determinante 1, so gilt $k_1 = k_2^{-1}$. Basiswechsel bedeutet, daß $G_{\alpha\beta}$ konjugiert zu $E = \left\{\begin{pmatrix} k & 0 \\ 0 & k^{-1}\end{pmatrix} \mid k \in K^*\right\}$ ist.

c) Für $\gamma \in \Omega_{\alpha\beta}$ folgt aus a), b) und 3.4

$$|\gamma^{G_{\alpha\beta}}| = \frac{|E|}{|Z \cap E|} = \begin{cases} q-1 & p = 2 \\ & \text{falls} \\ \frac{q-1}{2} & p \neq 2\,. \end{cases}$$

d) Für $x \in E$ gilt wegen $P_1{}^x = P_1$

$$(\alpha^x)^{P_1} = (\alpha^{P_1})^x = \alpha^x.$$

Aus 11.12 folgt $\alpha^x = \alpha$ also $P_1E \leq G_\alpha$. Wegen b) existiert noch ein weiterer Fixpunkt β von E; es gelte $\beta^y = \gamma \in \Omega_\alpha$ für $y \in G_\alpha$. Nach 11.12 existiert ein $x \in P_1$ mit $\gamma^x = \beta$; es folgt $yx \in G_{\alpha,\beta} = E$, daher $y \in Ex^{-1} \leq P_1E$, und nun auch die Inklusion $G_\alpha \leq P_1E$. □

Im Falle p = 2 folgt aus 11.14.c, daß $SL_2(q)$ sogar 3-transitiv auf Ω operiert.

11.15 SATZ: *Die Gruppe* $PSL_2(q)$ *ist für* $q \geq 4$ *einfach.*

BEWEIS: Wir zeigen, daß <z> der einzige Normalteiler $\neq$ G von $G := SL_2(q)$ ist. Aus 11.13, 3.22 und 3.20 folgt, daß ein Normalteiler N von G entweder trivial oder transitiv auf Ω operiert. Im ersten Fall liegt N in $G \cap Z$ (11.10). Im zweiten Fall folgt aus dem Frattiniargument 3.3 $G = NG_\alpha$, $\alpha \in \Omega$, also

$$G/N \cong G_\alpha/N \cap G_\alpha.$$

Die Auflösbarkeit von G_α (11.14.d) und $G = G'$ (11.7) erzwingt nun $N = G$. □

Ohne Beweis geben wir nun noch zwei tiefliegende und wichtige Charakterisierungen der einfachen Gruppen $PSL_2(q)$ an. Eine Gruppe G, die auf einer Menge Ω operiert, heißt ZT-*Gruppe* (*Zassenhaus-transitiv*), wenn $|\Omega| \geq 3$ und a), b) gelten:

a) G *operiert* 2-*transitiv auf* Ω.

b) $G_{\alpha\beta} \neq 1$ und $G_{\alpha\beta\gamma} = 1$ *für verschiedene Punkte* $\alpha,\beta,\gamma \in \Omega$.

Die Bedingung b) besagt, daß der Stabilisator G_α von $\alpha \in \Omega$ als Frobeniusgruppe auf $\Omega\setminus\{\alpha\}$ operiert (siehe 10.1). Wegen 11.13 und 11.14 ist die Gruppe $PSL_2(q)$ bezüglich ihrer Operation auf der projektiven Geraden Ω eine ZT-Gruppe. Es gilt:

SATZ (FEIT, ITO, SUZUKI): *Eine* ZT-*Gruppe ist entweder isomorph zu* $PSL_2(q)$ *für eine Primzahlpotenz* q *(in der Darstellung auf der projektiven Geraden) oder isomorph zu einer Suzukigruppe* $Sz(2^n)$.

Dabei sind die *Suzukigruppen* $Sz(2^n)$ einfache Gruppen, die von SUZUKI 1960 entdeckt wurden. Sie sind für jedes ungerade $n \in \mathbb{N}$, $n \neq 1$, definiert und haben eine Struktur, die der Struktur der Gruppen $PSL_2(2^n)$ sehr ähnlich ist. Für eine nähere Diskussion der ZT-Gruppen siehe [G] Kap. 13. Wir werden im nächsten Paragraphen die Einfachheit von gewissen ZT-Gruppen beweisen.

Die zweite Charakterisierung der Gruppen $PSL_2(q)$ $(q \equiv 1 \pmod 2)$, beruht auf der Struktur ihrer 2-Sylowgruppen. Da im Falle $p \neq 2$ eine 2-Sylowgruppe S von $SL_2(q)$ eine verallgemeinerte Quaternionengruppe ist (11.8), ist die 2-Sylowgruppe $S/\langle z\rangle$ von $PSL_2(q) = SL_2(q)/\langle z\rangle$ eine Diedergruppe (nach 5.6 sind also alle Involutionen von $PSL_2(q)$ zueinander konjugiert).

SATZ (GORENSTEIN-WALTER): *Eine einfache Gruppe, deren 2-Sylowgruppen Diedergruppen sind, ist isomorph zu* $PSL_2(q)$, $q \equiv 1 \pmod 2$, *oder zu* A_7.

Für eine Diskussion dieses Satzes verweisen wir auf [G] S. 462.

Die Gruppen $PSL_2(4)$, $PSL_2(5)$ und A_5 sind zueinander isomorph. Unter allen einfachen nicht-abelschen Gruppen haben sie die kleinste Ordnung, nämlich $60 = 2^2.3.5$ (siehe 3.28).

Neben den Gruppen $PSL_2(q)$ existieren noch viele Serien von einfachen Gruppen. Eine Liste der bekannten Serien findet man in [G] Kap. 17, S. 491. Daneben hat man auch einfache Gruppen gefunden, die sich nicht in eine solche Serie von einfachen Gruppen einordnen lassen. Eine Liste solcher *sporadischen* Gruppen findet man am Schluß des Buches.

ÜBUNGEN

1. Die Gruppen $GL_2(q)$, $SL_2(q)$ und $PSL_2(q)$ besitzen für $q = p^n$ einen äußeren Automorphismus der Ordnung n (äußerer Automorphismus = Automorphismus, der kein innerer ist).
2. Sei α ein äußerer Automorphismus der Ordnung 2 von $SL_2(4)$. Dann ist das semidirekte Produkt von $\langle\alpha\rangle$ mit $SL_2(4)$ isomorph zu S_5.
3. Die Gruppe G sei perfekt, es gelte $G/Z(G) \cong A_5$ und $Z(G) \neq 1$.
   a) $|Z(G)| = 2$. (Benütze 9.7 und 9.12)
   b) $G \cong SL_2(5)$.
4. Eine nicht-auflösbare Gruppe der Ordnung 120 ist entweder zu S_5 oder $SL_2(5)$, oder $A_5 \times Z_2$ isomorph. (Benütze Aufg. 2, 3)
5. Für $q \equiv 3 \pmod 8$ und $q \equiv 5 \pmod 8$ sind die 2-Sylowgruppen von $PSL_2(q)$ isomorph zu $Z_2 \times Z_2$. (Nach dem Satz von GORENSTEIN-WALTER sind dies alle einfachen Gruppen mit einer 2-Sylowgruppe isomorph zu $Z_2 \times Z_2$.)
6. Ist $q^2 \equiv 1 \pmod{16}$, so enthält die Gruppe $PSL_2(q)$ eine zu S_4 isomorphe Untergruppe. (Benütze Aufg. 4, S. 145)

7. Für welches q sind die 2-Sylowgruppen von $PSL_2(q)$ maximale Untergruppen?

8. a) Die Gruppe $SL_2(q)$ enthält für $q \equiv 1 \pmod 5$ eine zu $SL_2(5)$ isomorphe Untergruppe. Hinweis: Zeige $SL_2(5) = \langle x,y\rangle$, wobei

$$x = \begin{pmatrix} a & 0 \\ 0 & a^{-1} \end{pmatrix}, \quad a \in GF(q), \quad a \neq 1 = a^5$$

$$y = \begin{pmatrix} b & c \\ d & -b \end{pmatrix}, \quad b(a - a^{-1}) = 1, \; b^2 + cd = -1, \; a,b,c,d \in GF(q).$$

b) Die Gruppe $SL_2(q)$ enthält für $q \equiv -1 \pmod 5$ eine zu $SL_2(5)$ isomorphe Untergruppe. Hinweis: Führe dies vermöge $SL_2(q) \leq SL_2(q^2)$ auf Fall a) zurück, oder siehe [H] S. 199.

9. Das semidirekte Produkt der Gruppe $SL_2(5)$ ($\leq SL_2(11)$) mit $K := Z_{11} \times Z_{11}$ ist eine Frobeniusgruppe mit Kern K und Komplement $SL_2(5)$. (Benütze Aufg. 8.a)

10. Die Gruppe A_6 ist isomorph zur Gruppe $PSL_2(9)$. (Benütze Aufg. 8.b)

11. Sei x ein p'-Element von $SL_2(q)$ $(q = p^n)$.

a) Besitzt x einen Eigenvektor, so ist x zu einem Element aus E konjugiert (E wie in 11.6).

b) Besitzt x keinen Eigenvektor, so ist x zu einem Element aus D konjugiert (D wie in 11.4.c). Hinweis zu b): Das kanonische Bild einer Untermenge X von $SL_2(q)$ in $PSL_2(q)$ sei $\bar{X}$.

1) $\bar{D}$ ist abelsche π-Hallgruppe von $PSL_2(q)$; dabei ist π die Menge der Primteiler von q + 1 bzw. $\frac{q+1}{2}$, je nachdem ob p = 2 bzw. $p \neq 2$ ist.

2) $\langle\bar{x}\rangle$ ist eine π-Gruppe.

3) Benütze Aufgabe 6, S. 145 (oder alternativ Aufgabe 14 unten zusammen mit dem Satz von SYLOW).

12. Seien $\bar{D}$, $\bar{P}_1$, $\bar{E}$ die epimorphen Bilder von D, P_1, E (wie in § 1) in $PSL_2(q)$ und sei $\mathcal{X}$ die Menge der zu $\bar{D}$, $\bar{P}_1$, $\bar{E}$ konjugierten Untergruppen von $PSL_2(q)$. Dann gilt $G = \bigcup_{X \in \mathcal{X}} X$ und $X_1 \cap X_2 = 1$ für $X_1 \neq X_2 \in \mathcal{X}$ *). (Benütze Aufg. 11)

13. Sei $\langle x\rangle$ eine Untergruppe von D und o(x) sei kein Teiler von q - 1.

a) $\langle x\rangle$ operiert irreduzibel auf V.

b) $C_{SL_2(q)}(x) = D$ (Benütze 7.21)

---

*) Man spricht von einer Partition.

§ 3 DIE EINFACHHEIT DER ZT-GRUPPEN

Die Gruppe G operiere als ZT-Gruppe auf Ω. Es gelte also:

a) G *operiert* 2-*transitiv auf* Ω.

b) $1 \neq G_{\alpha\beta}$ $(= G_\alpha \cap G_\beta)$ *für verschiedene Punkte* $\alpha, \beta \in \Omega$.

c) $1 = G_{\alpha\beta\gamma}$ $(= G_{\alpha\beta} \cap G_\gamma)$ *für verschiedene Punkte* $\alpha, \beta, \gamma \in \Omega$.

Wir setzen weiter voraus:

d) $|\Omega| \equiv 1 \pmod 2$.

Offenbar ist die Gruppe $PSL_2(2^n)$ in ihrer Operation auf der projektiven Geraden eine solche Gruppe (11.14). Als Beispiel für den Umgang mit Permutationsgruppen wollen wir in 10 Schritten (1) - (10) beweisen, daß eine Gruppe G, für die a) - d) gelten, einfach ist. Dem Leser wird empfohlen, die einzelnen Aussagen mit dem Beispiel der Gruppe $PSL_2(2^n)$ zu vergleichen.

Für $\alpha \in \Omega$ sei wieder $\Omega_\alpha := \Omega \setminus \{\alpha\}$. Weil G 2-transitiv auf Ω operiert, folgt zunächst aus 3.2:

(1) *Die Untergruppen* G_α, $\alpha \in \Omega$, *bzw.* $G_{\alpha\beta}$, $\beta \in \Omega_\alpha$, *sind zueinander unter* G *bzw.* G_α *konjugiert.*

(2) *Jede Involution* $t \in G$ *hat genau einen Fixpunkt. Insbesondere ist die Ordnung von* $G_{\alpha\beta}$ *ungerade für* $\alpha \neq \beta \in \Omega$.

BEWEIS: Sei f die Anzahl der Fixpunkte von t auf Ω. Weil die Bahnen von $\langle t \rangle$ auf Ω entweder die Länge 1 oder 2 haben (3.4), gilt

$$|\Omega| - f \equiv 0 \pmod 2.$$

Mit $|\Omega| \equiv 1 \pmod 2$ (nach d)) folgt $f \equiv 1 \pmod 2$, mit c) sogar $f = 1$. □

(3) *Ist* $g \in G$ *mit* $\alpha^g = \beta$ *und* $\beta^g = \alpha$ $(\alpha \neq \beta \in \Omega)$, *so ist* g *eine Involution.*

BEWEIS: Wegen $h := g^2 \in G_{\alpha\beta}$ und $g \notin G_{\alpha\beta}$ ist $\langle h \rangle$ eine Untergruppe vom Index 2 in $\langle g \rangle$. Da $\langle h \rangle$ nach (2) von ungerader Ordnung ist, gibt es eine Involution $t \in \langle g \rangle$ mit

$$\langle g \rangle = \langle h \rangle \times \langle t \rangle.$$

Wegen (2) besitzt t genau einen Fixpunkt $\gamma \in \Omega$, der offenbar von α, β verschieden ist. Es folgt $(\gamma^h)^t = \gamma^{th} = \gamma^h$, also $\gamma^h = \gamma$ und somit $h \in G_{\alpha\beta\gamma} \overset{c)}{=} 1$. □

(4) *Die Gruppe* $G_{\alpha\beta}$ *ist abelsch* ($\alpha \neq \beta \in \Omega$).

BEWEIS: Weil G 2-transitiv operiert, existiert ein $t \in G$ mit

$$\alpha^t = \beta, \quad \beta^t = \alpha.$$

Da mit t auch xt für jedes $x \in G_{\alpha\beta}$ die Punkte α,β vertauscht, folgt aus (4), daß xt eine Involution ist. Also gilt $1 = xt\,xt = xx^t$ und somit $x^t = x^{-1}$. Für alle $x,y \in G_{\alpha\beta}$ folgt daher

$$x^{-1}y^{-1} = x^t y^t = (xy)^t = (xy)^{-1} = y^{-1}x^{-1},$$

es ist also $G_{\alpha\beta}$ abelsch. □

(5) $G_{\alpha\beta} \leq G'$ ($\alpha \neq \beta \in \Omega$).

BEWEIS: Sei t eine Involution. Weil t fixpunktfrei auf der Gruppe $G_{\alpha\beta}$ operiert, folgt aus 7.17

$$G_{\alpha\beta} := \{[x,t] \mid x \in G_{\alpha\beta}\} \leq G'.$$ □

(6) *Die Gruppe* G_α *ist eine Frobeniusgruppe mit Frobeniuskomplement* $G_{\alpha\beta}$.

BEWEIS: Die Voraussetzungen b), c) besagen gerade, daß G_α eine Frobeniusgruppe mit Frobeniuskomplement $G_{\alpha\beta}$ ist (10.1). □

(7) $G_\alpha = \langle G_{\alpha\beta} \mid \beta \in \Omega \rangle \leq G'$.

BEWEIS: Dies folgt aus (6), 10.7 und (5). □

(8) *Für jedes epimorphe Bild* $H \neq 1$ *von* G_α *gilt* $H' \neq H$ ($\alpha \in \Omega$).

BEWEIS: Sei $M \ntrianglelefteq G_\alpha$, $H := G_\alpha/M$ und K der Frobeniuskern von G_α (10.4). Nach 10.2 sind die Ordnungen von K und $G_{\alpha\beta}$ zueinander teilerfremd. Deswegen folgt aus $H = KM/M$, daß $G_{\alpha\beta} \leq M$ im Widerspruch zu (7). Also ist KM/M ein echter Normalteiler von G/M, der von der abelschen (4) Gruppe $MG_{\alpha\beta}/M$ komplementiert wird. Es folgt $(G/M)' \leq KM/M$. □

(9) *Die Gruppe G ist perfekt.*

BEWEIS: Weil G als 2-transitive Gruppe primitiv auf Ω operiert (3.22), ist G_α für jedes $\alpha \in \Omega$ eine maximale Untergruppe von G (3.19). Aus (7) folgt $G = \langle G_\alpha \mid \alpha \in \Omega \rangle \leq G'$. □

(10) *Die Gruppe* G *ist einfach.*

BEWEIS: Sei $1 \neq N$ ein Normalteiler von G. Wegen a) und c) operiert N transitiv auf Ω (3.22 und 3.20). Aus dem Frattiniargument 3.3 folgt $G = NG_\alpha$, es gilt also

$$H := G/N \cong G_\alpha/G_\alpha \cap N.$$

Im Falle $H \neq 1$ widersprechen sich (8) und (9). Also ist $H = 1$, d.h. $N = G$. □

Kapitel XII. Lineare Darstellungen

Beim Rechnen im Endomorphismenring abelscher Gruppen (7.13, 7.21) oder bei der Untersuchung der Gruppe $GL_2(q)$ haben wir schon verschiedentlich lineare Methoden benützt. Wir wollen diese etwas weiter ausbauen und die wichtigsten Begriffe der (linearen) Darstellungstheorie erläutern. Als Beispiel für ihre Nützlichkeit beweisen wir am Schluß den in Kap. VII, § 3 und Kap. X angekündigten Satz, daß eine Gruppe nilpotent ist, wenn sie einen fixpunktfreien Automorphismus von Primzahlordnung besitzt.

Im folgenden sei V ein endlich-dimensionaler Vektorraum über einem kommutativen Körper K, GL(V) sei die volle lineare Gruppe von V und *Hom* V der Endomorphismenring von V.
Analog zu Kap. III und Kap. VII definieren wir: Eine Gruppe G *operiert auf dem Vektorraum* V, falls es einen Homomorphismus φ von G in die Gruppe GL(V) gibt. Man nennt φ eine (lineare) *Darstellung* von G. Die Darstellung φ heißt *treu* bzw. *trivial*, falls *Kern* $\varphi = 1$ bzw. *Kern* $\varphi = G$ ist.

Der Vektorraum V heißt G-*Modul*, falls jedem Element x der Gruppe G ein Automorphismus $v \to v^x$ von V zugeordnet ist, so daß

$$(v^x)^y = v^{xy}$$

für alle $x,y \in G$ und alle $v \in V$ gilt.
Offenbar gehört zu einem G-Modul V eine Darstellung von G, und jede Darstellung φ von G auf V macht V durch die Festsetzung

$$v^x := v^{\varphi(x)}$$

zu einem G-Modul.
Zwei G-Moduln V_1 und V_2 heißen *isomorph*, falls es einen Vektorraumisomorphismus α von V_1 auf V_2 gibt, so daß

$$(v^x)^\alpha = (v^\alpha)^x$$

für alle $x \in G$ und alle $v \in V$ gilt. Zwei Darstellungen heißen *isomorph*, wenn die zugehörenden G-Moduln isomorph sind. Ein G-Modul V heißt *irreduzibel*, falls 0 und V die einzigen G-invarianten Unterräume von V sind. In diesem Fall sagt man auch: G operiert irreduzibel auf V. Eine

Darstellung von G heißt irreduzibel, falls der zugehörige G-Modul irreduzibel ist.

Ein zu 7.3 analoges Resultat ist:

12.1 *Operiert die* p-*Gruppe* P *irreduzibel auf dem Vektorraum* V *und ist* char K = p, *so operiert* P *trivial auf* V.

BEWEIS: Sei P_1 eine maximale, nach 4.2.b also normale Untergruppe von P und V_1 ein minimaler P_1-invarianter Unterraum von V. Dann operiert P_1 irreduzibel auf V_1, und durch Induktion nach $|P|$ können wir annehmen, daß P_1 trivial auf V_1 operiert. Somit ist

$$C_V(P_1) = \{v \in V \mid v^{P_1} = v\}$$

ein nicht-trivialer P-invarianter ($P_1 \trianglelefteq P$) Teilraum von V, sogar gleich V, weil P irreduzibel auf V operiert. Sei y ein Element von P mit $P = \langle P_1, y\rangle$. Dann ist $y^p \in P_1$ (4.2.b) und wegen *char* K = p gilt für den Automorphismus $\underline{y}$ in *Hom* V die Gleichung

$$0 = \underline{y}^p - 1 = (\underline{y} - 1)^p.$$

Also ist $\underline{y} - 1 \in$ *Hom* V nicht surjektiv und somit *Bild*$(\underline{y} - 1)$ als echter P-invarianter Unterraum von V trivial. Es zentralisiert also y und somit $P = \langle P_1, y\rangle$ ganz V. □

Wir geben nun eine andere Version des Schur'schen Lemmas 7.21:

12.2 SCHURsche LEMMA: *Operiert die Gruppe* G *treu und irreduzibel auf dem* K-*Vektorraum* V, *so ist* Z(G) *zyklisch. Ist* K *algebraisch abgeschlossen, so liegt* Z(G) *im Zentrum von* GL(V).

BEWEIS: Nach 7.21 ist $C_{Hom\ V}(G)$ ein (nicht notwendig kommutativer) Körper F. Weil Z(G) treu auf V operiert, können wir Z(G) als Untergruppe der multiplikativen Gruppe des Zentrums von F auffassen. Eine endliche Untergruppe der multiplikativen Gruppe eines kommutativen Körpers ist aber bekanntlich zyklisch (siehe Aufgabe 3, S. 32).

Sei nun K algebraisch abgeschlossen und $Z(G) = \langle z\rangle$. Dann besitzt die lineare Abbildung $\underline{z} \in$ *Hom* V einen Eigenvektor $v \neq 0$, es existiert also ein $k \in K$ mit $v^z = kv$. Daher ist

$$W := \{v \in V \mid v^z = kv\}$$

ein nicht-trivialer Teilraum von V, der wegen $z \in Z(G)$ von G normalisiert wird. Es folgt W = V und somit $Z(G) \leq Z(GL(V))$. □

Grundlegend für die Darstellungstheorie ist der folgende Satz von MASCHKE (vergleiche 7.13).

12.3 SATZ (MASCHKE): *Die Gruppe* G *operiere auf dem Vektorraum* V. *Es gelte*

(*) $\quad char\, K = 0$ *oder* $char\, K = p$ *und* $(|G|,p) = 1$.

Dann existiert zu jedem G-*invarianten Unterraum* U *von* V *ein* G-*invarianter Unterraum* W, *so daß* V *die direkte Summe von* U *und* W *ist.*

BEWEIS: Offenbar können wir o.B.d.A. annehmen, daß G treu auf V operiert, also G als Untergruppe von GL(V) auffassen. Zu dem G-invarianten Unterraum U gibt es sicherlich einen komplementären Unterraum X von V. Wir ändern X so ab, daß X auch G-invariant ist. Sei

$$\psi : v = u + x \to x$$

die Projektion von $V = U \oplus X$ auf X, also

(i) $\quad v - \psi(v) \in U$ für alle $v \in V$.

Sei n die $|G|$-fache Summe der Eins in K, also $n \neq 0$ wegen (*). In *Hom* V definieren wir nun die lineare Abbildung

$$\Theta := \frac{1}{n} \sum_{\alpha \in G} \alpha^{-1} \psi \alpha$$

und zeigen, daß Θ ebenfalls eine Projektion von V mit $Kern\, \Theta = U$ ist. Für alle $\beta \in G$ gilt, da mit α auch $\alpha\beta^{-1}$ ganz G durchläuft,

$$\beta\Theta = \frac{1}{n} \sum_{\alpha \in G} \beta\alpha^{-1} \psi \alpha = \frac{1}{n} \sum_{\alpha \in G} (\beta\alpha^{-1} \psi\, \alpha\beta^{-1})\beta = \Theta\beta.$$

Also ist $W := \Theta(V)$ ein G-invarianter Unterraum von V. Für $v \in V$ gilt

$$v - \Theta(v) = v - \frac{1}{n} \sum_{\alpha \in G} (\alpha^{-1} \psi\, \alpha)(v) = \frac{1}{n} \sum_{\alpha \in G} \alpha^{-1}(\alpha(v) - \psi(\alpha(v))) \overset{(i)}{\in} U$$

also $(1 - \Theta)\, V \leq U$. Aus $\psi(U) = 0$ folgt $\Theta(U) = 0$, insgesamt also

$$(1 - \Theta)\, V = U.$$

Aus $\Theta(U) = 0$ ergibt sich für alle $v \in V$

$$0 = \Theta(v - \Theta v) = \Theta v - \Theta^2 v,$$

also $\Theta^2 = \Theta$. Daher ist Θ eine Projektion von V auf W mit $Kern\, \Theta = U$, somit W das gesuchte G-invariante Komplement von U in V. □

Eine unmittelbare Folge von 12.3 ist:

12.4 *Sei* V *ein* G-*Modul und es gelte* (*) *aus* 12.3. *Dann ist* V *direkte Summe von irreduziblen* G-*Moduln.*

BEWEIS: Ein minimaler G-invarianter Unterraum U von V ist ein irreduzibler G-Untermodul. Nach 12.3 existiert ein G-invariantes Komplement W von U in V. Durch Induktion nach *dim* V können wir annehmen, daß W bereits direkte Summe von irreduziblen G-Untermoduln ist. Dann gilt dies auch für $V = U \oplus W$. □

Wie 12.1 zeigt, ist die Voraussetzung (*) in 12.4 wesentlich. Somit zerfällt die Darstellungstheorie in zwei Teile: In der *gewöhnlichen Darstellungstheorie* wird (*) vorausgesetzt (im klassischen Fall sogar $K = \mathbb{C}$), während die *modulare Darstellungstheorie* sich mit der Situation beschäftigt, in der (*) nicht gilt.

Wir erläutern kurz noch die zentrale Rolle des Gruppenrings in der Darstellungstheorie. Der *Gruppenring* KG einer Gruppe G über dem Körper K ist die K-Algebra aller formalen Summen

$$\sum_{x \in G} k_x x \qquad (k_x \in K)$$

mit folgenden Verknüpfungen

$$\Big(\sum_{x \in G} k_x x\Big) + \Big(\sum_{x \in G} k'_x x\Big) := \sum_{x \in G} (k_x + k'_x)\, x$$

$$k\Big(\sum_{x \in G} k_x x\Big) := \sum_{x \in G} (k k_x)\, x$$

$$\Big(\sum_{x \in G} k_x x\Big)\Big(\sum_{y \in G} k_y y\Big) := \sum_{z \in G} k_z z \text{ mit } k_z = \sum_{xy=z} k_x k_y .$$

Offenbar ist KG eine K-Algebra der Dimension $|G|$ und ein Element $y \in G$ kann mit dem Element

$$\sum_{x \in G} k_x x \quad \text{wobei } k_x = \begin{cases} 0 & \\ & \text{falls} \\ 1 & \end{cases} \begin{matrix} x \neq y \\ \\ x = y \end{matrix}$$

identifiziert werden. Dann ist $1 \in G$ das 1-Element von KG und G ist eine Untergruppe der Einheitengruppe von KG.

Ist φ eine Darstellung von G auf V, so kann φ zu einem Homomorphismus der K-Algebra KG in die K-Algebra *Hom* V fortgesetzt werden, umgekehrt erklärt ein Homomorphismus von KG in *Hom* V eine Darstellung von G, offenbar entspricht auch jedem G-Modul ein KG-Modul und umgekehrt.

Sei J ein Rechtsideal von KG; dann wird der Faktorraum KG/J des Vektorraumes KG durch die Festsetzung

$$(r + J)^x := r\,x + J \qquad (r,x \in KG)$$

zu einem KG-Modul. Im Falle J = O erhält man den Vektorraum KG, auf dem KG durch Rechtsmultiplikation operiert. Dieser Modul heißt der *reguläre* KG-Modul. Die Untermoduln des regulären KG-Moduls sind genau die Rechtsideale der Algebra KG. Ist J ein maximales Rechtsideal, so ist KG/J ein irreduzibler KG-Modul. Es gilt nun:

12.5 *Die irreduziblen* KG-*Moduln* KG/J, *wobei* J *ein maximales Rechtsideal von* KG *ist, sind bis auf Isomorphie sämtliche irreduziblen* KG-*Moduln.*

BEWEIS: Sei V irgendein irreduzibler KG-Modul, $0 \neq v \in V$ und

$$W := \{v^x \mid x \in KG\}.$$

Weil W ein KG-invarianter Unterraum von V ist, gilt W = V. Somit ist

$$\alpha : x \to v^x$$

ein Epimorphismus von KG auf den Vektorraum V mit $\alpha y = y\alpha$ für alle $y \in KG$, also ein KG-Epimorphismus. Es ist KG/*Kern* α als KG-Modul isomorph zu V, somit irreduzibel, daher ist *Kern* φ ein maximales Rechtsideal von KG. □

12.6 *Gilt* (*) (in 12.3), *so ist jeder irreduzible* KG-*Modul isomorph zu einem direkten Summanden des regulären* KG-*Moduls.*

BEWEIS: Nach 12.3 existiert zu dem maximalen Rechtsideal J von KG ein KG-invarianter Unterraum von KG, also ein minimales Rechtsideal, das J komplementiert. Die Behauptung folgt nun aus 12.5. □

Die Aussagen 12.5 und 12.6 verdeutlichen die zentrale Rolle des Gruppenrings KG, insbesondere des regulären KG-Moduls. Jede tiefere Einführung in die Darstellungstheorie erfordert also eine genaue Beschreibung von KG. Dazu sei verwiesen auf [H] Kap. V oder [G] Kap. 3, 4.

Es seien kurz noch die *Charaktere* einer Gruppe erwähnt. Operiert die Gruppe G treu auf dem K-Vektorraum V, so kann G bis auf Isomorphie als Untergruppe von GL(V) und somit als Untergruppe der Gruppe $GL_n(K)$ der invertierbaren $n \times n$-Matrizen über K aufgefaßt werden. Sei *Sp* x die Spur der Matrix $x \in G \leq GL_n(K)$. Die Abbildung

$$\chi : x \to Sp(x)$$

heißt der zur Darstellung (G,V) gehörende *Charakter*. An ihm können viele Eigenschaften der Darstellung (G,V) abgelesen werden. Die *Charaktertheorie* untersucht solche Charaktere, sie ist ein, besonders für die Anwendungen, wichtiger Zweig der Darstellungstheorie (siehe z.B. W. FEIT, Characters of finite groups, W. Benjamin, Inc., New York, Amsterdam 1967).

Wir beschreiben nun die *Clifford'sche Zerlegung* eines G-Moduls, die elementar und, weil unabhängig von (*), in vielen Fällen sehr nützlich ist.

Es sei H ein Normalteiler der Gruppe G und V ein G-Modul. Dann ist V auch ein H-Modul. Es sei I die Menge der verschiedenen Isomorphietypen irreduzibler H-Untermoduln von V und V_i die Summe aller irreduziblen H-Untermoduln von V, die vom Typ $i \in I$ sind. Die V_i's heißen die *homogenen* H-*Komponenten* von V.

12.7 SATZ von CLIFFORD: *a)* V_i *ist direkte Summe von irreduziblen* H-*Untermoduln vom Typ* i ($i \in I$). *Jeder irreduzible* H-*Untermodul von* V_i *ist vom Typ* i.

b) $\sum_{i \in I} V_i$ *ist direkt.*

c) Zu $i \in I$ *und* $x \in G$ *existiert ein* $j \in I$ *mit* $V_i^x = V_j$. *Also operiert* G *auf der Menge der* V_i's *vermöge* $V_i \to V_i^x$ *und es gilt* $V_i^{HC_G(H)} = V_i$ *für alle* $i \in I$.

d) Ist V *ein irreduzibler* G-*Modul, so operiert* G *transitiv auf den* V_i's.

e) Gilt (*) *aus* 12.3 *für* H *statt* G, *oder ist* V *ein irreduzibler* G-*Modul, so ist* V *eine direkte Summe der* V_i's, $i \in I$.

BEWEIS: Für $i \in I$ sei M_i die Menge aller irreduziblen H-Untermoduln von V vom Typ i.

a) Sei $\hat{V}_i$ eine maximale direkte Summe von Untermoduln aus M_i. Falls $\hat{V}_i \neq V_i$ ist, existiert ein $U \in M_i$ mit $U \not\subseteq \hat{V}_i$. Weil $U \cap \hat{V}_i$ H-invariant und U irreduzibel ist, gilt $U \cap \hat{V}_i = 0$, also $\hat{V}_i + U = \hat{V}_i \oplus U$ im Widerspruch zur maximalen Wahl von $\hat{V}_i$. Also ist doch $\hat{V}_i = V_i$. Sei somit

$$V_i = \bigoplus_{j=1}^{k} U_j$$

direkte Summe von U_j's aus M_i und

$$\pi_r : \sum_{j=1}^{k} u_j \to u_r$$

die Projektion von V_i auf U_r $(r = 1,\dots,k)$. Sei schließlich U ein beliebiger irreduzibler H-Untermodul von V_i und $s \in \{1,\dots,k\}$ ein Index, für den $\pi_s(U) \neq 0$ gilt. Offenbar ist $\pi_s(U)$ ein H-invarianter Unterraum von U_s und H-isomorph zu einem Faktorraum von U. Weil U und U_s beide irreduzibel sind, gilt somit $\pi_s(U) = U_s$ und $U \cong \pi_s(U)$.

b) Sei $W = \sum_{i\in I} V_i$ und $\hat{W} = V_1 \oplus \dots \oplus V_k$ eine maximale direkte Summe, gebildet aus den V_i's. Falls $\hat{W} \neq W$ ist, existiert ein V_j, $j \in I$, mit $V_j \not\subseteq \hat{W}$, also $j \notin \{1,\dots,k\}$. Wegen der maximalen Wahl von $\hat{W}$ ist $\hat{W} \cap V_j \neq 0$. Somit enthält $\hat{W}$ nach a) ein $U \in M_j$. Sei π_r die Projektion von $\hat{W}$ auf V_r $(r = 1,\dots,k)$ und sei $s \in \{1,\dots,k\}$ ein Index mit $\pi_s(U) \neq 0$. Nach a) ist $\pi_s(U)$ als irreduzibler H-Untermodul von V_s vom Typ s. Daher ist U (vom Typ j) H-isomorph zu $\pi_s(U)$ (vom Typ s). Es folgt der Widerspruch $j = s \in \{1,\dots,k\}$. Also ist $\hat{W} = W$.

c) Wir zeigen zunächst, daß zu $U,W \in M_i$ und $g \in G$ ein $j \in I$ existiert mit $U^g, W^g \in M_j$: Mit U ist auch U^g ein irreduzibler H-Untermodul von V; ist nämlich S^g ein H-invarianter Unterraum von U^g, so folgt wegen $H \trianglelefteq G$

$$S^H = S^{gHg^{-1}} = (S^g)^{Hg^{-1}} = S^{gg^{-1}} = S.$$

Sei nun φ ein Isomorphismus des H-Moduls U auf den H-Modul W, also $\varphi h = h\varphi$ für alle $h \in H$. Dann ist $g^{-1}\varphi g$ der gesuchte Isomorphismus von U^g auf W^g; für $u^g \in U^g$ gilt nämlich, da φ mit allen Elementen aus H vertauschbar ist,

$$(u^g)^{g^{-1}\varphi g)h} = u^{\varphi gh} = u^{\varphi ghg^{-1}g} = u^{\varphi h^{g^{-1}}g}$$
$$= u^{h^{g^{-1}}\varphi g} = ((u^g)^h)^{g^{-1}\varphi g}.$$

Nun folgt $V_i{}^g = V_j$, es operiert also G auf der Menge der V_i's. Daß die V_i's H-invariant sind, ist trivial. Sei $x \in C_G(H)$ und $U \in M_i$. Dann ist $u \to u^x$ offenbar ein H-Isomorphismus von U auf U^x, also $V_i{}^x = V_i$. Es folgt $V_i{}^{HC_G(H)} = V_i$ für alle $i \in I$.

d) Der Unterraum $\sum_{x\in G} V_1{}^x$ ist G-invariant, also gleich V. Die Behauptung folgt aus b).

e) Gilt (*) für den H-Modul V, so folgt aus 12.4, daß V Summe von irreduziblen H-Untermoduln von V ist. Also gilt in diesem Fall $V = \bigoplus_{i\in I} V_i$. Dasselbe gilt auch, wenn V ein irreduzibler G-Modul ist, wie schon unter c) bemerkt wurde. □

Eine Anwendung der CLIFFORDschen Zerlegung und des SCHURschen Lemmas ist:

12.8 *Die zyklische* p-*Gruppe* A *operiere auf der nilpotenten* p'-*Gruppe* $H \neq 1$, *so daß* $C_H(a) = 1$ *für alle* $a \in A$, $a \neq 1$ *gilt. Das semidirekte Produkt* AH *operiere treu auf einem Vektorraum* V *über dem Körper* K. *Ist* $char\ K = 0$ *oder* $char\ K$ *kein Teiler von* $|H|$, *so existiert ein* $v \in V$ *mit* $v^A = v \neq 0$.

BEWEIS: Sei zunächst K algebraisch abgeschlossen. Aus $H \neq 1$ und der Nilpotenz von H folgt $Z(H) \neq 1$ (4.14). Weil H ein Normalteiler von AH ist, folgt aus 12.7.c, daß V die direkte Summe seiner homogenen H-Komponenten $V_1,\ldots,V_k$ ist. Da H treu auf V operiert, können wir V_1 so wählen, daß $Z := Z(H)$ nicht trivial auf V_1 operiert. Sei D der Kern der Darstellung von $Z(H)$ auf V_1 und

$$A_1 := \{a \in A \mid V_1{}^a = V_1\}.$$

Nach 12.6.a ist V_1 eine direkte Summe von zueinander isomorphen irreduziblen H-Moduln. Da K algebraisch abgeschlossen ist, folgt aus 12.2, daß jedes Element von $Z/D \leq Z(H/C_H(V_1))$ mit jedem Automorphismus des Vektorraums V_1 vertauschbar ist. Also wird Z/D von A_1 zentralisiert. Wegen $C_H(a) = 1$ für $1 \neq a \in A$ gilt aber auch $C_{Z/D}(a) = 1$ für $1 \neq a \in A_1$ (7.8.b). Es folgt $A_1 = 1$, und daher wegen 12.7.c

$$\sum_{a\in A} V_1{}^a = \bigoplus_{a\in A} V_1{}^a,$$

wobei alle Summanden verschieden sind. Sei $0 \neq v_1 \in V_1$ und

$$v := \sum_{a\in A} v_1{}^a,$$

dann ist $v \neq 0$ und $v^A = v$.

Wenn K nicht algebraisch abgeschlossen ist, betrachten wir den algebraischen Abschluß $\tilde{K}$ von K. Sei $dim_K\ V = n$ und $A = \langle a\rangle$. Weil AH treu auf V operiert, können wir AH als Gruppe von $n \times n$-Matrizen über K, wegen $K \subseteq \tilde{K}$, auch über $\tilde{K}$ auffassen. Es existiert also ein $\tilde{K}$-Vektorraum $\tilde{V}$ der Dimension n, auf dem AH treu operiert. Aus dem bereits Bewiesenen folgt, daß a als $n \times n$-Matrix über $\tilde{K}$ den Eigenwert $1 \in \tilde{K}$ besitzt. Weil 1 bereits in K liegt, hat a auch als Matrix über K den Eigenwert 1. Somit existiert ein $v \in V$ mit $v^A = v \neq 0$. □

Der Übergang zum algebraischen Abschluß $\tilde{K}$ von K im zweiten Teil des Beweises von 12.8 ist typisch für viele Beweise aus der Darstellungstheorie. Er kann formalisiert werden, indem man das Tensorprodukt

$\widetilde{V} := V \otimes_K \widetilde{K}$ bildet. Mit Hilfe dieser Technik kann zum Beispiel in 12.8 die Voraussetzung, daß A zyklisch ist, weggelassen werden, und man erreicht eine zu 12.8 analoge Aussage für alle Frobeniusgruppen (vergleiche 10.5.3).

Mit 12.8 sind wir nun in der Lage, folgenden schon in den Kapiteln VII und X angekündigten Satz zu beweisen:

12.9 SATZ (THOMPSON): *Besitzt die Gruppe* G *einen fixpunktfreien Automorphismus* α *von Primzahlordnung* q, *so ist* G *nilpotent.*

BEWEIS: Der Beweis wird in zwei Schritten geführt, wobei zuerst mit Hilfe von 9.13 die Auflösbarkeit von G bewiesen wird. Im zweiten Teil zeigen wir mit Hilfe von 12.8, daß die auflösbare Gruppe G sogar nilpotent ist.
Wir beginnen mit drei einfachen Bemerkungen. Zunächst folgt aus 7.18.c

(i) G *ist eine* q'*-Gruppe.*

(ii) *Ist* $U \leq G$, $U^\alpha = U$, *so operiert* α *als fixpunktfreier Automorphismus der Ordnung* q *auf* U.

Dies ist trivial.

(iii) *Ist* $N \trianglelefteq G$, $N^\alpha = N$, *so operiert* α *als fixpunktfreier Automorphismus der Ordnung* q *auf* G/N.

Dies folgt aus 7.8.b und (i) (oder aus 7.19.a).

Wir nehmen nun an, G sei ein Gegenbeispiel minimaler Ordnung. Dann folgt aus (ii) und (iii)

(iv) *Ist* $U \lneq G$, $U^\alpha = U$, *so ist* U *nilpotent.*

(v) *Ist* $1 \neq N \trianglelefteq G$, $N^\alpha = N$, *so ist* G/N *nilpotent.*

Besitzt G daher einen α-invarianten Normalteiler $N \neq 1$, so ist N und G/N nilpotent, also G auflösbar (6.4.3). Wir nehmen für den Augenblick an, G sei nicht auflösbar, dann ist also $N_G(U)$ für jede echte α-invariante Untergruppe $U \neq 1$ von G verschieden und daher nilpotent (iv). Sei p ein ungerader Primteiler von $|G|$ und P eine nach 7.19.b (oder 7.6) existierende α-invariante p-Sylowgruppe von G. Dann sind Z(P) und Z(J(P)) ebenfalls α-invariant (J(P) die Thompsonuntergruppe von P), also sind $C_G(Z(P)) \leq N_G(Z(P))$ und $N_G(J(P))$ nilpotent. Aus 9.13 folgt nun, daß G ein normales p-Komplement N besitzt. Wegen $1 \neq N$ *char* G ist G also doch auflösbar.

In der auflösbaren Gruppe G ist die Fittinguntergruppe $F := F(G)$ nicht trivial. Sie besitzt aber nur einen Primteiler p, denn für zwei Primteiler p_1, p_2 von $|F|$ würde aus

$$O_{p_1}(G) \neq 1 \neq O_{p_2}(G), \text{ und } O_{p_1}(G) \cap O_{p_2}(G) = 1$$

folgen, daß G isomorph zu einer Untergruppe der nilpotenten (v) Gruppe $G/O_{p_1}(G) \times G/O_{p_2}(G)$ ist (1.15), und daher nilpotent.
Damit gilt

$$F = O_p(G), \qquad O_{p'}(G) = 1.$$

Nach 6.14 operiert $H := G/O_p(G)$ treu auf $V := F/\phi(F)$. Sei $A := \langle\alpha\rangle \leq Aut\, G$. Das semidirekte Produkt AH operiert ebenfalls treu auf V. Nach (iii) operiert α fixpunktfrei auf H und nach (v) ist H sogar nilpotent, somit $H = O_{p'}(G/O_p(G))$, es ist also p kein Teiler von $|H|$. Fassen wir nun die elementarabelsche p-Gruppe V als Vektorraum über $\mathbb{Z}/p\mathbb{Z}$ auf, so erfüllt das Tripel V,H,A die Voraussetzungen von 12.8. Es existiert also ein $v \in V$ mit $v^\alpha = v \neq 1$. Dies widerspricht aber (iii). □

ÜBUNGEN

1. Zu jeder Gruppe G und jedem Körper K gibt es eine Zahl n, so daß G isomorph zu einer Untergruppe der Gruppe $GL_n(K)$ ist.
2. Besitzt die Gruppe G eine irreduzible und treue Darstellung über einen Körper der Charakteristik p, so gilt $O_p(G) = 1$.
3. Sei V ein 2-dimensionaler Vektorraum über GF(p) und P eine p-Sylowgruppe der Gruppe $GL_2(p)$. Der P-Modul V ist nicht irreduzibel, aber direkt unzerlegbar.
4. Sei G eine Frobeniusgruppe mit Frobeniuskomplement H. Jede Untergruppe der Ordnung $p \cdot q$ (p,q Primzahlen) von H ist zyklisch. Hinweis: H operiert treu auf einer geeigneten Faktorgruppe V des Frobeniuskerns; benütze 12.8.
5. (Vergleiche Kap. VII, § 6) Die Gruppe H operiere treu auf der elementarabelschen p-Gruppe V. Es sei $H = O_{p'}(H) \langle x\rangle$, wobei x ein Element der Ordnung p^n ist und es sei $O_{p'}(H)$ abelsch. Dann hat das Minimalpolynom von x auf V den Grad n. Hinweis: a) o.B.d.A. V ist ein irreduzibles H-Modul;
b) Zerlege V als $O_{p'}(H)$-Modul gemäß 12.7; c) Gehe ähnlich wie im Beweis von 12.8 vor
6. (Vergleiche Aufgabe 4, S. 111 und 7.18.b) Die Gruppe G besitze einen Automorphismus x von Primzahlordnung p. Es gelte
$$xx^\alpha \dots x^{\alpha^{p-1}} = 1 \qquad \forall\ x \in G.$$
Dann ist G nilpotent. Hinweis: Vermittels Aufgabe 4, S. 176 kann der Beweis auf Aufgabe 5 zurückgeführt werden.

Liste der sporadischen einfachen Gruppen

Man kennt bis jetzt 26 einfache nicht-abelsche Gruppen, die sich in keine bekannte unendliche Serie einfacher Gruppen einfügen lassen, die also weder alternierende Gruppen noch Chevalley-Gruppen sind*). Davon sind die fünf Mathieu-Gruppen seit dem vorigen Jahrhundert bekannt, alle anderen wurden dagegen erst in den letzten 12 Jahren gefunden.

Name**)		Ordnung	|*Out* G|***)
Mathieu-Gruppen	M_{11}	$2^4 \cdot 3^2 \cdot 5 \cdot 11$	1
	M_{12}	$2^6 \cdot 3^3 \cdot 5 \cdot 11$	2
	M_{22}	$2^7 \cdot 3^2 \cdot 5 \cdot 7 \cdot 11$	2
	M_{23}	$2^7 \cdot 3^2 \cdot 5 \cdot 7 \cdot 11 \cdot 23$	1
	M_{24}	$2^{10} \cdot 3^3 \cdot 5 \cdot 7 \cdot 11 \cdot 23$	1
Janko-Gruppen	J_1	$2^3 \cdot 3 \cdot 5 \cdot 7 \cdot 11 \cdot 19$	1
	J_2 = HaJ	$2^7 \cdot 3^3 \cdot 5^2 \cdot 7$	2
	J_3 = HJM	$2^7 \cdot 3^5 \cdot 5 \cdot 17 \cdot 19$	2
	J_4****)	$2^{21} \cdot 3^3 \cdot 5 \cdot 7 \cdot 11^3 \cdot 23 \cdot 29 \cdot 31 \cdot 37 \cdot 43$	1
Held-Gruppe	He = HHM	$2^{10} \cdot 3^3 \cdot 5^2 \cdot 7^3 \cdot 17$	2
Higman-Sims-Gruppe	HiS = HS	$2^9 \cdot 3^2 \cdot 5^3 \cdot 7 \cdot 11$	2
McLaughlin-Gruppe	M^cL	$2^7 \cdot 3^6 \cdot 5^3 \cdot 7 \cdot 11$	2
Suzuki-Gruppe	Sz = Suz	$2^{13} \cdot 3^7 \cdot 5^2 \cdot 7 \cdot 11 \cdot 13$	2

*) Eine Liste dieser Gruppen findet man in [G] S. 491.

**) Diese sind in den meisten Fällen aus den Namen der Entdecker abgeleitet.

***) *Out* G := *Aut* G/*Inn* G.

****) Existenz noch nicht gesichert.

Name		Ordnung	$\|Out\ G\|$
Conway-Gruppen	$Co_1 = \cdot 1$	$2^{21}\cdot 3^{9}\cdot 5^{4}\cdot 7^{2}\cdot 11\cdot 13\cdot 23$	1
	$Co_2 = \cdot 2$	$2^{18}\cdot 3^{6}\cdot 5^{3}\cdot 7\cdot 11\cdot 23$	1
	$Co_3 = \cdot 3$	$2^{10}\cdot 3^{7}\cdot 5^{3}\cdot 7\cdot 11\cdot 23$	1
Fischer-Gruppen	$Fi_{22} = M(22)$	$2^{17}\cdot 3^{9}\cdot 5^{2}\cdot 7\cdot 11\cdot 13$	2
	$Fi_{23} = M(23)$	$2^{18}\cdot 3^{13}\cdot 5^{2}\cdot 7\cdot 11\cdot 13\cdot 17\cdot 23$	1
	$Fi_{24} = M(24)$	$2^{21}\cdot 3^{16}\cdot 5^{2}\cdot 7^{3}\cdot 11\cdot 13\cdot 17\cdot 23\cdot 29$	2
Lyons-Gruppe	Ly	$2^{8}\cdot 3^{7}\cdot 5^{6}\cdot 7\cdot 11\cdot 31\cdot 37\cdot 67$	1
Rudvalis-Gruppe	Ru	$2^{14}\cdot 3^{3}\cdot 5^{3}\cdot 7\cdot 13\cdot 29$	1
O'Nan-Gruppe	ON	$2^{9}\cdot 3^{4}\cdot 5\cdot 7^{3}\cdot 11\cdot 19\cdot 31$	2
Babymonster	BM*) $= F_2$	$2^{41}\cdot 3^{13}\cdot 5^{6}\cdot 7^{2}\cdot 11\cdot 13\cdot 17\cdot 19\cdot 23\cdot 31\cdot 47$	1
Monster	M**) $= F_1$	$2^{46}\cdot 3^{20}\cdot 5^{9}\cdot 7^{6}\cdot 11^{2}\cdot 13^{3}\cdot 17\cdot 19\cdot 23\cdot 29\cdot$ $31\cdot 41\cdot 47\cdot 59\cdot 71$	1
Thompson-Gruppe	$T = F_3$	$2^{15}\cdot 3^{10}\cdot 5^{3}\cdot 7^{2}\cdot 13\cdot 19\cdot 31$	1
Harada-Gruppe	$H = F_5$	$2^{14}\cdot 3^{6}\cdot 5^{6}\cdot 7\cdot 11\cdot 19$	2

....

....

....***)

*) von Fischer entdeckt.

**) Existenz noch nicht gesichert, wurde von Fischer und Thompson diskutiert.

***) Hier möge der Leser weitere Gruppen eintragen, die vielleicht noch gefunden werden.

Symbole

Im folgenden ist G eine Gruppe.

(n,m)	größter gemeinsamer Teiler von $n,m \in \mathbb{Z}$
$n \equiv m (\mathrm{mod}\ k)$	k ist Teiler von $n - m$ $(k,n,m \in \mathbb{Z})$
$X \subseteq Y$	X Untermenge von Y
$\|X\|$	Mächtigkeit der Menge X
AB	$\{ab \mid a \in A, b \in B\}$ Komplexprodukt $(A,B \subseteq G)$
Ab	$A\{b\}$ $(A \subseteq G, b \in G)$
A^{-1}	$\{a^{-1} \mid a \in A\}$ $(A \subseteq G)$
a^g	$g^{-1}ag$ $(g,a \in G)$
A^g	$\{a^g \mid a \in A\}$ $(g \in G, A \subseteq G)$
A^G	$\{a^g \mid a \in A, g \in G\}$ $(A \subseteq G)$
$U \leq G$	U Untergruppe von G
$U \lneqq G$	U Untergruppe von G, $U \neq G$
$N \trianglelefteq G$	N Normalteiler von G
$N \ntrianglelefteq G$	N Normalteiler von G, $N \neq G$
U *char* G	U charakteristische Untergruppe von G (in Kap. XII auch: *char* K = Charakteristik des Körpers K)
$\|G:U\|$	Index von U in G
$\langle X \rangle$	Erzeugnis von $X \subseteq G$
$\langle X_1,\ldots,X_n \rangle$	Erzeugnis von $\bigcup_i X_i \subseteq G$
$\langle x \mid x \ldots \rangle$	Erzeugnis von $\{x \mid x \ldots\} \subseteq G$
$\langle x \rangle$	die von x aufgespannte zyklische Untergruppe
Z_n	zyklische Gruppe der Ordnung n
Z_o	unendliche zyklische Gruppe
$o(x)$	Ordnung von $x \in G$
$[x,y]$	$x^{-1}y^{-1}xy$ Kommutator von $x,y \in G$
$[X,Y]$	$= \langle [x,y] \mid x \in X, y \in Y \rangle$ $(X,Y \subseteq G)$
$[X,Y,Z]$	$= [[X,Y],Z]$ $(X,Y,Z \subseteq G)$
Kern φ	Kern der Abbildung φ
x^{φ}	Bild von x unter φ

$x^{-\varphi}$	$(x^{\varphi})^{-1}$
$G \cong H$	G isomorph zu H
Aut G	Gruppe der Automorphismen von G
Out G	*Aut* G / *Inn* G
Inn G	Gruppe der inneren Automorphismen von G
$N_1 \times N_2 \times \dots \times N_n$	direktes Produkt von $N_1, N_2, \dots, N_n$
$X_{\varphi} \circ Y$	semidirektes Produkt von X mit Y bezüglich des Homomorphismus φ von X in *Aut* Y
Z(G)	Zentrum von G
$\phi(G)$	Frattinigruppe von G
F(G)	Fittinggruppe von G
F*(G)	verallgemeinerte Fittinggruppe von G
G'	Kommutatorgruppe von G
J(P)	Thompsongruppe der p-Gruppe P
$\Omega_i(P)$	$= \langle x \in P \mid x^{p^i} = 1 \rangle$, für eine p-Gruppe P
O(G)	größter Normalteiler ungerader Ordnung von G
Z*(G/O(G))	Urbild von Z(G/O(G)) in G
π	Menge von Primzahlen
π'	Menge der Primzahlen, die nicht in π liegen
$O_{\pi}(G)$	maximaler π-Normalteiler von G
$O_{\pi'}(G)$	maximaler π'-Normalteiler von G
$O_p(G)$	maximaler p-Normalteiler von G
$O_{p'}(G)$	maximaler p'-Normalteiler von G
$O_{\pi\pi'}(G)$	Urbild von $O_{\pi'}(G/O_{\pi}(G))$ in G
$O_{\pi\pi'\pi}(G)$	Urbild von $O_{\pi}(G/O_{\pi\pi'}(G))$ in G
$G'(\pi)$	kleinster Normalteiler von G mit abelscher π-Faktorgruppe
$O^p(G)$	kleinster Normalteiler von G mit p-Faktorgruppe
G^i	i-te Glied der Kommutatorreihe ($G^o = G$)
$G^{(i)}$	i-te Glied der unteren Zentralreihe ($G^{(o)} = G$)
$Z_i(G)$	i-te Glied der oberen Zentralreihe ($Z_o(G) = 1$)
r(A)	Rang der abelschen Gruppe A
$N_H(U)$	Normalisator von U in H
$C_H(U)$	Zentralisator von U in H
$\mathit{Syl}_p G$	Menge der p-Sylowgruppen von G
$V_{G \to H}$	Verlagerung von G in H/H' $(H \leq G)$
S_{Ω}	symmetrische Gruppe über der Menge Ω
S_n	symmetrische Gruppe vom Grad n

A_n	alternierende Gruppe vom Grad n (auf den Seiten 27-29 auch $\{a \in A \mid a^n = 1\}$ für die abelsche Gruppe A)
sgn	kanonischer Epimorphismus von S_n auf S_n/A_n
G_α	$\{x \in G \mid \alpha^x = \alpha\}$, $\alpha \in \Omega$
Ω_α	$\Omega \setminus \{\alpha\}$
α^G	$\{\alpha^x \mid x \in G\}$, $\alpha \in \Omega$
Σ^x	$\{\sigma^x \mid \sigma \in \Sigma\}$, $\Sigma \subseteq \Omega$
Hom V	Der Endomorphismenring der abelschen Gruppe V; oder K-Algebra aller linearen Abbildungen des K-Vektorraums V
det x	Determinante der Matrix x
GL(V)	Gruppe der Automorphismen des Vektorraums V
$GL_2(q)$	Gruppe aller 2 × 2-Matrizen über dem Körper mit q Elementen
$SL_2(q)$	- " - mit Determinante 1
$PGL_2(q)$	$GL_2(q)/Z(GL_2(q))$
$PSL_2(q)$	$SL_2(q)/Z(SL_2(q))$

Personen- und Sachverzeichnis

E

F

G

H

Q

R

S

T

U

V

Z

Hochschultext/Universitext

In diese Sammlung werden preiswerte Lehrbücher aufgenommen, die, was Anordnung und Präsentation des Stoffes betrifft, nach didaktischen Gesichtspunkten aufgebaut und in erster Linie für Studenten mittlerer Semester geeignet sind. Die einzelnen Bände - es sind entweder Ausarbeitungen von aktuellen Vorlesungen oder Übersetzungen bekannter fremdsprachiger Bücher - geben jeweils eine solide Einführung in ein nicht nur für Spezialisten interessantes Fachgebiet.

M. Aigner, Kombinatorik. I. Grundlagen und Zähltheorie. 1975. DM 36,--
M. Aigner, Kombinatorik. II. Matroide und Transversaltheorie. 1976. DM 34,--
K. Bauknecht/J. Kohlas/C. A. Zehnder, Simulationstechnik. 1976. DM 24,50
K.-D. Becker, Ausbreitung elektromagnetischer Wellen. 1974. DM 32,--
N. Blattner, Volkswirtschaftliche Theorie der Firma. Firmenverhalten, Organisationsstruktur, Kapitalmarktkontrolle. 1977. DM 24,--
B. Booß, Topologie und Analysis. Einführung in die Atiyah-Singer-Indexformel. 1977. DM 38,--
H. Bühlmann/H. Loeffel/E. Nievergelt, Entscheidungs- und Spieltheorie. 1975. DM 24,80
L. Cremer, Vorlesungen über Technische Akustik. 2., durchgesehene Auflage. 1975. DM 32,--
K. Deimling, Nichtlineare Gleichungen und Abbildungsgrade. 1974. DM 16,80
O. Endler, Valuation Theory. 1972. DM 32,--
E. Fitzer/W. Fritz, Technische Chemie. 1975. DM 44,--
P. Gänssler/W. Stute, Wahrscheinlichkeitstheorie. 1977. DM 36,--
W. Giloi/H. Liebig, Logischer Entwurf digitaler Systeme. 1973. DM 32,--
H. Grauert/K. Fritzsche, Einführung in die Funktionentheorie mehrerer Veränderlicher. 1974. DM 19,80
M. Gross/A. Lentin, Mathematische Linguistik. 1971. DM 46,--
O. Heer, Flugsicherung. Einführung in die Grundlagen. 1975. DM 48,--
H. Hermes, Introduction to Mathematical Logic. 1973. DM 34,--
H. Heyer, Mathematische Theorie statistischer Experimente. 1973. DM 19,80
K. Hildenbrand/W. Hildenbrand, Lineare ökonomische Modelle. 1975. DM 29,80
K. Hinderer, Grundbegriffe der Wahrscheinlichkeitstheorie. Korr. Nachdruck der 1. Auflage. 1975. DM 19,80
V. Hubka, Theorie der Konstruktionsprozesse. 1976. DM 42,--
V. Hubka, Theorie der Maschinensysteme. 1973. DM 19,80
R. Isermann, Prozeßidentifikation. 1974. DM 22,--
K. Jänich, Einführung in die Funktionentheorie. 1977. DM 19,80
K. Jörgens/F. Rellich, Eigenwerttheorie gewöhnlicher Differentialgleichungen. 1976. DM 28,--
K. Krickeberg/H. Ziezold, Stochastische Methoden. Erscheint 1977
R. Koller, Konstruktionsmethode für den Maschinen-, Geräte- und Apparatebau. 1976. DM 39,--
G. Kreisel/J.-L. Krivine, Modelltheorie. 1972. DM 35,--
H. Kronmüller/F. Barakat, Prozeßmeßtechnik 1. 1974. DM 20,--
K. Kroschel, Statistische Nachrichtentheorie. Teil 1. 1973. DM 22,--
K. Kroschel, Statistische Nachrichtentheorie. Teil 2. 1974. DM 23,--
H. Kurzweil, Endliche Gruppen. 1977. DM 24,--

Springer-Verlag Berlin Heidelberg New York